高等学校遥感信息工程实践与创新系列教材

遥感信息处理C++基础

主编　段延松

副主编　马盈盈　季铮　张勇

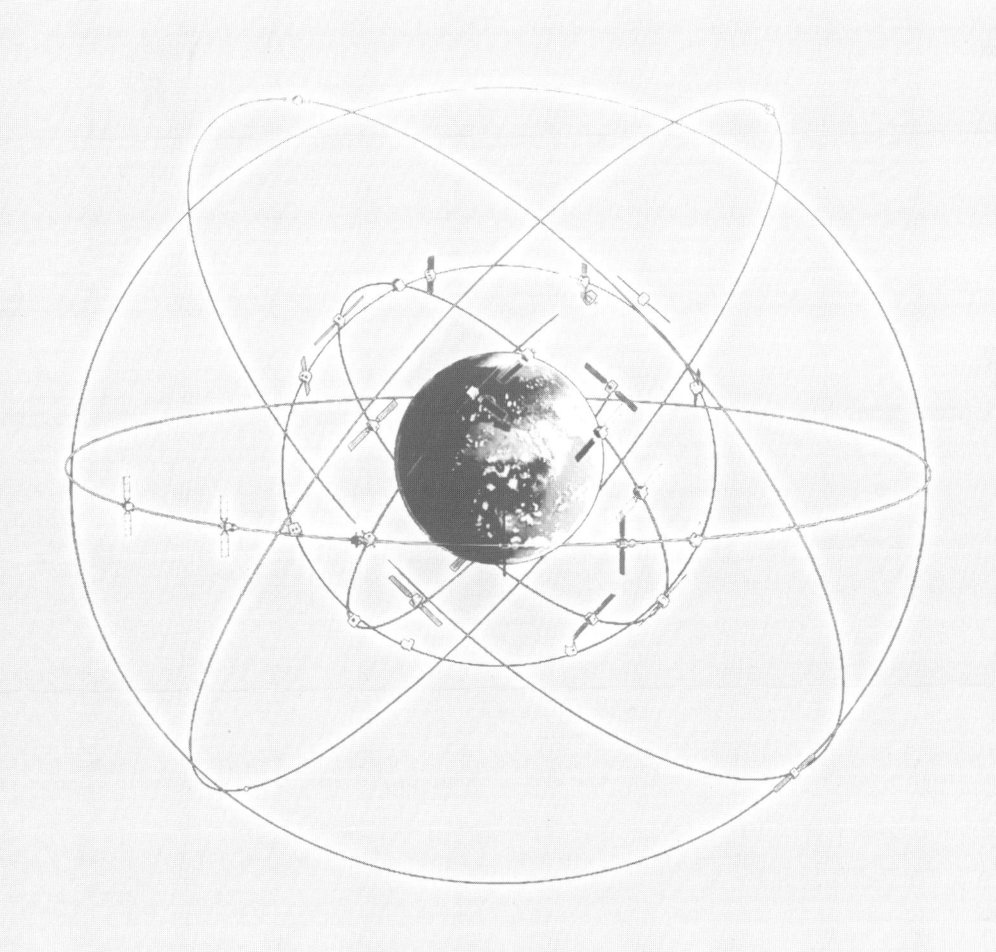

武汉大学出版社

图书在版编目（CIP）数据

遥感信息处理 C++基础/段延松主编；马盈盈，季铮，张勇副主编．—武汉：武汉大学出版社，2023.1
高等学校遥感信息工程实践与创新系列教材
ISBN 978-7-307-23557-1

Ⅰ.遥…　Ⅱ.①段…　②马…　③季…　④张…　Ⅲ.遥感图像—图像处理—高等学校—教材　Ⅳ.TP751

中国版本图书馆 CIP 数据核字（2023）第 007286 号

责任编辑：杨晓露　　责任校对：汪欣怡　　版式设计：马　佳

出版发行：**武汉大学出版社**　（430072　武昌　珞珈山）
（电子邮箱：cbs22@ whu.edu.cn 网址：www.wdp.com.cn）
印刷：武汉中科兴业印务有限公司
开本：787×1092　1/16　印张：17.25　字数：406 千字　插页：1
版次：2023 年 1 月第 1 版　　2023 年 1 月第 1 次印刷
ISBN 978-7-307-23557-1　　定价：43. 00 元

序

实践教学是理论与专业技能学习的重要环节，是开展理论和技术创新的源泉。实践与创新教学是践行“创造、创新、创业”教育的新理念，是实现“厚基础、宽口径、高素质、创新型”复合人才培养目标的关键。武汉大学遥感科学与技术类专业(遥感信息、摄影测量、地理信息工程、遥感仪器、地理国情监测、空间信息与数字技术)人才培养一贯重视实践与创新教学环节，“以培养学生的创新意识为主，以提高学生的动手能力为本”，构建了反映现代遥感学科特点的“分阶段、多层次、广关联、全方位”的实践与创新教学课程体系，夯实学生的实践技能。

从“卓越工程师教育培养计划”到“国家级实验教学示范中心”建设，武汉大学遥感信息工程学院十分重视学生的实验教学和创新训练环节，形成了一整套针对遥感科学与技术类不同专业和专业方向的实践和创新教学体系、教学方法和实验室管理模式，对国内高等院校遥感科学与技术类专业的实验教学起到了引领和示范作用。

在系统梳理武汉大学遥感科学与技术类专业多年实践与创新教学体系和方法的基础上，整合相关学科课间实习、集中实习和大学生创新实践训练资源，出版遥感信息工程实践与创新系列教材，服务于武汉大学遥感科学与技术类专业在校本科生、研究生实践教学和创新训练，并可为其他高校相关专业学生的实践与创新教学以及遥感行业相关单位和机构的人才技能实训提供实践教材资料。

攀登科学的高峰需要我们沉下心去动手实践，科学研究需要像“工匠”般细致入微地进行实验，希望由我们组织的一批具有丰富实践与创新教学经验的教师编写的实践与创新教材，能够在培养遥感科学与技术领域拔尖创新人才和专门人才方面发挥积极作用。

2017年3月

前　言

遥感技术是一项从空中观测地球并获取影像的技术，是20世纪的重大成果之一，已在世界范围内迅速发展并被广泛使用。受各种因素的影响，卫星接收到的原始遥感资料中地面物体的几何特征和光谱特性会发生变化，因此，必须对原始资料进行加工处理后才能使用。然而，遥感数据不仅仅种类多样，数据量也大得惊人，目前人类每天获取的遥感影像数据达到PB级别，面对如此庞大的数据，如何有效地处理这些数据一直是工程难题。面向对象的C++语言在高性能处理方面有突出优势，无论是C++语言的执行效率，还是C++采用面向对象对复杂问题的解决思路都为遥感大数据处理提供了重要方向。

本书从遥感大数据处理对C++编程的需求出发，详细讲述了C++语言编程的特点、基本语法和图形化的Windows程序开发过程。特别是对图形、影像显示进行了详细讲解，并设计了多个综合案例。

关于C与C++编程方面的书籍非常多，有的很经典，由浅入深，引人入胜。然而目前市面上大多数C++编程书籍都是从计算机角度出发编写的，在举例和习题方面都以实现某个计算功能为目标。但事实上，更多的编程学习者需要知道的是如何使用C++编程思想解决本专业的具体问题。在遥感信息处理过程中，学习编程就是要解决遥感问题，利用计算机为遥感服务。在这种背景下，教材的编写需要更加偏向于基本语法和应用，并且可以淡化程序语言的技巧内容。此外为了让容易出错的知识点更加突出，本书将教学过程中学生容易出错的地方都用粗体字进行了描述，希望引起读者注意。

全书总共12个章节，第1章概述遥感影像处理对计算机程序的需求、C++面向对象的特点以及如何安装C++开发环境。第2章讲述C++语言基础，如果读者学习过C语言可直接跳过本章。第3章到第8章讲述C++编程的基础知识，包括类和对象、继承、多态的语法实现，接着介绍了运算符、模板和STL、文件与异常。第9、10、11章讲述Windows编程的基本方法。第12章以遥感影像处理为目标，详细讲述如何使用C++面向对象的思想和Windows界面设计工具进行遥感影像处理应用程序开发。

这里要强调一点：编程是一门实践性很强的课程，不可能只靠听讲和看书就能掌握，应当更加重视自己动手编写程序和上机实践，纸上谈兵是编程的一大禁忌。教师上课也建议直接在机房进行，一边讲编程知识，一边动手操作，学生也在现场练习，遇到问题立刻提问，及时解决。本书的每个知识点都通过实例代码进行讲解，所有示范代码，作者都在

VS 2022 中进行了测试。教师和学生可以在机房通过现场编程进行理解和验证。除上课练习外，学生应该在课外对习题进行编程实现，遇到问题及时与教师交流。

最后特别感谢各位读者阅读本书，也希望读者将阅读中发现的问题及时告诉作者，帮助作者不断改进书稿内容。

编　者

2022 年 3 月于武汉大学

目　　录

第1章　遥感信息处理与C++

遥感技术是20世纪末发展最为迅速的科学技术之一。遥感技术是指从高空或外层空间接收来自地球表层各类地物的电磁波信息，并通过对这些信息进行扫描、摄影、传输和处理，从而对地表各类地物和现象进行远距离控测和识别的现代综合技术。为充分利用遥感技术，发掘遥感信息的巨大潜力，需要设计高性能的专业处理算法和对应的软件系统。C++最显著的特色是执行高效，同时也具有面向对象的高级语言特性，非常适合有高性能处理要求的系统开发。

本章主要讲述遥感信息处理的特点及对编程的需求、面向对象程序设计特征、C++与面向对象程序设计、C++的程序结构和Visual Studio集成开发环境。

1.1　遥感信息处理概述

任何物体都具有光谱特性，具体地说，它们都具有不同的吸收、反射、辐射光谱的性能。在同一光谱区各种物体反映的情况不同，同一物体对不同光谱的反应也有明显差别。同一物体，在不同的时间和地点，由于太阳光照射角度不同，它们反射和吸收的光谱也各不相同。遥感技术就是基于这些原理，对物体属性或状态作出判断。遥感技术通常是使用绿光、红光和红外光三种光谱波段进行探测。绿光段一般用来探测地下水、岩石和土壤的特性；红光段用来探测植物生长、变化及水污染等；红外光段用来探测土地、矿产及资源。此外，还有微波段，用来探测气象云层及海底鱼群。

20世纪，当人类进入空间时代并跨入信息时代的门槛之际，多种新型的遥感平台和探测器连续不断地用多尺度对地球进行观测，为遥感应用研究提供源源不断的多分辨率、多谱段、多层次、大区域的遥感信息，极大地拓宽了人类的视野。卫星地面接收站接收到的原始遥感资料，受各种因素影响，如传感器的性能、传感器姿态的不稳定性、大气层的影响以及地形差别的影响等，导致遥感资料中地面物体的几何特征和光谱特性发生变化。因此，必须对原始资料进行加工处理，才能投入使用。例如把收集和记录的原始数据，转换为容易处理的数据，这项工作称为数据管理。又如对影像的几何畸变进行校正，经投影转换使之符合影像要求。在遥感资料处理工作中，这项工作称为几何校正。

遥感信息处理的目的就是要改善和提高数据质量，突出所需信息，并充分挖掘信息量，提高判读的精度，使遥感资料更加适于分析应用。遥感信息处理的方法很多，其中包括光学增强处理和计算机数字影像处理以及多源信息复合等。光学增强处理主要有：影像放大、假彩色合成、乘积与比值处理、边缘增强处理等。计算机数字影像处理主要有影像增强处理和影像分类处理。影像增强处理包括对比度扩展、空间滤波、影像运算、多光谱变换等；影像分类处理包括监督分类和非监督分类。多源信息复合是将多种遥感平台、多时相遥感数据之间以及遥感数据与非遥感数据之间的信息组合匹配的技术。

遥感影像处理是针对从搭载在卫星或飞机上的摄像装置获取的原始影像，利用相关的算法模型进行加工处理，以提取目标信息的技术。由于原始遥感影像采集过程中有干扰噪声和几何变形等多种因素，遥感应用所需的目标信息被大量无关数据淹没，目标影像发生畸变。为了从原始遥感影像中去伪存真，清晰准确地提取目标影像信息，需要进行多层次的遥感影像处理。遥感影像处理流程中涉及的遥感影像处理算法多种多样。最常见的算法有灰度变化、平滑与锐化处理、特征提取、基于内容的分类与识别等。

遥感影像几何校正是通过一组数学模型近似描述像素点和地面点的几何关系，以校正影像的畸变。其基本处理方法是将校正前畸变影像和目标影像映射到输入影像空间[x，y]和输出影像空间[u，v]的网格上进行处理。影像空间内各网格点分别对应一个像素点，该像素点的网格大小描述了一个地面实际区域的分辨率。几何校正方法分为正向映射和反向映射两种。正向映射是把畸变影像空间网格上的像素点逐一映射到目标影像空间，此映射过程中会出现一对多或对应空缺的现象，表现为正向映射校正后的目标影像不连贯。反向映射先建立输出影像空间，再将该空间像素点逐一映射到输入影像空间，使得目标影像的每一个像素点都能在原来的畸变影像中找到对应像素的位置。反向映射避免了正向映射校正影像不连续的缺陷，应用最为广泛。

1.2　遥感信息处理的发展

以地球为对象的遥感对地观测技术，经历了地面遥感、航空遥感、航天遥感等发展阶段。进入 90 年代以来，随着科学技术的进步，遥感技术有了突飞猛进的发展。新的遥感平台陆续升空，遥感器不断更新换代；传感器频谱范围不断拓宽，从可见光扩展到近红外、红外波段及微波遥感；数据获取从多光谱发展到高光谱，空间、频谱和时间分辨率也不断提高。高分辨率成像光谱技术的发展已成为 21 世纪国际遥感界的一个热点，也是当代国际遥感发展的重要领域和前沿，高空间分辨率和精细的光谱分辨率数据，更是满足了遥感对地观测的需要。遥感技术的发展为各种地学应用提供了新的数据源和探索地球的方式。20 世纪 70 年代以来，我国遥感对地观测事业有了长足进步。航空摄影测绘已进入业务化阶段，采用航空摄影测量更新了全国范围内的地形图，同时也开展了不同目标的航空专题遥感试验及应用研究，特别是在航空平台进行了各种新型传感器试验和系统集成试验研究，并取得了成效，为跟踪世界先进水平，推动传感器国产化作出了重要贡献。1999 年 10 月 14 日中国-巴西地球资源遥感卫星 CBERS-1 的成功发射，使中国拥有了自己的资源卫星。随着空间技术、计算机技术和信息技术的高度发展，以及遥感技术、遥感地质机理和遥感信息模型研究的不断深入，地球系统科学与现代科学技术的交叉与融合，产生了许多新的概念、理论和方法，推进了地球科学信息化的发展。与地球科学、数学、物理学、计算机科学和信息科学融为一体的遥感信息科学正在形成。遥感地学分析在建立数学和物理模型的基础上，向更高的智能化、综合化的方向发展。在遥感信息处理方面，在传统方法的基础上，引入了许多新的理论和方法，如小波变换、神经网络、遗传算化、分形理论、支持矢量机等，完善了遥感信息提取技术体系；针对高光谱的信息处理方法也得到完善，如噪声调节变换、正交空间变换、光谱特征匹配、光谱角度填图、混合像元分解等，部分被引入到多光谱的信息提取中，取得了一定的效果。

在遥感信息处理软件方面，主要分为几何处理和属性处理两类。遥感信息的几何处理主要通过摄影测量系统来实现，而遥感信息的属性处理主要通过目标分类系统和目标识别系统来实现。

摄影测量系统是基于数字影像与摄影测量的基本原理，应用计算机技术、数字影像处理、影像匹配、模式识别等多种学科的理论与方法，提取所摄对象用数字方式表达的几何与物理信息的摄影测量软件(Soft Copy Photogrammetry)。中国著名的摄影测量学者王之卓教授称摄影测量系统为全数字摄影测量(All Digital Photogrammetry)，其系统生产的产品主要包括数字地图、数字高程模型、数字正射影像、景观图等。在摄影测量系统方面，中国走在全球前列，武汉大学(原武汉测绘科技大学)的 VirtuoZo 系统在 20 世纪 90 年代都已成为全球三个知名系统之一，之后武汉大学又推出 DPGird 引领遥感几何处理领域。

人们平时所说的遥感处理软件一般指属性处理，通常称为遥感图像处理软件。目前主流的遥感图像处理软件基本是国外的，最具代表性的有 eCongnition、ERDAS、PCI、ENVI、ERMapper、Qmosaic 等。

1.3 遥感信息处理对编程的需求

遥感信息处理的特点主要表现在以下两个方面：

(1)数据量大、处理算法复杂繁多。

不同业务需求下对不同空间、光谱和时间分辨率的要求不断提高，如气象领域，一般要求频繁的重复覆盖，即要求超短或短周期时间分辨率。测绘制图领域则要求尽可能高的空间分辨率，军事侦察领域需要高空间分辨率和频繁覆盖。另外，在算法的复杂性方面，遥感图像处理的整个过程包括数据预处理层、数据处理层、信息提取层、知识层和应用层。各层次处理均涉及多种算法，比如预处理层的几何校正。由于遥感平台高度的变化和姿态的变化，大气运动的光折射等诸多因素，原始图像具有一定的几何畸变。因此通过几何校正来校正这些因素引起的图像扭曲变形是十分必要的，这个过程对图像中每一个像素点的空间变换和重采样操作涉及大量的计算，例如，32000×32000 卫星遥感影像的几何校正操作可以达到数百亿的浮点乘加计算。因此，大量的遥感数据和复杂的模型计算使得遥感图像处理既是数据密集型又是计算密集型。

(2)使用有实时性需求。

类似军事侦察和气象预报等应用对实时性有迫切的需要。一些通用的遥感图像处理系统难以满足高速有效的遥感图像处理需求。常见遥感系统由卫星上安装的传感器负责采集原始数据，经发射装置无线传输至地面接收站，再由地面的遥感图像处理系统进行相应的图像处理，最后将遥感图像处理结果应用到相关业务领域。可以看出，传统遥感系统工作流程涉及多个环节的数据传输和处理，响应时间长，难以满足各类实时性要求高的应用需求。

遥感信息的复杂性和快速处理，时刻对计算机硬件提出新的要求。近年来，计算机硬件发展迅速，但从未满足过遥感信息处理的要求。早在 20 世纪中叶，计算机内存处于 KB 级时代，遥感信息是 MB 级，当计算机内存终于发展为 MB 时，遥感信息已是 GB 级，当代计算机已经安装 GB 级内存，然而当代遥感影像却是 TB 级的。可见，计算机硬件发展对于遥感信息处理还是远远不够。那如何在有限的计算机资源上开展海量遥感信息处理？这需要很强的计算机软件设计技术。

计算机处理不同于其他设备，具有很强的灵活性，可以在有限的资源上进行无限扩展处理。此时，算法的效率显得相当重要。要设计高效算法，实现高性能处理，必须从计算机底层出发，在基础上下工夫才能实现最终目标。举个不太恰当却有道理的例子，用 Java 这种解释型语言就很难实现遥感影像的高效处理。在高性能处理方面，面向对象程序的 C++语言无疑是最佳选择。

为什么不用面向过程的 C 语言呢？其实面向过程的 C 语言也是一种很好的设计方法，几乎可以编写所有的程序，而且程序的思路非常清晰，就是一步一步地完成所有功能。它与早期计算机的处理理念完全一致，将事物都分解为一个过程，有开始阶段、中间过程和最终结束阶段。典型地，所有 C 语言程序都是一个 main( ) 函数，函数里的语句顺序执行。如果有比较独立的过程，可以封装为子函数，通过子函数调用完成这个过程。计算机最初的设计也遵循这个规则，从通电启动开始，计算机就一直在顺序地执行一条一条指令，直到关机为止。但是随着科技、社会的发展，人们发现现实的世界不是按过程来的。例如我们的人类社会，人类社会是由独立的人组成的，每个人有独立的思维，有自己的个性，有自己的喜好，有自己的能力，可以去做自己愿意做的事(法律允许的范围内)。人类社会没有总控制，没有像 C 语言那样的 main( ) 函数，没有每个人必须先干什么，再干什么的顺序。再来观察世界中的其他事物，我们也会发现，现实世界的事物由一些相对独立的个体组成，每个个体都有相对独立的属性和功能。例如交通工具就包含独立的飞机、汽车、轮船等，而飞机又由发动机、机舱、机翼、螺旋桨和轮子等部分组成。每个组成部分都有自己的特性，也有自己的功能。再举一个例子，现在的 RPG 电子游戏，如王者荣耀，游戏里有众多人物，如果按过程设计的思路，就需要编写一个超级复杂的main( ) 函数，函数里要定义很多变量，也有很多 if，switch 等语句，因为每个角色的每个动作都需要通过代码或函数来实现，函数需要传入这个角色的所有参数，试想这个程序是多么复杂，多么庞大。更困难的是程序编写完成后的调试和维护。某个变量、某个函数若要改动一下，影响的范围非常大，需要对所有代码进行分析和测试才能确认改动是否成功。

从以上分析我们可以看出，面向过程的程序对解决复杂问题方面显得非常“吃力”，甚至达到无法忍受的程度。那如果将 C 语言的这种面向过程的设计思路升级一下，按照面向个体，也就是面向对象的设计思路来，是否有改进呢？答案是肯定的。面向对象的设计思路以个体为中心，不再以过程为导向、设计多个函数、用参数相互链接的这种方式去解决问题，而是将面对的问题按照与现实世界中个体事物类似的方式来组织和解决。面对要解决的问题，首先进行个体分解，分解为一个一个相对独立的个体，每个个体有独立的属性(变量)，有独立的功能(函数)，个体之间的属性和功能互不影响。如果个体间需要建立关系则必须将个体放到一起，使个体相互交换数据完成联系。所有个体都设计完成后，再设计一个总体程序，对所有个体定义其类型的变量(也就是对象)，在总体程序中调用这些变量，使其完成需要的功能，最终解决问题。

针对上文提到的交通工具问题，我们可以设计飞机类、汽车类、轮船类等，每个类拥有自己的属性和功能。每个属性还可以包含更细的类，如发动机类、机舱类、机翼类、螺旋桨类和轮子类等。RPG 电子游戏中各个角色也可以为其定义对应的类，这样无论游戏中有多少角色都可以独立地设计和完成。游戏中各个角色拥有自己的属性(如各自的显示颜色、造型等)、自己的功能(如可以发射炮弹、可以飞行等)，设计好角色后，只需要定义其对象(也就是变量)并放入到主场景中，这个角色就会按照自己的属性和功能进行活动。这样原先面向过程的超级复杂的 main( )函数就变得简单很多，里面只有一些对象，对象按一定规则相互发生关系。系统的维护也变得简单，如发现某个类出现问题，只需要修改升级这个类，对其他类来说没有多大影响，也不会导致整个系统无法工作。

总之，面向过程的 C 语言程序设计可以解决很多问题，但是在解决复杂问题时非常“吃力”，特别是针对遥感信息这类数据量巨大，处理过程超级复杂，还超级多样化的实际需求，必须引入面向对象的 C++程序设计，目的是为了将复杂事物分解为较为独立简单的个体，通过个体间的相互作用来实现复杂事物的内部关系，最终有效地解决复杂问题，开发复杂的系统。

1.4　面向对象程序设计的特征

面向对象的主要思想就是：把整个世界看作是具有行为活动的各种个体(对象)组成的，每个对象都有自己的属性和行为，而整个程序则由一系列相互作用的对象构成，对象之间通过互相操作来完成复杂的业务逻辑。大到一个星球、一个国家，小到一个人、一个分子，无论是有生命的，还是没有生命的，都可以看成是一个对象。通过分析这些对象，发现每个对象都由两部分组成：描述对象状态或属性的数据(变量)和描述对象行为或功能的方法(函数)。与面向过程将数据和对数据进行操作的函数分开不同的是，面向对象将数据和对数据进行操作的函数紧密结合，共同构成对象来更加准确地描述现实世界，这是面向过程与面向对象两者最本质的区别。

面向对象程序设计中将组成复杂事物的个体称为对象(object)。将对象拥有的属性和功能称为数据和方法，用来描述这个对象的数据类型称为类(class)。

因此面向对象程序设计中的类(class)，其实就是一种新的数据类型。通过设计一个类可以实现事物的分类，也可以实现事物的聚合，这里的聚合也就是将与类有关的数据放到类里面起到与外界隔离的作用，也就是封装。

设计这个新数据类型的过程称为抽象。抽象是人们认识客观事物的一种方法，指在描述事物时，有意去掉被考察对象的次要部分和具体细节，只抽取与当前问题相关的重要特征进行考察，形成可以代表对应事物的概念。具体来讲，就是根据现实世界中的一些个体，根据某种分类标准，先将其聚到一起，分析这些个体的特点，抽出共有的特点形成类属性，抽出共有的功能形成类方法。例如在现实世界中的停车场，我们看到很多车，有红色的奔驰 X1、蓝色的宝马 X5、灰色的奥迪 A8、黑色的大众帕萨特、黄色的本田飞度，等等，通过抽象我们可以总结出来，它们都是一类事物，那就是它们都是车，都具有的属性是轮子、方向盘、外壳等，都具有的功能是载人、行驶、鸣笛等。我们将具体的红色奔驰 X1 车、蓝色宝马 X5 车总结为车这个类型的过程其实就是抽象。抽象包括两个方面，一是过程抽象，二是数据抽象。过程抽象是指任何一个明确定义功能的操作都可被使用者看作单个的实体，尽管这个操作实际上可能由一系列更低级的操作来完成。数据抽象定义了数据类型和施加于该类型对象上的操作，并限定了对象的值只能通过使用这些操作去修改。

我们总结的轮子、方向盘、外壳等属性和载人、行驶、鸣笛等功能，并将它们放入车这个类的定义中，这就是一种封装。封装与抽象是一对互补的概念，抽象关注对象的外部视图，封装关注对象的内部实现。

封装的作用是让类的属性和方法属于自己，与其他类的属性和方法相互隔开。完成了封装后，对数据的访问只能通过已定义的方式进行。面向对象将现实世界描绘成一系列完全自治、封装的对象，这些对象通过一个受保护的接口访问其他对象。一旦定义了一个对象的特性，则有必要决定这些特性的可见性，即哪些特性对外部世界是可见的，哪些特性用于表示内部状态。

除了抽象和封装外，面向对象程序设计的特性还有继承和多态。继承和多态在类模型中属于纵向特性，而抽象和封装是类模型中的横向特性，它们之间的关系如图 1-1 所示。

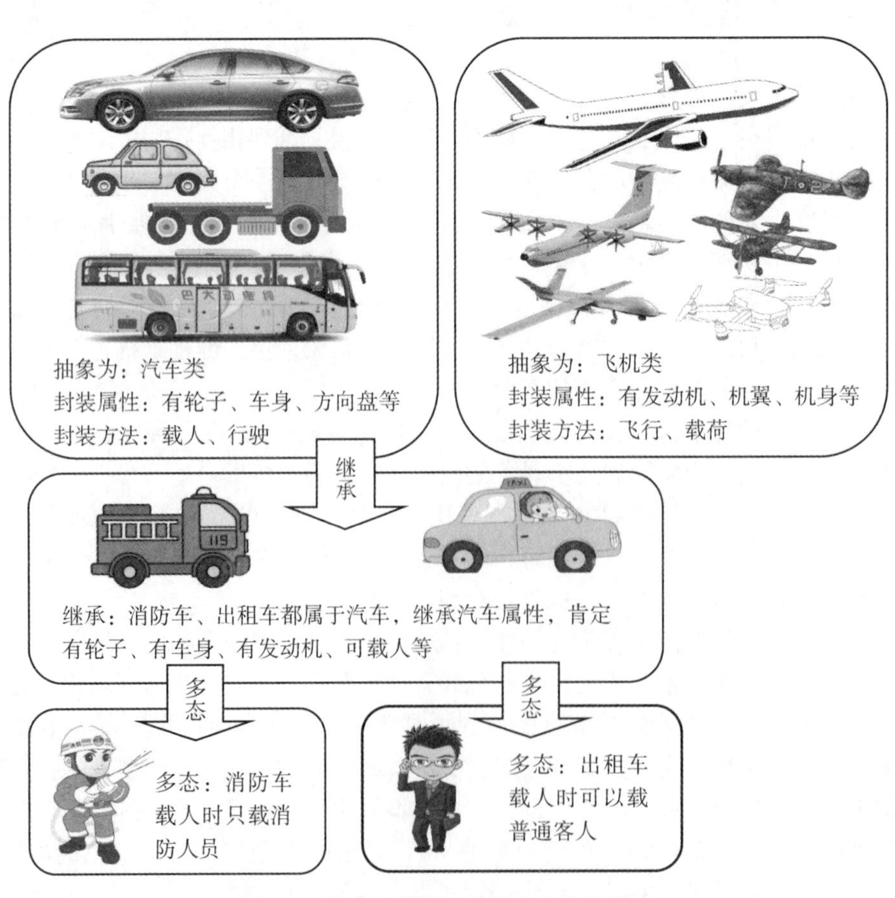

图 1-1　抽象、封装、继承和多态的关系

继承是一种联结类的层次模型，鼓励类的重用，它提供了一种明确表述共性的方法。一个新类可以从现有的类中派生，这个过程称为类继承。新类继承了原始类的特性，新类称为原始类的派生类(子类)，而原始类称为新类的基类(父类)。派生类可以从它的基类那里继承方法和实例变量，并且可以修改或增加新的方法使之更适合特殊的需要。这也体现了大自然中一般与特殊的关系。继承很好地解决了软件的可重用性问题，比如说，所有的 Windows 应用程序都有一个窗口，它们可以看作都是从一个窗口类派生出来的。但是有的应用程序用于文字处理，有的应用程序用于绘图，这是由于派生出了不同的子类，各个子类添加了不同的特性。

多态性是指允许不同类的对象对同一方法作出响应。比如同样是加法，把两个时间加在一起和把两个整数加在一起肯定完全不同。又比如，同样的复制粘贴操作，在文本处理程序和绘图程序中有不同的效果。多态性语言具有灵活、抽象、行为共享、代码共享的优势，很好地解决了应用程序函数同名问题。

需要注意的是，面向对象编程在代码执行效率上没有任何优势，它的主要目的是方便程序员组织和管理代码，快速梳理编程思路，带来编程思想上的革新，提高软件开发的效率，而不是执行的效率。不要把面向对象和面向过程对立起来，面向对象和面向过程并不矛盾，而是各有用途、互为补充的。如果你希望开发一个贪吃蛇游戏，类和对象或许是多余的，几个函数就可以搞定；但如果开发一款大型游戏，那你用面向对象更合适。

1.5　C++与面向对象程序设计

C++是什么，这几乎是每个学习者看到 C++这个单词后会问的第一个问题。在百科全书上，它的解释是“C++是一种静态数据类型检查的、支持多种编程范式(面向过程与面向对象等)的通用程序设计语言”。也就是说 C++是一种语言，更确切地说，是一种用于程序设计的语言。学会了 C++，就可以用 C++与计算机进行交流，让计算机去帮助我们做一些事情。

1.5.1　C++简史

计算机诞生初期，人们要使用计算机必须用机器语言编写程序。世界上第一种高级语言 FORTRAN 诞生于 1954 年。之后出现了多种计算机高级语言，其中使用最广泛、影响最大的当推 BASIC 语言和 C 语言。BASIC 语言是 1964 年在 FORTRAN 语言的基础上简化而成的，它是为初学者设计的小型高级语言。

1967 年，计算机科学家丹尼斯·里奇(Dennis Ritchie)进入美国 AT&T 的贝尔实验室工作。一开始，里奇和他的同事肯·汤普森(Ken Thompson)开始研究 DECPDP-7 这种早期计算机，但是他们发现在这个机器上写程序很困难，只能使用烦琐的汇编语言(Assembly Language)编程。在汇编语言中，它用助记符(MOV、PUSH、POP 等)代替机器语言的操作码，用地址符号或者标号代替机器语言的地址码。虽然汇编语言借助助记符和地址符号在一定程度上降低了编写程序的难度，但是因为它很接近计算机底层，用它所编写出来的程序依然难以阅读和理解，程序的开发效率非常低下。为了解决这个难题，汤普森设计了一种高级程序语言来代替汇编语言，并将其命名为 B 语言，但是由于 B 语言最初的设计有些缺陷，使得汤普森陷入困境。到了 1973 年，里奇对 B 语言进行了改良，赋予了这门新语言强有力的系统控制能力，同时，也做到了简洁而高效，里奇把它命名为 C 语言，意为 B 语言的下一代程序设计语言。

1978 年，里奇和计算机科学家布朗·克尼汉(Brian Kernighan)合编并出版了著名的 *The C Programming Language* 一书，C 语言随后逐渐成为世界上应用最广泛的高级程序设计语言。1989 年，C 语言被 ANSI(American National Standards Institute，美国国家标准学会)首先写入标准(ANSI X3.159—1989)，到 20 世纪 90 年代，标准再次被更新，这就是 ISO 9899:1999(1999 年发布)，也就是通常提及的 C99，到现在还一直被采用。

1979 年 4 月，同样是来自贝尔实验室的本贾尼·斯特劳斯特卢普(Bjarne Stroustrup)博士与同事接受了一项工作——尝试分析 UNIX 的内核。但当时没有合适的工具能够有效地完成这个任务，很难将其内核模块化，所以工作进展很慢。同年 10 月，斯特劳斯特卢普设计了一个预处理程序，称之为“C-Pre”。所谓预处理程序，就是在源程序文件被最终编译之前，对其进行预先处理的程序。C-Pre 为 C 语言加上了类似 Simula 语言的类机制。在这个过程中，斯特劳斯特卢普萌生了创建一门新语言的想法。当时这门新语言叫 C with class，是 C 语言的一个有效扩充，后来才更名为 C++语言。当时 C 语言已经在所有程序设计语言中居于老大的地位，要想发展一种新的语言，最强大的竞争对手就是 C 语言了。C++当时面临两个挑战：第一，C++要在运行时间、代码紧凑性和数据紧凑性方面与 C 语言相媲美；第二，C++要尽量避免在语言应用领域的限制。在这种情况下，最简单的方法就是继承 C 语言的一些特性，让 C++语言具备 C 语言的各种优点。同时，斯特劳斯特卢普为了突破 C 语言的种种局限，还借鉴了其他程序设计语言的优点，实践了编程界由来已久的“拿来主义”。例如：C++从 Simula 中拿来了类的概念；从 ALGOL 68 中拿来了操作符重载、引用以及在任何地方声明变量的能力；从 BCPL 中拿来了“ // ”注释；从 Ada 中拿来了模板、名字空间；从 Ada、Clu 和 ML 中拿来了异常处理等。通过这一系列的拿来动作，C++具备了多种程序设计语言的优秀基因，既系出名门，又博采众家之长，从而完成了从 C 到 C++的进化。

其后，C++又经历了长期的发展，随着标准模板库(Standard Template Library，STL)的出现、泛型编程的发展，C++在 2000 年左右出现了其发展史上的一个高峰，到了 2011 年，C++的最新标准 C++11 正式发布，这个新标准在 C++的易用性和性能上作了大量改进，增加了线程库等现代软件开发所需要的内容，这也为 C++的发展注入了新的动力。

至今，C++仍然是高性能软件和算法最优先选择的开发语言。遥感信息碰上了大数据时代，海量的数据、复杂的信息更需要从底层原理出发才能设计出具有创造性和实用性的处理系统。

1.5.2　C++与 C#

随着硬件技术的不断发展，特别是多核技术的出现以及 Java、C#等新语言的不断涌现，C++的发展受到了很大的冲击，在业界的应用范围不断缩小。C++曾经是 Visual Studio 6.0 中的首选语言，但是在后续版本的 Visual Studio 中，特别是在微软推出.NET

Framework 之后，C++的地位不断下滑，被后来居上的 C#抢了风头。C#下的软件开发就像搭积木一样简单，那些原来在 C++下需要几十行代码才能完成的功能在 C#下可能只需要几行代码就可以完成。极高的开发效率使 C#的应用越来越广泛，这使得 C++的初学者常常会有这样的疑问：新兴的 C#会不会取代 C++？我们应该学习 C++还是学习 C#？

从本质上讲，C++和 C#之间的差异是两种不同的编程世界观之间的差异。打个比方，在 C++的世界中，我们看到的是内存、指针、模板等基础设施，很多事情都还等着我们自己去完成建设，虽然辛苦一些，但是我们获得的却是更多的自由，更高的性能；而在 C#的世界中，我们看到的是强大的类库、垃圾回收机制等已经初具规模的设施，我们只需要使用这些设施来实现自己的功能就可以了。在 C#的世界观下，开发效率自然会提高，但是性能就不敢保证了。这就像盖房子，C++提供给我们的是砖头和沙子，整个房子都需要我们自己动手；而 C#提供给我们的是半成品的一堵墙或者一个房顶，我们只需要将这些半成品垒成一个房子就可以了。用 C++的方法，虽然麻烦一些，但是可以盖出各式各样独具个性的房子；用 C#的方法，虽然省时省力，但是盖出来的房子都大同小异，没有什么个性可言。语言无所谓好坏强弱，C#能做的，C++不一定都能做好，而 C++能做的，C#也不一定都能做好。所以，讨论语言的好坏强弱没有任何意义。C++和 C#各有各的特点，所以也都有各自的应用场景。根据应用场景的不同而选择合适的语言才是最重要的，最合适的语言就是最好的语言。

从软件的性能角度出发，只要这个世界还需要服务器端的开发、多媒体游戏的开发、图形影像处理的开发等，C++就不会被取代。特别地，C++在操作系统编程、游戏开发、电信金融业务、服务器端开发等方面具有不可替代的优势，无数基于 C++的新项目正等着大家去推进。

1.5.3　C++程序的结构

C++兼容 C 语言程序设计，因此 C++与 C 语言的主程序结构是相同的，通常由三部分组成：

(1)全局声明部分。

全局声明部分的结构和功能与 C 语言完全相同，主要包括：头文件包含、全局变量全局函数的声明、类声明等。C++编译系统提供大量已经定义并实现好的函数、类等可用资源，这些资源被分为声明和实现两部分，声明部分用源代码形式放在头文件中，实现部分大多数被编译为二进制代码放在系统库文件中。在 C++程序中，用“#include <文件名>”的形式将其引入当前程序中，并按头文件中声明的类型和参数进行调用。

全局声明实例代码：

```
#include <iostream>
#include <math.h>
class CVector{
public:
    CVector ( );          //构造函数
    ~ CVector ( );        //析构函数
```

```
    int GetMod( );        //成员函数
    int m_x;              //成员变量
    int m_y;              //成员变量
};
```

全局声明实例代码中，最开始的以“#”开头的两句是头文件包含语句，是告诉编译器使用这两个库文件。接着就是一个典型的 C++类的声明，通过这些声明语句，我们要告诉编译器，我们打算定义一个类，类名称是 CVector，类包含的成员变量有 m_x 和 m_y，类成员函数有构造函数、析构函数和 GetMod( )函数，而类的实现部分没有写在声明的语句中，而是写在了后面的代码中。

(2)主函数部分。

C++的主函数有两类形式，一类是控制台程序，运行起来会弹出黑色窗口，在窗口内可以输入数据和打印结果。控制台的 C++程序的主函数是 main( )，它是程序执行的起点和主体。C++程序从 main( )函数的第一条语句开始，顺序执行其中的语句，语句执行完后，程序就结束了。

控制台程序实例代码：

```
#include <iostream>
int main(int argc,char *argv[],char *envp[]){
    int i,sum=0;
    for (i = 1; i <= 10; i++) {
        sum += i;
        std::cout << i;
        if (i ! = 10) std::cout << "+";
    }
    std::cout << "=" << sum;
}
```

主函数的参数有三个，主函数的参数通过运行程序时在执行程序后面输入字符串传入主函数。例如最终执行是 a. exe，则传入参数的命令行是：

```
a.exe  helloworld.
```

则主函数的参数 argc=2，argv[0]= "a. exe"，argv[1]= "helloworld"。

控制台程序执行结果如图 1-2 所示。

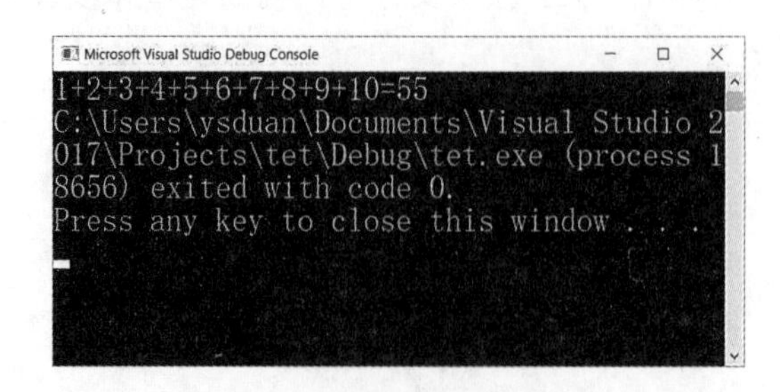

图 1-2　控制台程序执行结果

图中第一句“1+2+3+4+5+6+7+8+9+10=55”就是本例的执行结果，后面的提示信息不是程序输出的信息，而是VS开发环境给出的提示，可以不用理睬。

另一类是Windows程序，Windows运行起来后弹出主窗口，用户可以用鼠标对窗口进行操作，直到用户选择关闭主窗口后程序结束。Windows程序又分为标准Windows程序和MFC封装的Windows程序。标准Windows程序的主函数是WinMain( )，它是程序执行的起点和主体，在WinMain( )函数中有一个主消息循环语句，主消息循环没有执行次数限制，只能通过内部结束。Windows程序的代码如下：

```
LRESULT CALLBACK WindowProc(HWND hwnd, unsigned int message,
                WPARAM wParam,LPARAM lParam){
    return DefWindowProc (hwnd, message, wParam, lParam);
}
int WinMain(
    HINSTANCE hInstance,
    HINSTANCE hPrevInstance,
    LPSTR lpCmdLine,
    int nCmdShow )
{
    char* cls_Name = "My Class";   //窗口类别名称
    WNDCLASS wc = {0}; //定义窗口类别结构体变量
    wc.hbrBackground = (HBRUSH)COLOR_WINDOW;
    wc.lpfnWndProc =WindowProc; //指定用于处理消息的窗口函数
    wc.lpszClassName = cls_Name;
    wc.hInstance = hInstance;
    RegisterClass(&wc);   //注册窗口类别

    HWND hwnd = CreateWindow(   //创建窗口
        cls_Name, "MyApp", WS_OVERLAPPEDWINDOW,
        38, 20,480,250,NULL,NULL,hInstance, NULL);
    if(hwnd == NULL) return 0;
    ShowWindow(hwnd, SW_SHOW);   //显示窗口
    UpdateWindow(hwnd);   //更新窗口

    MSG msg;
    while(GetMessage(&msg, NULL, 0, 0)){   //开始消息循环
        TranslateMessage(&msg);
        DispatchMessage(&msg);
    }
```

```
    return 0;
}
```

Windows 程序执行的结果如图 1-3 所示：

图 1-3　Windows 程序执行结果

MFC 封装的 Windows 程序 WinMain 函数已经被封装到 CWinApp 类了，只需要定义一个 CWinApp 的对象就可以，程序的所有功能、执行过程都被分解到各个类中，通常包含应用程序类 CWinApp 和程序图形界面类。图形界面可以是对话框类 CDialog 或者主窗口框架类 CMainFrame 及子窗口如 CChildFrm、CView 等。本书将主要以基于 MFC 的 Windows 程序进行介绍。

(3) 自定义类和函数实现部分。

类和函数实现部分又称为类和函数的定义部分，用来具体定义类和函数的功能，声明部分中的所有类和函数必须在这里进行具体实现，也就是编写类和函数的实现代码。类和函数实现部分是我们自己编写代码，实现功能的核心部分。在编写代码的过程中，我们需要按照类的语法、符合面向对象的特点，设计类结构，编写具体功能的实现代码。

自定义点类的代码为：

```
class CPt{
public:
    CPt( ){m_x=m_y=0; }; //构造函数
    ~ CPt( ){}; //析构函数
    void  SetVal(int x,int y){ m_x=x; m_y=y; }   //给成员赋值函数
    int   GetX( ){ return m_x; }; //取成员变量 x 的函数
    int   GetY( ){ return m_y; }; //取成员变量 y 的函数
    double GetDis( CPt pt ){ //求本点与另外一个点间距离的函数
        return sqrt( (pt.x-m_x) * (pt.x-m_x)+(pt.y-m_y) * (pt.y-m_y) );
    };
    int m_x,m_y; //成员变量
};
```

1.5.4　C++的类和对象

C++是一门面向对象的编程语言，理解 C++，首先要理解类(class)和对象(object)这

两个概念。C++中的类(class)可以看作C语言中结构体(struct)的升级版。与结构体类似，类是一种构造类型，可以包含若干成员变量，每个成员变量的类型可以不同，例如：

```
class CPt{
public:
int m_x;
int m_y;
void SetVal(int x,int y){
    m_x = x;
    m_y = y;
    }
};
```

class和public是C++中的关键字，初学者请先忽略public的具体含义(后续会深入讲解)，把注意力集中在class上。C语言中的struct只能包含变量，而C++中的class除了可以包含变量，还可以包含函数。SetVal( )是用来处理成员变量的函数。在C语言中，我们将函数放在struct外面，它和成员变量是分离的；而在C++中，我们将它放在了class内部，使它和成员变量聚集在一起，看起来更像一个整体。

结构体和类都可以看作一种由用户自己定义的复合数据类型，在C语言中可以通过结构体名来定义变量，在C++中可以通过类名来定义变量。不同的是，通过结构体定义出来的变量还叫变量，而通过类定义出来的变量有了新的名称，叫作对象(object)。

1.6 Visual Studio 集成开发环境

Visual Studio(简称VS)是微软公司的开发工具包系列产品。VS是一个完整的开发工具集，它包含整个软件生命周期中所需要的大部分工具，如UML工具、代码管控工具、集成开发环境(IDE)等。所写的目标代码适用于微软支持的所有平台，包括Microsoft Windows、Windows Mobile、Windows CE、.NET Framework、.NET Compact Framework和Microsoft Silverlight及Windows Phone。如果想做Windows应用开发，使用Microsoft自己的开发工具肯定没错。Visual Studio产品包含C++、C#和VB.NET语言，可以为Windows x86、Windows x64、Windows RT和Windows Phone做开发，最新的版本甚至开始支持macOS、Linux、Android等系统的应用开发。

1.6.1 Visual Studio 概述

C++开发环境在Visual Studio中最初称为Visual C++，简称VC++，是由微软提供的C++开发工具，它与C++的根本区别就在于，C++是语言，而VC++是用C++语言编写程序的工具平台。VC++不仅是一个编译器，更是一个集成开发环境，包括编辑器、调试器和编译器等。Visual Studio包含了VB、VC++、C#等编译环境。在Visual Studio 6.0中提供了单独安装VC++的选择，但自微软2002年发布Visual Studio.NET以来，微软建立了在.NET 框架上的代码托管机制，一个项目可以支持多种语言开发的组件，VC++ 同样被扩展为支持代码托管机制的开发环境，所以.NET Framework 是必需的，也就不再有 VC++的独立安装程序。近些年来 VC++的主要版本包括：VC++6.0、VS2003、VS2005、VS2008、VS2010、VS2013、VS2015、VS2017、VS2019 和 VS2022。其中 VC++6.0 占用的系统资源比较少，打开工程、编译运行都比较快，所以赢得很多软件开发者的青睐，但因为它先于 C++标准推出，所以对 C++标准的支持不太好。随着 VC++版本的更新，对 C++标准的支持越来越好，对各种技术的支持也越来越完善。但同时新版本所需的资源也越来越多，对处理器和内存的要求越来越高，VS2017 版本安装文件包已经超过 10GB，其运行也经常受处理器和内存等性能的限制。作者推荐初学者使用 VS2019，它安装简单，类库和开发技术都是比较完善的，而且编译速度比较快。

介绍 VC++免不了要提 MFC，MFC 全称是 Microsoft Foundation Classes，也就是微软基础类库。它是 VC++的核心，是 C++与 Windows API 的结合，彻底用 C++封装了 Windows SDK(Software Development Kit，软件开发工具包)中的结构和功能，还提供了应用程序框架，此应用程序框架为软件开发者完成了一些例行化的工作，比如各种窗口、工具栏、菜单的生成和管理等，不需要开发者再去解决那些很复杂很乏味的难题，比如每个窗口都要使用 Windows API 注册、生成与管理。这样就大大减少了软件开发者的工作量，提高了开发效率。当然 VC++不仅能够创建 MFC 应用程序，同样也能够进行 Windows SDK 编程，但是那样的话就舍弃了 VC++的核心，放弃了 VC++最强大的部分。

1.6.2　Visual Studio 的安装

Visual Studio 有许多版本，各个版本的安装略有差异，在 VS2017 以前，微软都提供了 VS 的离线安装包，离线安装包的安装比较简单，只需执行 Setup，之后只需要选择“下一步”，直到安装完毕。但从 VS2017 开始，微软不再提供离线安装包，而是采用在线安装的形式，很多功能例如 MFC 不再是默认选择，因此后续版本的安装相对复杂一些，本节将以 VS2022 为例详细介绍 VS 的安装。

VS2022 细分为三个版本，分别是：

社区版：免费提供给单个开发人员，给予初学者及大部分程序员支持，可以无任何经济负担、合法地使用。

企业版：为正规企业量身定做，能够提供点对点的解决方案，充分满足企业的需求。企业版官方售价 2999 美元/年或者 250 美元/月。

专业版：适用于专业用户或者小团体。虽然没有企业版那么全面的功能，但相比于免费的社区版，有更强大的功能。专业版官方售价 539 美元/年或者 45 美元/月。

对于大部分程序开发，以上版本区别不大，免费的社区版一样可以满足程序员需求，所以推荐大家使用社区版，轻松安装，快速使用。因此需要下载最新的 Visual Studio 2022 Community(社区版)安装包。下载地址：https://visualstudio.microsoft.com/。进入网站后看到界面如图 1-4 所示。

选择网页中顶端“免费 Visual Studio”按钮就开始下载客户端安装程序，下载时将下载

图 1-4 VS2022 网站界面

的文件“vs_community_xxx.exe”保存到本地硬盘(如 D:\)上，文件中的 xxx 是根据下载用户随机生成的代码，不影响程序执行。

下载完成后，用鼠标左键双击运行下载的“vs_community_xxx.exe”文件，开始安装，出现如图 1-5 所示界面。

图 1-5 开始安装 VS2022

在界面中选择“继续”，将出现如图 1-6 所示界面。

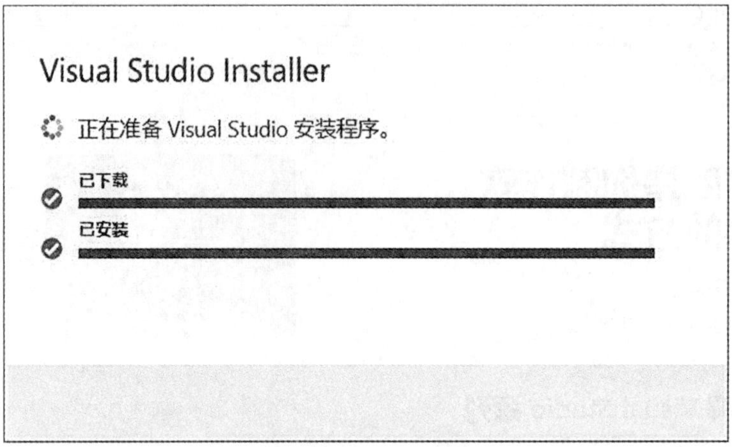

Visual Studio Installer

正在准备 Visual Studio 安装程序。

已下载

已安装

图 1-6　下载安装配置

图 1-6 是正在下载 VS2022 的安装配置，根据网络情况，可能需要一段时间才能下载完成，下载完成后将出现如图 1-7 所示界面。

图 1-7　VS 安装选项界面

在“VS 安装选项界面”中通过右侧的滚动条上下滑动界面内容，寻找“使用 C++的桌面开发”并将其勾选，如图 1-8 所示。

“安装选项界面”的右边是“安装详细信息”，可根据自己的需要选择一些开发包。特别提醒，本书的 Windows 图形界面开发将使用 MFC，因此必须选中 MFC 选项，如图 1-9

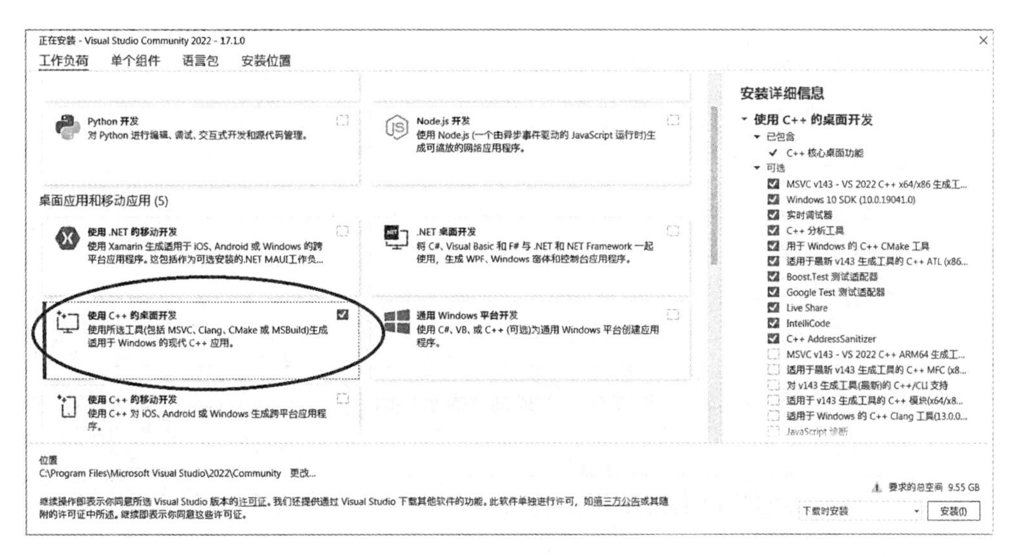

图 1-8　选择桌面开发

所示。如果初次安装时未选中 MFC 选项，在使用前也可以运行安装程序安装该选项的修改和补充。

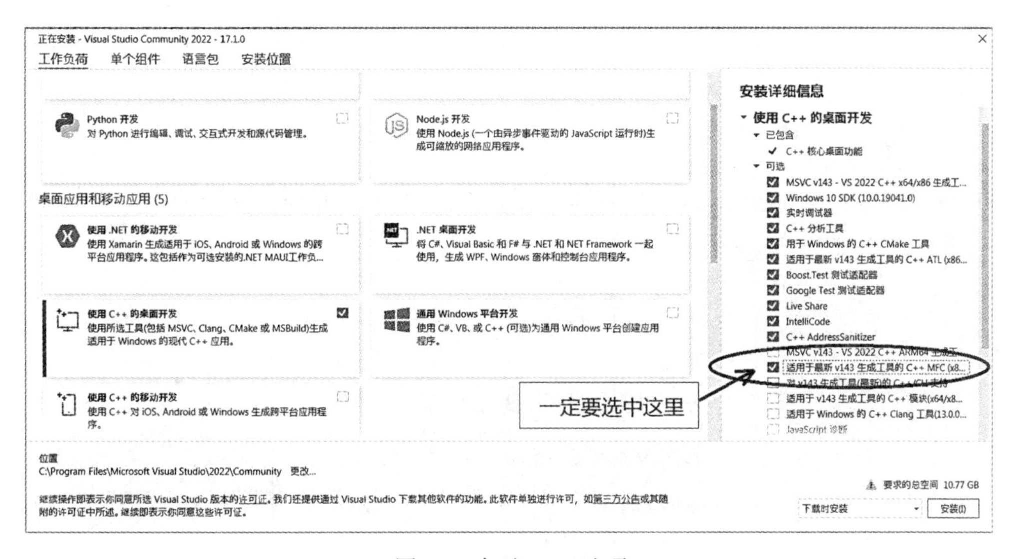

图 1-9　勾选 MFC 选项

选中 MFC 时，系统中可能提供了不同的版本，例如在安装时，微软提供的是 v143 版本，不同版本并不影响开发，选择任意一个包含 MFC 的版本即可。然后选择“安装”，系统弹出如图 1-10 所示的安装进度提示，并开始安装。

安装完成后，选择启动按钮启动 Visual Studio，如图 1-11 所示。

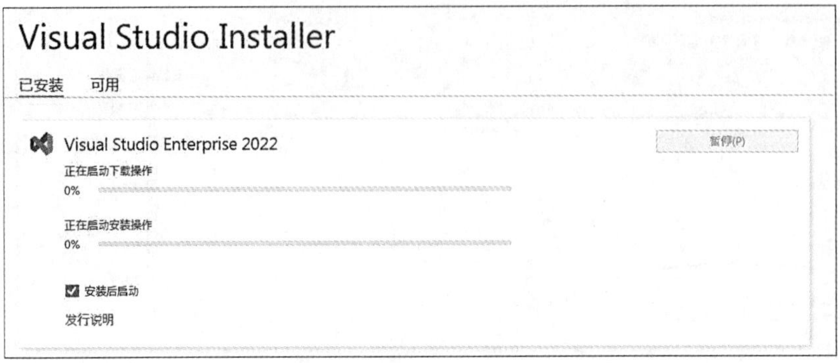

图 1-10　下载进度提示界面

图 1-11　安装完选择“启动”

首次运行 Visual Studio，可看到如图 1-12、图 1-13 所示界面，界面要求使用 Microsoft 账户登录。

图 1-12　首次运行 Visual Studio

如果没有账户，必须免费创建一个，否则过一个月后软件就不能使用了。创建/登录Microsoft 用户界面如图 1-13 所示。

图 1-13　创建/登录 Microsoft 用户界面

通过 Microsoft 用户登录后，正式进入 VS 启动界面，如图 1-14 所示。

图 1-14　VS 启动界面

至此，VS2022 安装完毕，在 Windows 的“开始菜单”，可以找到一个名称为“Visual Studio 2022”的图标，如图 1-15 所示，以后就点击这个图标进入 VS2022。

图 1-15 开始菜单中的 VS2022

1.6.3 在 Visual Studio 中新建控制台项目

Visual Studio 使用项目(Project)来组织程序代码(VS 称为应用代码)，使用解决方案(Solution)来组织多个项目。项目包含用于生成应用的所有代码文件、选项、配置和规则，项目还负责管理所有项目文件和任何外部文件间的关系。之所以这么复杂，是因为 VS 是基于大型复杂软件考虑，一个大型复杂软件往往不是一段简单的代码，也不是几个代码文件简单组合在一起，而是由一级一级的代码文件组成，由一个或几个代码文件完成某个功能，形成相对独立的模块，这些相对独立的模块通常用工程(Project)的形式来管理，最后由多个工程组合到一起实现整个软件。

虽然我们仅仅想建立一个简单的程序，但是也得按这个流程来。因此，也需要建立解决方案和项目，不过解决方案里只有一个项目，而且是非常简单的项目，就只有一个源代码文件。在这种情况下，可以直接在 VS 中启动界面，选择创建新项目(或者在文件菜单中选择“新建”→“项目”)，如图 1-16 所示。

选择“创建新项目”后，系统弹出选择项目模板的界面，如图 1-17 所示。

VS 的项目模板与安装选项有关，可以通过右侧的滑动条选择不同模板，通常提供的模板有“空项目”“控制台应用”“CMake 项目”“Windows 桌面项目”“MFC 应用”等。其中“控制台应用”和“MFC 应用”是本书常用的两个模板，下面先介绍“控制台应用”模板的使用。

选择“控制台应用”模板后，点击窗口右下角“下一步”按钮，系统弹出指定项目名称、项目文件保存路径等参数的界面，如图 1-18 所示。

图 1-16　创建新项目

图 1-17　选择项目模板

在对话框下面输入项目名称、存放位置和解决方案名称，其中项目名称就是程序名称，而多个项目可以放到一个解决方案中便于管理。这里也可以直接用默认的名称和路径（路径就是文件夹）。

特别提醒：项目名称很多时候都被用于建立应用程序类名称，而中文不是编程语言，项目名称不要使用中文，也不要用数字开头，中间也不要有空格。

配置新项目

控制台应用　C++　Windows　控制台

项目名称(J)

cpp1

位置(L)

D:\work

解决方案名称(M)

cpp1

将解决方案和项目放在同一目录中(D)

上一步(B)　创建(C)

图 1-18　指定工程名称和保存路径

所有参数指定完成后，选择“创建”按钮，系统就新建了工程，并打开了程序文件以便我们编写代码，如图 1-19 所示。

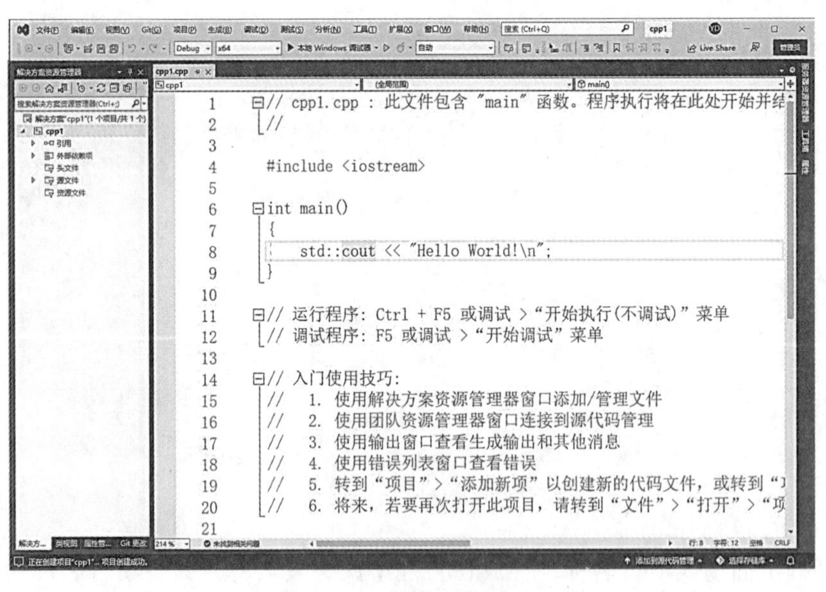

图 1-19　编写代码界面

至此，用 VS 建立工程就告一段落，后面就需要自己编写程序。

新建工程中已经写好了基本框架，主要包括：

(1)已经添加了包含头文件的代码，如 #include　<iostream>;

(2)已经添加了主函数 main(　)，并且写了一句实例代码，如 std:: cout<<"Hello World! \n";

(3)在主函数后面，还添加了以“ // ”开头的一些说明，如：提示学习者用“Ctrl+F5”组合键或“调试”→“开始执行”菜单编译和运行代码等，此外还有一些入门提示信息，这些信息有利于学习者使用 VS。

需要特别说明的是：“ // ”开头的语句不是程序代码，而是与程序没有关系的帮助信息和提示信息，是给编程人员看的，计算机不处理这些信息。我们在任何时候都可以用“ // ”开头输入一些信息，这些信息可以帮助我们理解程序，或者提醒我们应该注意的地方。

关于这个基本框架，需要特别补充的是：VS 是按大多数初学者入门编程需要设计的，框架本身比较合理，不要轻易删除。框架的头文件包含部分包含了标准头文件<stdio. h>和<stdlib. h>以及输入输出<iostream>，我们不需要删除它们，主函数 main(　)也已经输入好，更没有必要删除。

特别地，有些参考书或者网络 BBS 上推荐建立空文件，然后自己逐个输入代码，其实输入的结果与自动产生的一样。但是我们推荐使用新建工程的方式产生工程，因为随着程序复杂度的加大，以后的程序会更加复杂，需要使用系统提供的很多标准库。为了使用系统标准库，VS 采用包含标准头文件(也称为预定义头文件)的方法，而且要求包含标准头文件的语句必须是程序的开头，任何语句不能写在包含标准头文件语句前。同时标准头文件在不同 VS 版本中不一样，例如最早都用<stdio. h>和<stdlib. h>，后来 VS6. 0 开始改为"stdafx. "，VS2017 开始改为"pch. h"，在 VS2022 中干脆去除了标准头文件，以后或许也会改，所以建议初学者直接接受 VS 的推荐，这样是不会出错的。

最后为了确认 VS 本身没有问题，我们可以用组合键“Ctrl+F5”或选择菜单“调试”→“开始执行”对 VS 产生的框架代码进行编译和执行。编译应该没有任何错误，可以顺利执行，并在控制台界面中输出“Hello World!”，如图 1-20 所示，如果 VS 本身产生的代码无法编译，原因是 VS 没有安装好，需要重新安装。

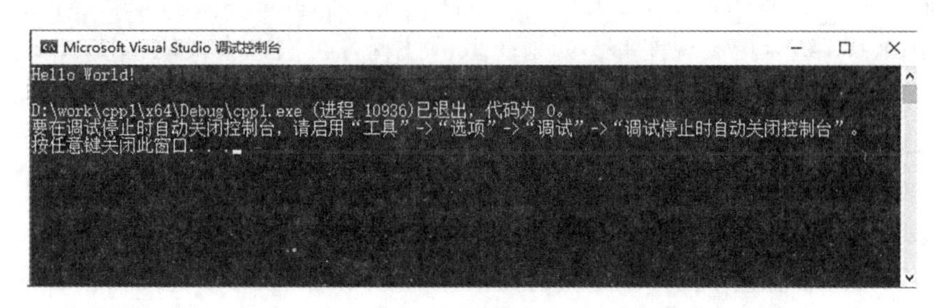

图 1-20　VS 自动产生的代码正确运行界面

1.6.4　在 Visual Studio 中编写代码

每次编写新程序，都需要新建项目工程，然后直接在 main( )函数中编写所需要的代码，此时可以删除“std:: cout<< "Hello World! \n"”这句示例代码，然后输入自己的代码，如图1-21所示。

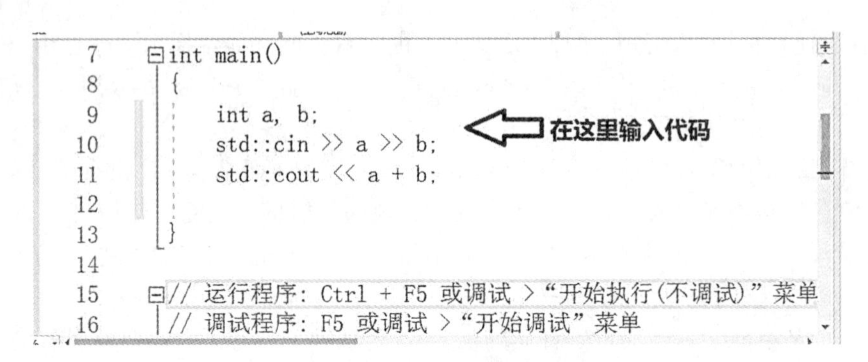


```
 7  int main()
 8  {
 9      int a, b;
10      std::cin >> a >> b;
11      std::cout << a + b;
12
13  }
14
15  // 运行程序: Ctrl + F5 或调试 >“开始执行(不调试)”菜单
16  // 调试程序: F5 或调试 >“开始调试”菜单
```

图1-21　输入自己代码界面

无论输入什么代码，VS不允许编程人员将代码放在“包含标准头文件”语句前(VS2017版本以下是#include"stdafx.h"，VS2017版本是#include "pch.h"，VS2022没有包含标准头文件语句)。这是VS自己的规定。VS认为第一句代码必须是“包含标准头文件”，否则编译器的相关设置就失效，除非自己修改相关设置，让VS重新工作。

VS编译器在编辑代码方面做得非常好，输入代码后，代码编辑器会以不同的颜色标记语言关键字、方法和变量名以及代码的其他元素，使代码更具可读性且更易于理解。

代码编辑器提供了很多辅助输入功能，例如输入库函数时或任何关键字，只要输入开始几个字母，后面就会自动弹出辅助选项，再如输入成对使用的符号( )，{}等，只要输入第一个符号，系统马上给添上后面的符号(自动补全功能)。

代码编辑器提供自动对齐代码的功能，例如自动将代码按语句对齐，按复合语句对齐等。自动对齐代码的快捷操作方法：用鼠标或键盘将希望对齐的代码选中，然后按“Alt+F5”组合键即可对齐代码。

代码编辑器提供将代码变为注释代码(就是无视，暂时不使用的意思)的功能，在学习阶段非常实用。注释一段代码的快捷操作方法：用鼠标或键盘将希望备注的代码选中，然后按“Ctrl+K+C”组合键实现注释，如果想取消注释，再次选中代码，按“Ctrl+K+U”组合键取消。

代码编辑器除了按行选中代码外(直接用鼠标按左键选择)，还提供按列方向选择代码的功能，启用按列选择代码的方法是：按下键盘的Alt键，然后就可以用鼠标选择列方向的代码，选中后可以进行精细的复制、粘贴、删除等操作。

对于输入错误的信息，例如未定义的变量、未定义的函数等，代码编辑器也会在错误标识符下面画红色波浪线提示。对于编译出错的位置，语法错误或者其他错误，在代码编辑器中也会用红色波浪线提示。

输入完自己的所有代码后，应该认真检查语法、逻辑等，如果没问题就可以编译运行程序。

特别提醒：输入代码或者编译程序时，可以参考画波浪线的错误提示信息，但不能全部信任，VS 编译器只能做初级的语法判断，稍微复杂一点的语法，VS 编译器就判断不了，甚至会给出错误提示。有时会对正确的代码，也一直给出错误的提示，那么如何确认错误是否真实呢？编译和运行代码，编译没有问题，运行结果正确，表明代码就是正确的。

1.6.5 在 Visual Studio 中编译链接

1. 编译(Compile)

输入完所有代码后，应该认真检查语法、逻辑等，认为没有问题了就可以编译运行程序。在 VS 界面菜单栏中选择“生成”→“编译”，就完成了源文件的编译工作，如图 1-22 所示。

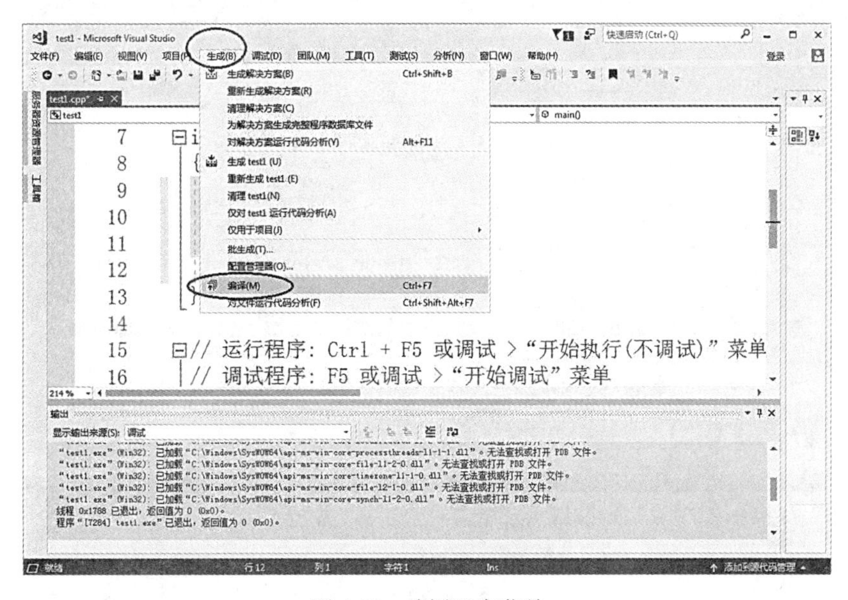

图 1-22 编译程序菜单

或者直接按下“Ctrl+F7”组合键，也能够完成编译工作，这样更加便捷。如果代码没有任何错误，会在下方的输出窗口中看到编译成功的提示，如图 1-23 所示。

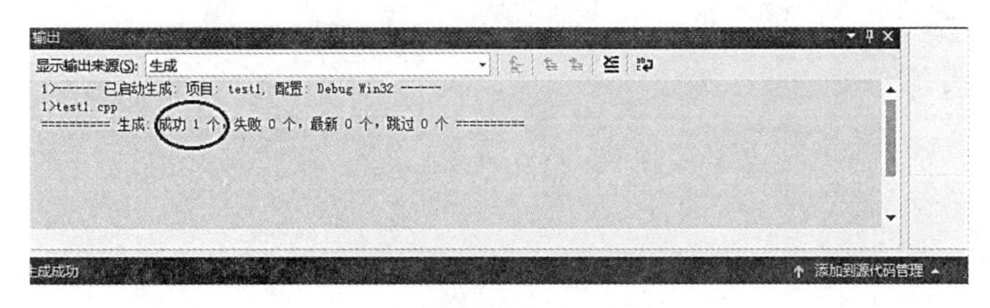

图 1-23 编译成功提示信息

编译完成后，打开项目目录(本例中是 D:\C_Prog\test1)下的 Debug 文件夹，会看到一个名为 test1.obj 的文件，此文件就是经过编译产生的中间文件，这种中间文件称为目标文件(Object File)。在 VS 中，目标文件的后缀都是.obj。目标文件可以提供给其他人链接用，因此也是非常重要的成果。

2. 链接(Link)

前面讲过，编译通过后还需要链接才可以形成执行文件，链接的操作过程为：在菜单栏中选择“生成”→“仅用于项目”→“仅链接 test1”，就可以完成 test1.obj 的链接工作，如图 1-24 所示。

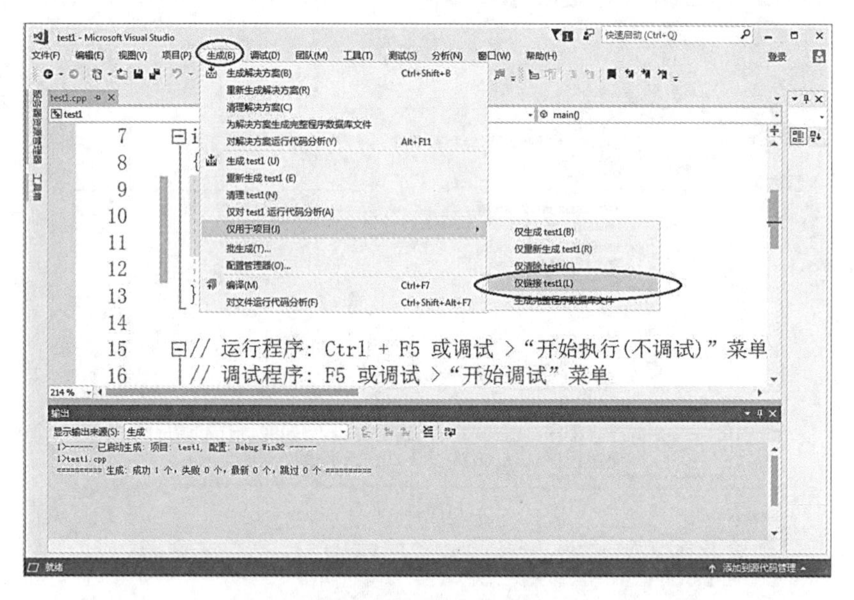

图 1-24　链接程序菜单

如果代码没有错误，会在下方的输出窗口中看到链接成功的提示，如图 1-25 所示。

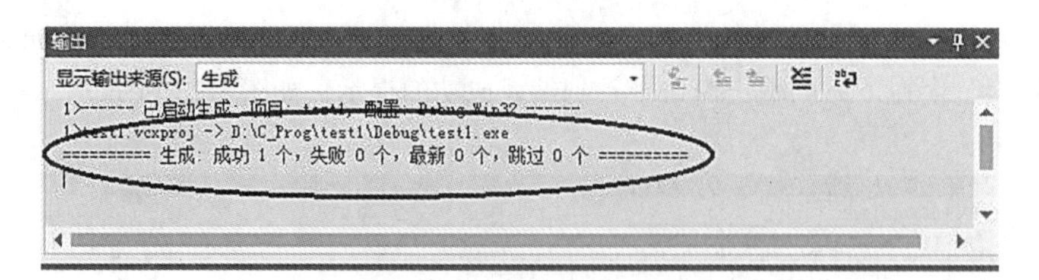

图 1-25　链接成功提示信息

本项目中只有一个目标文件，链接的作用是将 test1.obj 和系统库结合起来，形成可执行文件，如果有多个目标文件，这些文件之间还要相互结合。

链接成功后，打开项目工程目录(本例中是 D:\C_Prog\test1)下的 Debug 文件夹，会看到一个名为 test1. exe 的文件，这就是最终生成的可执行文件。

双击 test1. exe 运行，会看到一个黑色窗口，里面有个光标一闪一闪地等待输入，在输入两个数如 1 和 2 之后按回车键，窗口一闪就消失了，其实已经输出结果了，只是时间非常短暂，没来得及看清楚。只需要在代码最后加入一句 system("pause")，如图 1-26 所示。

```
#include "pch.h"
#include <iostream>

int main()
{
    int a, b;
    std::cin >> a >> b;
    std::cout << a + b<<"\n";
    system("pause");
}
```

图 1-26　添加暂停代码

重复上述的编译、链接两步，双击 test1. exe 运行，输入 1 和 2 并按回车键，系统就会停下，运行效果如图 1-27 所示。

图 1-27　程序暂停效果

在黑色窗口中，我们可以看到程序输出了计算结果 3，并提示按任意键继续，此时再按键盘任意键输入，窗口才关闭。

总结一下用 VS 编写程序的完整过程是：

(1)新建“Windows 控制台应用程序”。

(2)编写 main( )函数的内容。

(3)利用编译检查语法错误并修改，如果没有错误则将源文件转换为目标文件。

(4)将目标文件和系统库组合在一起，转换为可执行文件。

(5)检验程序功能的正确性。

其实，VS 提供了一种更加快捷的方式，可以一键完成编译、链接、运行三个动作。在工具栏中直接点击“本地 Windows 调试器”按钮，或者按 F5 键即可，按钮位置如图 1-28 所示。

用快捷方式与一步一步选菜单的效果是完全一样的，如果编译没有通过，VS 不会启动链接，而是等待我们将编译错误都改正后才开始链接。

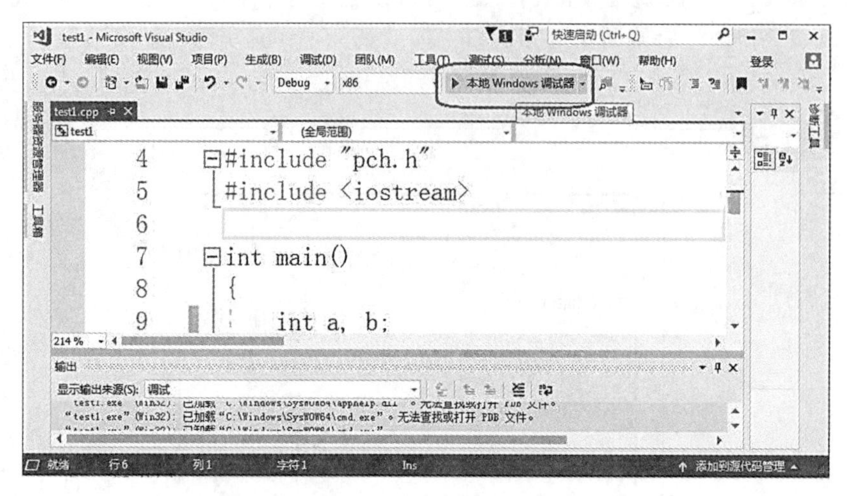

图 1-28　快捷调试按钮

本书中例子编写的程序都是这样的控制台程序(又称“黑窗口”程序)，只能看到一些文字，这与我们平时使用的 Windows 软件有些差异。虽然看起来枯燥无趣，但是它非常简单，适合入门，能够让大家学会编程的基本知识。只有夯实基本功，才能开发出带图形界面的漂亮 Windows 程序。

1.6.6　Visual Studio 中的特殊设置

用高版本 VS 编译程序时，会出现下面几个与各个标准 C 和 C++中描述不一致的问题，包括安全函数、for 循环中定义变量和字符集三个问题。

1)安全函数

在 VS 下编译 C 语言程序，如果使用了 scanf( )、gets( )、strcpy( )、strcat( )等与字符串读取或操作有关的函数，VS 会报错，提示该函数不安全，并且建议替换为带有_s 后缀的安全函数，如图 1-29 所示。

scanf( )、gets( )、fgets( )、strcpy( )、strcat( )等函数都是 C 语言自带的标准函数，有人认为它们都有一个缺陷，就是不安全，可能会导致数组溢出或者缓冲区溢出，让黑客有可乘之机，从而发起“缓冲区溢出”攻击。于是微软发明了几个安全函数如 scanf_s( )、gets_s( )、fgets_s( )、strcpy_s( )、strcat_s( )，这些安全函数在读取或操作字符串时要求指明长度，多余字符就会被过滤，避免了数组或者缓冲区溢出，但是，它们仅适用于 VS，在其他编译器中是无效的。

下面以 scanf 为例来解释一下为什么会提示不安全，scanf 在读取字符串时不检查字符个数，例如：

```
char buf[5]={0};
scanf("%s", buf);
```

当输入“abcdefg”这 7 个字符时，scanf( )会全部读取，并放入 buf 中，但是前面定义

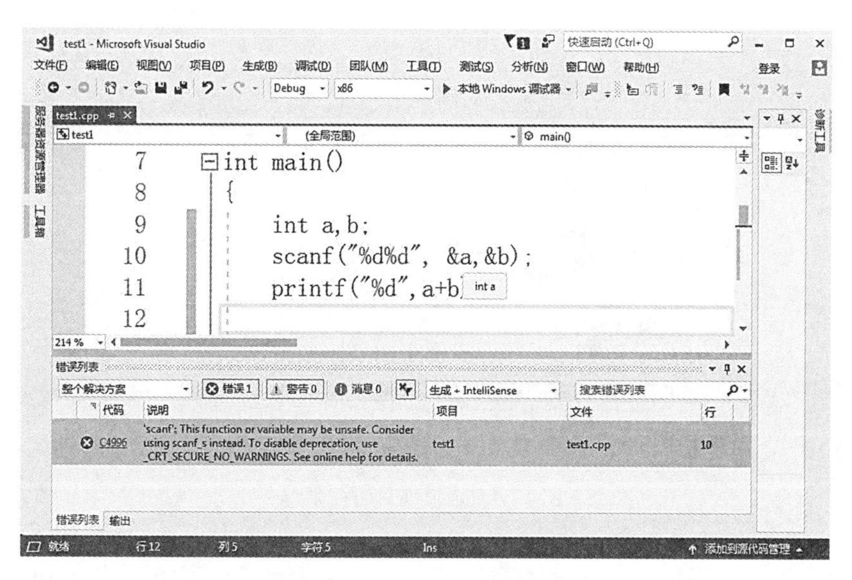

图 1-29 scanf( )函数报错提示

的 buf 只有 5 个字符，放不下“abcdefg”这 7 个字符，于是就会写到 buf 后面的内存里面，导致程序在运行时可能会出现错误。微软定义的 scanf_s 函数在 scanf 后面加了一个参数，前面的语句要这样写：

```
char buf[5]={0};
scanf_s("%s", buf,5);
```

后面的参数用来指明数组大小，假设它的值为 n，那么最多只允许读取 n-1 个字符，输入再多也没有用，于是就认为 scanf_s( )是安全的。

但是，安全函数不利于学习，不但使用麻烦，而且写的程序也不被其他编译器接受，也与大多数教程的例子不一致，所以我们推荐在 VS 中直接关闭安全函数限制。有两种方法关闭安全函数报错。

(1)修改项目设置。

在菜单栏中选择“项目”→“xxx 属性”(xxx 为创建的项目名称)，或者直接按下组合键“Alt+F7”，如图 1-30 所示。

然后 VS 会弹出一个对话框，在对话框中选择“C/C++”→“常规”→“SDL 检查”，将“是”改为“否”，如图 1-31 所示。

修改好后点击“OK”按钮，重新编译运行程序，会发现程序与安全检查相关的错误都不见了，程序可以正常运行。

(2)在代码文件中添加宏。

在源代码文件的头文件包含语句“#include "pch.h"”后面，所有其他语句前面，添加一句“#define _CRT_SECURE_NO_WARNINGS”，如图 1-32 所示，之后程序中与安全检查相关的错误都消失，scanf( )、gets( )、fgets( )、strcpy( )、strcat( )等函数可以正常使用。

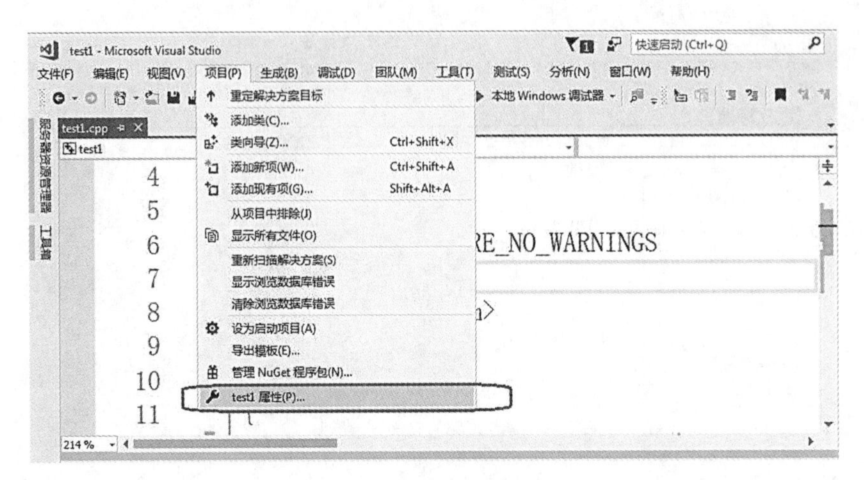

图 1-30 选择项目属性菜单

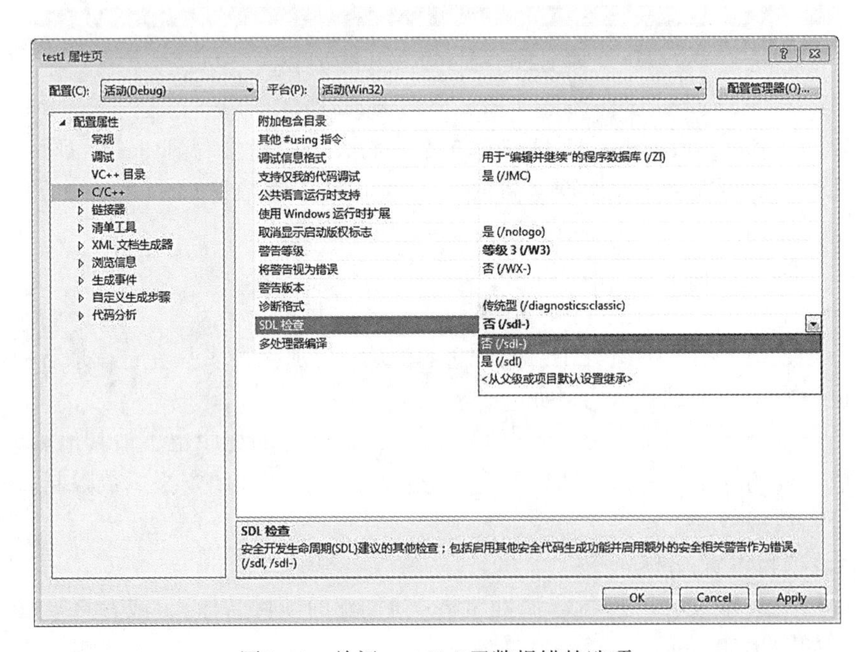

图 1-31 关闭 scanf( )函数报错的选项

2) for 循环中定义变量

在 C 和 C++语法标准中，关于 for 循环括号中定义的变量作用域修改了多次，导致有些代码不兼容，下面解释一下这个现象，有如下代码：

```
void main( ){
    for(int sum=0,i=1;i<=100;i++ ) sum += i;
    cout<<sum;
}
```

```
#include "pch.h"
#define _CRT_SECURE_NO_WARNINGS

#include <iostream>

int main()
{
    int a,b;
    scanf("%d%d", &a,&b);
    printf("%d",a+b);

    system("pause");
}
```

图 1-32　手工定义宏方式关闭 scanf( )函数报错

显然这个代码的功能是对 1 到 100 进行求和，然而在不同的 VS 版本中编译结果不一样，有的版本显示正常(如 VS6.0，VS2005)，但也有很多版本提示 sum 未定义，导致出现该提示的原因就是 for 循环括号中定义的变量作用域不一致，如果要想让编译器支持 for 循环括号中定义的变量作用域与旧标准一致，可以这样修改 VS 设定：

在菜单栏中选择“项目”→“ xxx 属性”(xxx 为创建的项目名称)，或者直接按下组合键“Alt+F7”，如图 1-33 所示。

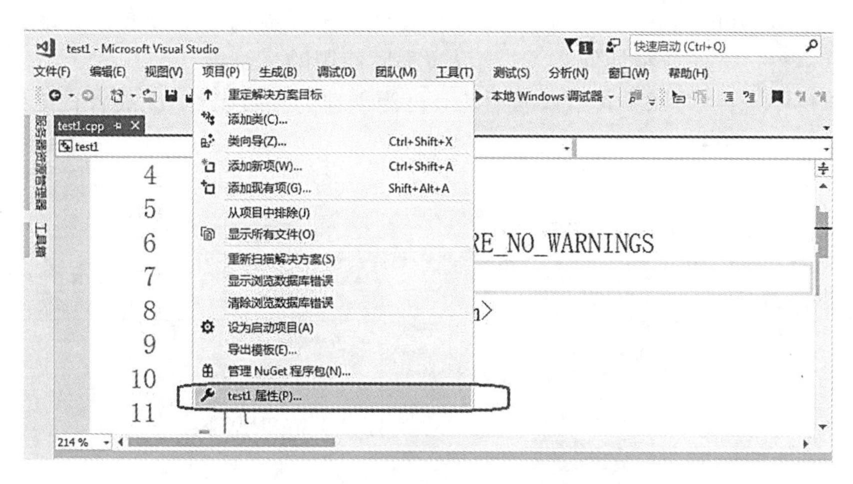

图 1-33　选择项目属性菜单

然后 VS 会弹出一个对话框，在对话框中选择“C/C++”→“语言”→“强制 For 循环范围中的合规性”，将“是”改为“否”，如图 1-34 所示。

3)字符集

在 C 和 C++语法标准中，非英文系统默认的字符集是多字节字符，也就是每个英文符号(也就是字母)占一个字节(8bits)，而非英文符号如中文的汉字等，则用两个字节(16bits)表示一个符号。因此，在用 string 字符串或者 CString 字符串时，对于非英文的每个符号，都需要特意地将两个字节放在一起来完成一个符号的表示。随着 VS 编译器的升

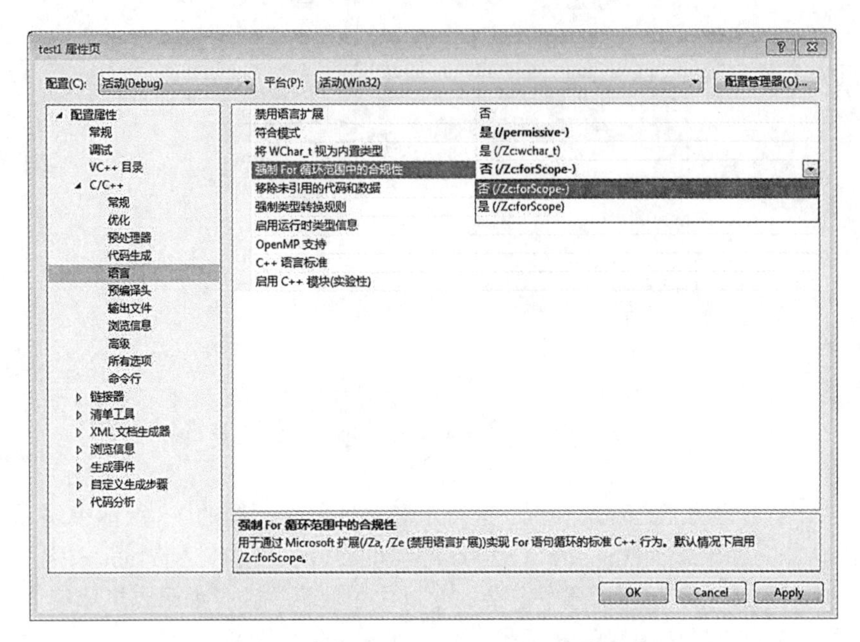

图 1-34　设置 for 循环括号中变量的作用域

级以及语法标准的改进，VS2017 中默认采用 Unicode 字符集。在 Unicode 字符集中，每个字符用两个字节(16bits)来表示。这种方式对处理中文等信息非常方便，但是会导致旧代码不能正常运行。下面介绍如何在 VS 中设置程序使用的字符集。

在菜单栏中选择“项目”→“ xxx 属性”(xxx 为创建的项目名称)，或者直接按下组合键“Alt+F7”，如图 1-35 所示。

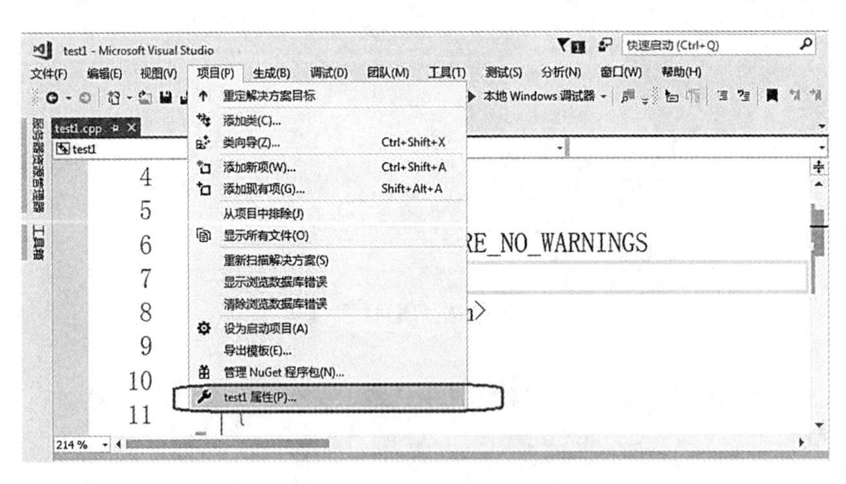

图 1-35　选择项目属性菜单

然后 VS 会弹出一个对话框，在对话框中选择“配置属性”→“常规”→“字符集”→“使用 Unicode 字符集”，修改为使用多字节字符集，如图 1-36 所示。

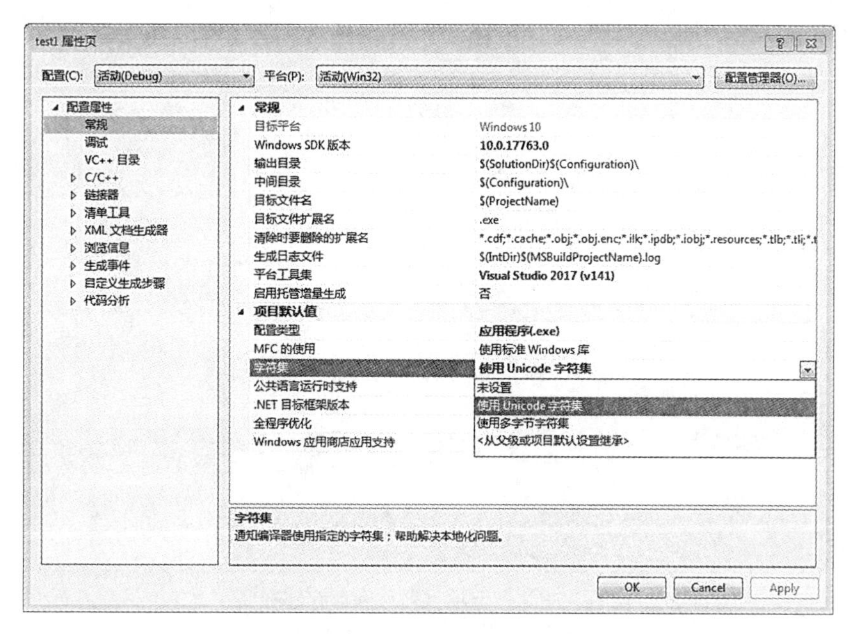

图 1-36　指定程序使用的字符集

1.6.7　在 Visual Studio 中新建 MFC 项目

前面介绍了使用 VS 建立控制台项目的具体操作方法，下面介绍建立具有 Windows 图形界面的 MFC 项目的操作方法。首先运行 VS 软件，在启动界面中选择新建项目，进入选择项目模板界面，如图 1-37 所示。

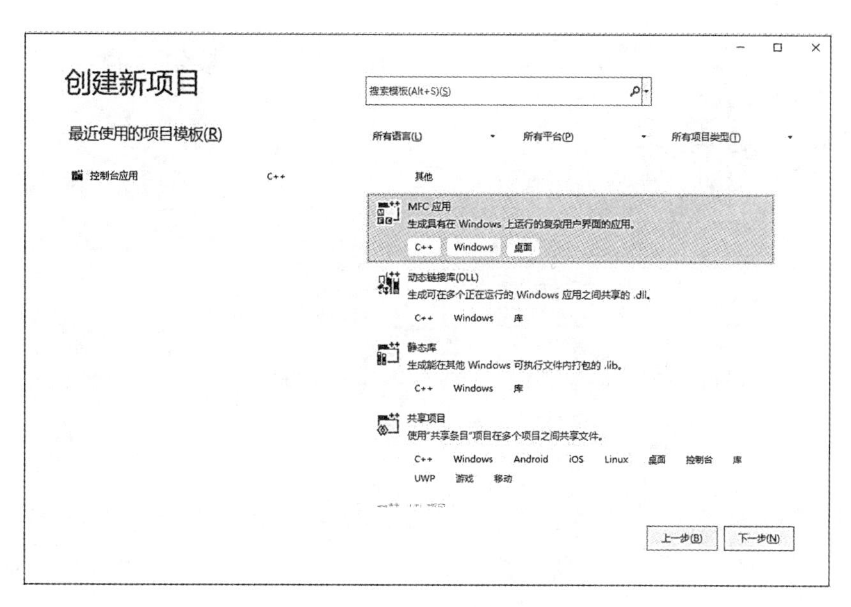

图 1-37　选择项目模板界面

通过右侧的滑动条找到“MFC 应用”模板，点击窗口右下角“下一步”按钮，系统弹出指定项目名称、项目文件保存路径等参数的界面，如图 1-38 所示。

图 1-38　指定项目名称和保存路径

在对话框下面输入项目名称、存放位置和解决方案名称，其中项目名称就是程序名称，而多个项目可以放到一个解决方案中便于管理。这里也可以直接用默认的名称和路径（路径就是文件夹）。

特别提醒：项目名称很多时候都被用于建立应用程序类名称，而中文不是编程语言，项目名称不要使用中文，也不要用数字开头，中间也不要有空格。

所有参数指定完成后，选择“创建”按钮，系统弹出选择应用程序类型的界面，如图 1-39 所示。

图 1-39　选择应用程序类型

应用程序类型主要包括“单个文档”“多个文档”“基于对话框”和“多个顶层文档”四类，点击“应用程序类型”选项可以看到它们，如图 1-40 所示。

图 1-40　应用程序类型选项

“基于对话框”应用程序类型是最简单的 Windows 应用程序，下面就以“基于对话框”为例进行介绍。选择“基于对话框”应用程序类型后，可以直接点击界面右下方的“完成”按钮建立工程，出现如图 1-41 所示界面。

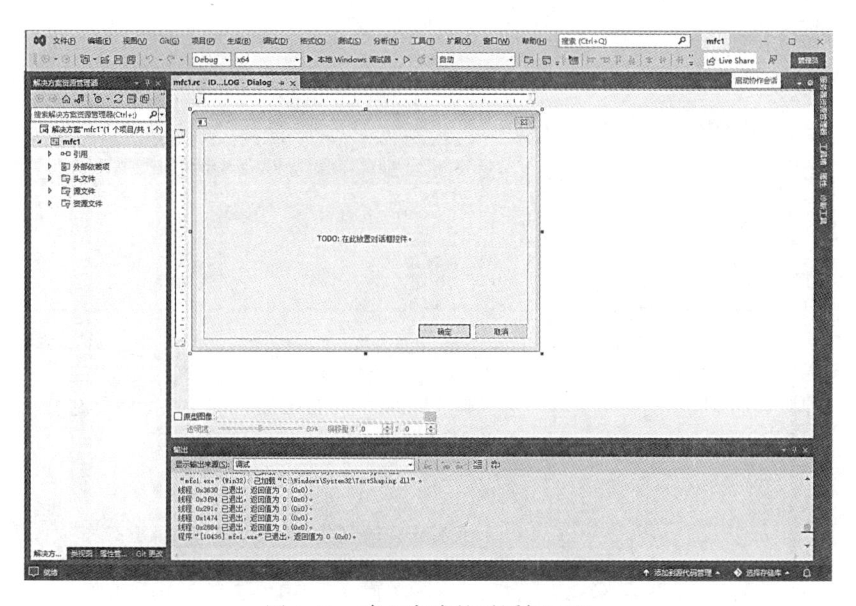

图 1-41　建立完成的对话框工程

新建的工程中已经写好了基本框架，主要包括：

(1)建立了应用程序类，类名称为 CxxxApp，其中 xxx 一般为工程名。

(2)建立了对话框类，类名称为 CxxxDlg，其中 xxx 一般为工程名。

(3)建立了关于对话框类，类名称为 CAboutDlg。

要查看或修改这些类，需要在 VS 主界面的工程栏中选择“类视图”标签，如图 1-42 所示。

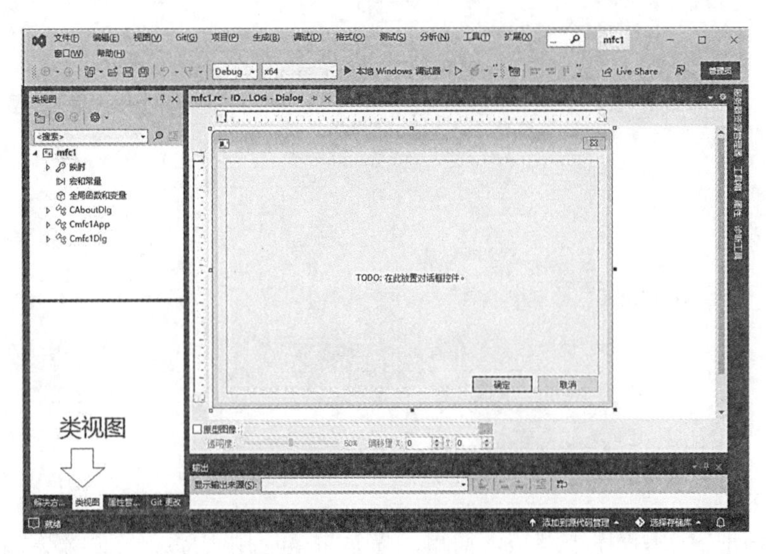

图 1-42　工程栏“类视图”标签

如果 VS 主界面的工程栏(包括工程栏中的各个视图)没有显示出来，可以使用 VS 主界面的“视图”菜单将其显示处理，如图 1-43 所示。

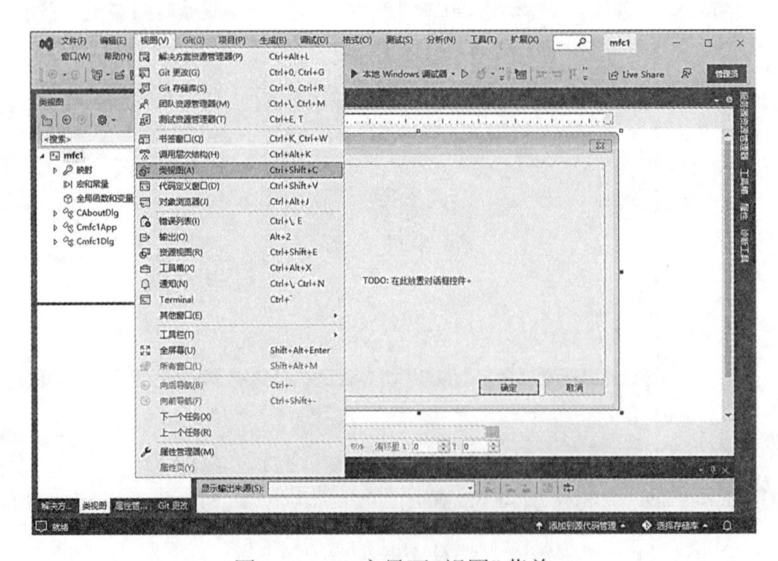

图 1-43　VS 主界面“视图”菜单

建好 MFC 对话框程序的基本框架后，就要根据任务设计程序。通常先在对话框资源上装上需要的各种控件，然后给每个控件关联对应的类对象。如果控件是用于输入输出值，则将控件关联为成员函数，例如将编辑框控件关联为字符串变量(当然也可以是整数类型、浮点数类型变量)。如果控件与事件相关，则将控件关联为成员函数，例如将按钮控件关联为处理函数，在程序运行时按下按钮就会执行关联的成员函数。

无论是否添加控件以及关联对话框成员，只要建好 MFC 框架就可以直接编译出执行程序，进行运行和调试。运行与调试可以使用“调试”菜单中的相关功能，也可以直接选择主界面工具栏上的调试按钮，如图 1-44 所示。

图 1-44　运行/调试快捷按钮

如果 VS 安装正确，且未对自动生成的框架做任何修改，则可以直接进入运行/调试界面，编译提示栏不会提示任何错误，程序执行结果是直接弹出 VS 资源编辑界面中看到的对话框，如图 1-45 所示。

图 1-45　MFC 应用程序运行结果

使用 VS 默认建立的对话框框架程序已经具备 Windows 程序的所有属性，可以用鼠标移动对话框，也可以选择对话框上的“确认”“取消”按钮、标题栏上的“关闭”按钮，点击左上角的图标会弹出菜单，选择菜单内“关于 xx”会弹出“关于对话框”。至此，我们成功使用 VS 建立了第一个 MFC 应用程序。

从 MFC 对话框应用程序的案例中，我们可以感受到使用 VS 编写基于 MFC 的 Windows 应用程序是比较简单的。应用程序的界面主要通过“资源编辑器”进行设计，这里提到的“资源编辑器”就是 VS 主界面中看到的对话框设计界面。在编辑资源时，还需要打开“资源工具箱”，工具箱内有大量控件可以使用，界面设计主要就是将控件放到对话框资源上，如图 1-46 所示。

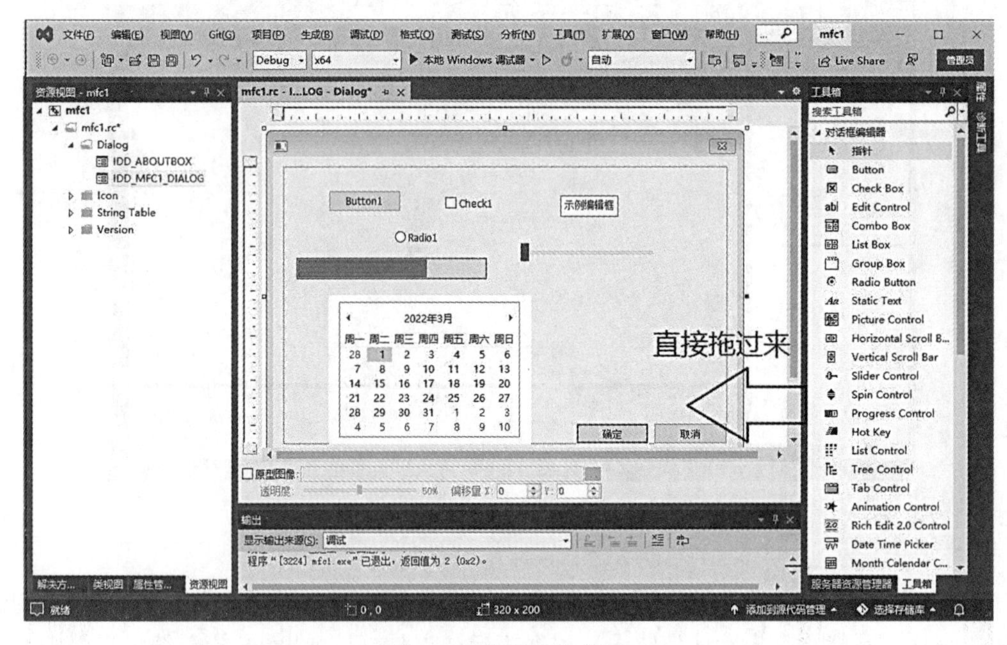

图 1-46　资源编辑界面

如果在 VS 中关闭了应用程序资源（即看不到对话框资源了），可以在 VS 的工程栏中选择“资源视图”标签，如果标签没有出现，可以在 VS 主界面的“视图”菜单中选择“资源视图”，让“资源视图”标签显示出来，如图 1-47 所示。

选择 VS 工程栏中的“资源视图”标签后，工程栏中将显示本工程的所有资源，点击工程，展开工程的各个资源，找到 Dialog 下面的 IDD_XXX_DIALOG，用鼠标左键双击就可以再次打开资源编辑界面，如图 1-48 所示。

关于 MFC 应用程序的开发、各控件的使用等，本书后面有专门讲解。

1.6.8　在 Visual Studio 中调试程序

程序员想要一次把代码全部写正确很难。代码中的语法问题借助编译错误比较容易解决，程序中的逻辑问题就不是那么容易解决，此时我们需要对程序代码段进行调试运行。

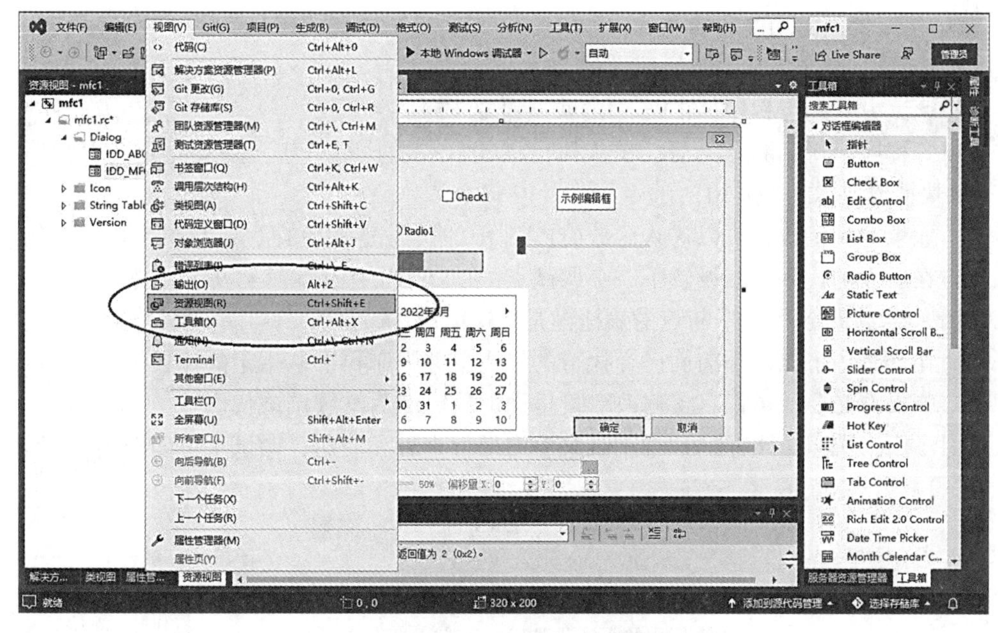

图 1-47 视图菜单中的资源视图选项

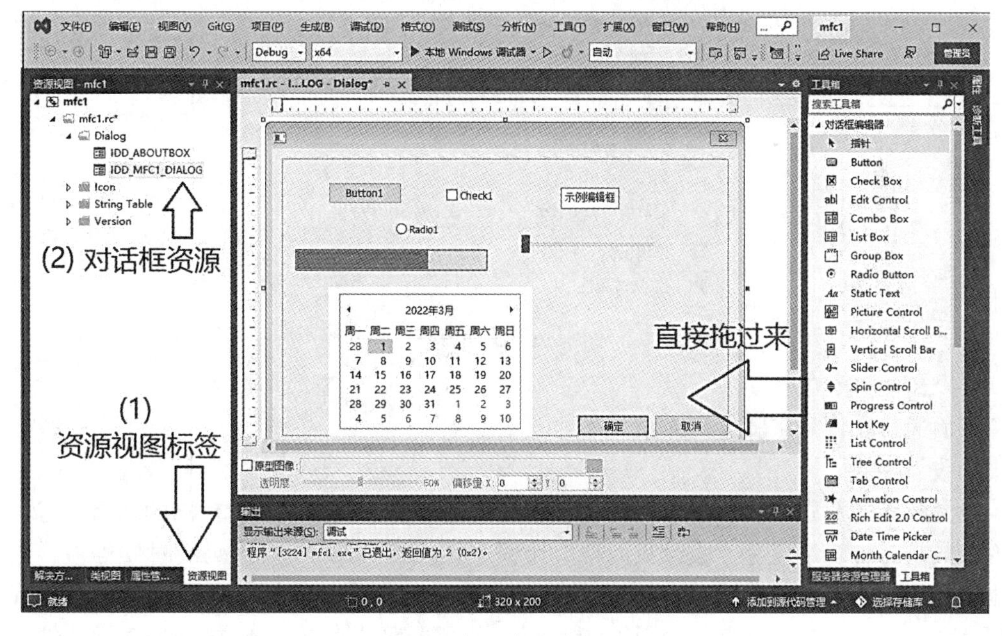

图 1-48 打开资源编辑界面

所谓调试运行就是一句一句地运行程序，并实时查看各个变量的值。调试运行程序通常需要一个非常友好的编译器，在调试状态下，编译器首先将代码载入并编译为可执行代码，然后根据编程者的指令执行语句，并允许编程者查看当前程序的一切信息，例如变量的值、寄存器值、函数地址、函数调用关系等。

调试程序常用的功能和步骤为：

(1)设置断点(在 VS 中的快捷键是 F9)；

(2)调试方式运行程序(在 VS 中的快捷键是 F5)；

(3)等程序运行到断点处后，单步执行语句，一次执行一句，并及时查看变量值(在 VS 中的快捷键是 F11 或 F10)；

(4)如果遇到函数，可以进入函数(在 VS 中的快捷键是 F11)，继续单步执行语句；

(5)在后面的代码中，设置下一个调试点(在 VS 中的快捷键是 F9)，让程序运行到下一个调试点，运行到下一个断点的快捷键是 F5；

(6)在调试中可以选择前面已经执行的代码，并强制再次从指定的位置执行代码；

(7)如果有必要，可以直接修改变量里面的值，然后继续调试代码。

以上调试功能也可以在 VS 的调试菜单中进行查看和使用，调试菜单如图 1-49 所示。

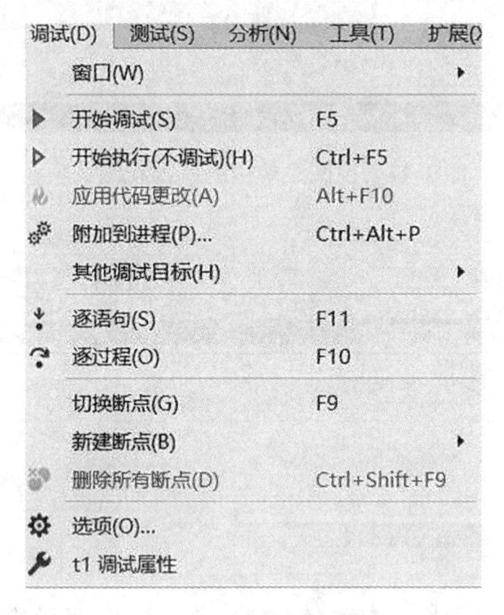

图 1-49　调试菜单

下面通过实例分步骤进行介绍。

1)设置断点

设置断点的意思是让程序运行到这一句的时候停住，让我们查看代码的执行状态，典型的参数是各种变量值等。假设我们希望让程序在执行到第 15 行代码的时候停住，则可以用鼠标将输入热点放在第 15 行代码的任意位置，然后按 F9 键，则第 15 行的行号前会出现一个红点，这就是断点，如图 1-50 所示。如果要取消断点，则再次按 F9 键，红点消失，断点取消。在调试过程中，可以任意设置断点，取消断点。

2)调试方式运行程序

在调试菜单中选择“开始调试”或者直接按 VS 快捷键 F5，程序将以调试的方式运行，并在执行到第 15 行的时候停住，如图 1-51 所示。

```
t1.cpp
t1                                   (全局范围)
1   #include <iostream>
2   using namespace std;
3   float sum(float *x, int n) {
4       float ss = 0;
5       for (int i = 0; i < n; i++) {
6           ss += x[i];
7       }
8       return ss;
9   }
10  int main()
11  {
12      float a[10], b ;
13      int i, s;
14      cout << "please input s:";
15      cin >> s;
16      for (i = 0; i < s; i++) {
17          cin >> a[i];
18      }
19      b = sum(a, s);
20      cout << "the sum is:" << b << "\n";
21  }
```

图 1-50 设置断点的方法

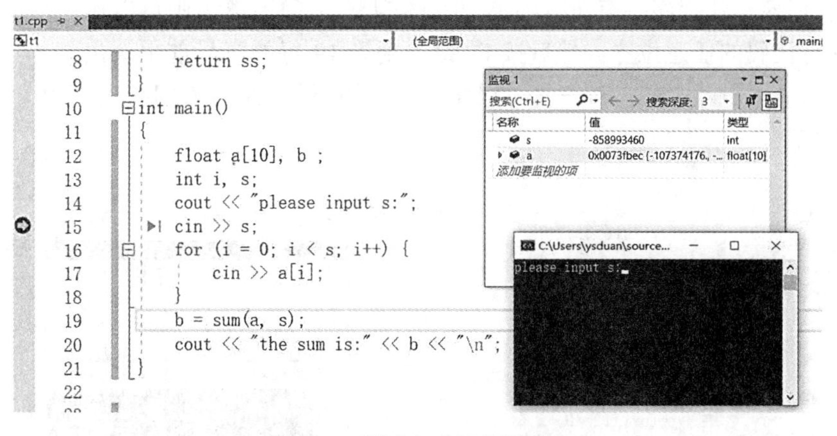

图 1-51 调试方式运行到断点

断点上出现一个向右的箭头，代表下一个执行语句。此时可以打开监视窗口，将需要查看的变量放入，也可以直接输入变量名。在监视窗口中可以看到变量的当前值，也可以用鼠标双击变量值，然后修改为自己希望设定的值。例如本例中，变量 s 和变量 a 都没有设定值，此时变量内是随机数。除使用监视窗口外，将鼠标移动到变量上方，稍做停留，此时变量值也会在鼠标旁边显示出来。

3)单步执行语句

当程序停在断点后，如果希望执行当前语句，此时按 F10 键或者 F11 键就会执行当前语句。F10 键与 F11 键的区别是：F11 键仅前进一步，如果下一步是函数，则进入函数内部，而 F10 键则是执行完当前语句，不会进入函数内部。图中箭头是当前执行语句的标识，总是指着即将执行的语句。本例的当前语句是“cin>>s”，执行这一句的结果是需要输入一个数，因此要在控制台窗口中输入一个数。本例中，我们输入数字 5，输入数据按回车键后，当前执行代码变为第 16 行，如图 1-52 所示。

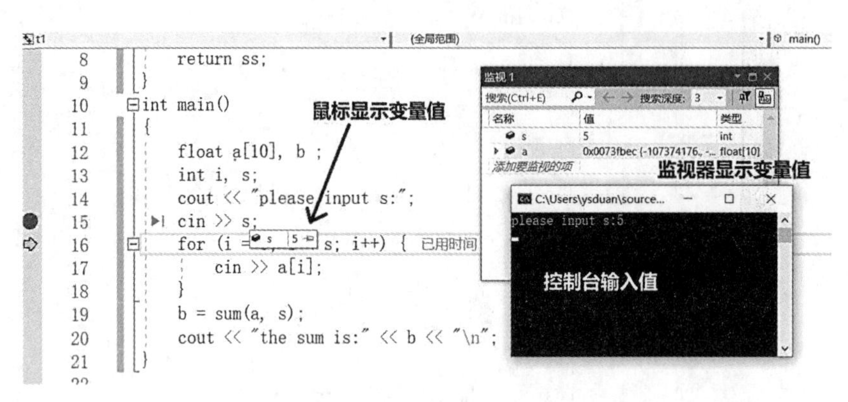

图 1-52　单步执行语句

4) 设置下一个断点，并运行到断点

假设我们希望让程序一直执行到第 19 行停下，中间不停，则可以用鼠标将输入热点放在第 19 行代码的任意位置，然后按 F9 键，则第 19 行的行号前也会出现一个红点，这就是新断点，然后按快捷键 F5，此时程序将执行 16 行后面的语句直到第 19 行停下，如图 1-53 所示。

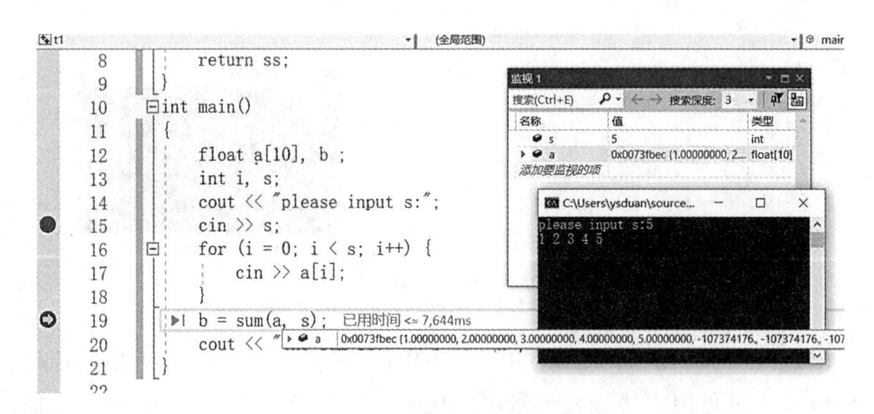

图 1-53　运行到下一个断点

5) 调试进入函数

本例的第 19 行调用了函数 sum(a，s)，此时要进入函数，则按 F11 键，当前语句直接跳转到函数内，如图 1-54 所示。

此时可以用鼠标或监视器查看函数参数的值，可以修改它们的值。然后可以继续单步调试函数，或者断点调试函数。当函数执行结束后，当前语句又会回到上一级程序，并继

```
1   #include <iostream>
2   using namespace std;
3   float sum(float *x, int n) {
4       float ss = 0;
5       for (int i = 0; i < n; i++) {
6           ss += x[i];
7       }
8       return ss;
9   }
10  int main()
11  {
12      float a[10], b ;
13      int i, s;
14      cout << "please input s:";
15      cin >> s;
16      for (i = 0; i < s; i++) {
17          cin >> a[i];
18      }
19      b = sum(a, s);
20      cout << "the sum is:" << b << "\n";
```

鼠标查看变量值

名称	值	类型
s	5	int
a	0x0073fbec {1.00000000...	float[10]
添加要监视的项		

图 1-54　调试进入函数

续调试。

6)强制执行任意代码

调试过程中可以指定任意代码为下一句代码，包括已经执行过的代码。例如本例中，我们希望下一个语句是第 14 句，此时用鼠标将输入光标定位到第 14 句，然后点击鼠标右键，在右键菜单中选择“设置下一条语句”，如图 1-55 所示。

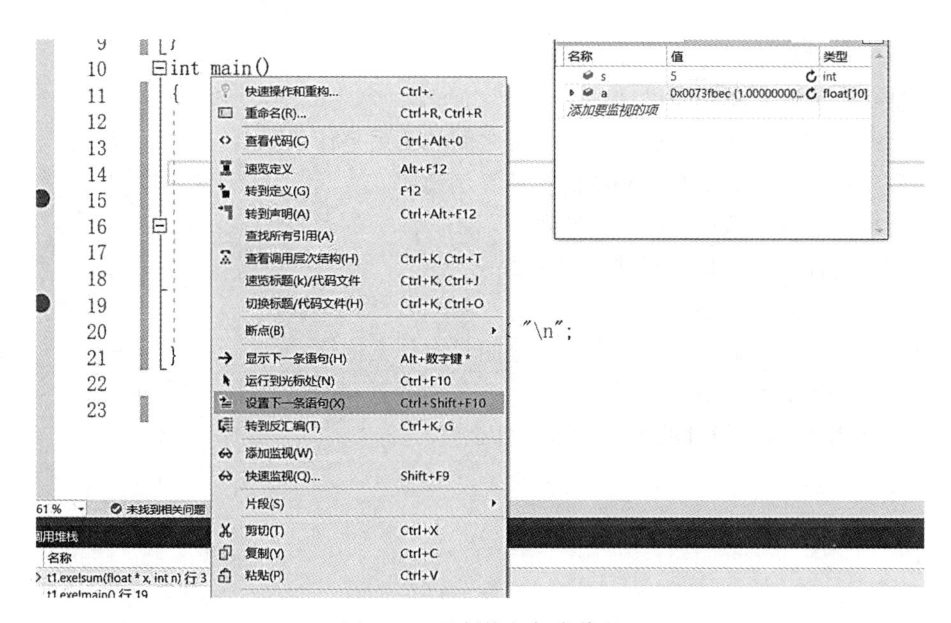

图 1-55　强制执行任意代码

设置成功后，刚刚选择的第 14 句将立刻成为当前语句，并再次开始执行后面的代码，如图 1-56 所示。

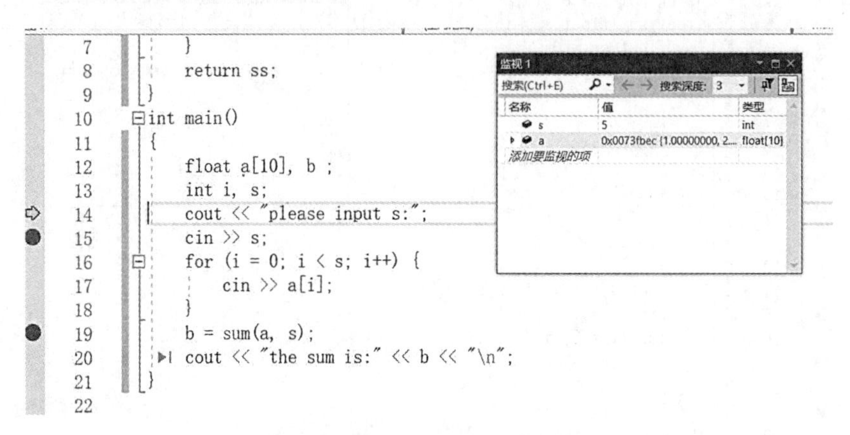

图 1-56　设置任意语句为当前语句

以上为常用调试功能与步骤，调试其实还有很多的功能，需要大家慢慢摸索。调试程序对编程非常重要，可以说，程序基本都是调试出来的，很多时候调试代码比编写代码花的时间和精力要多很多。一个优秀的编程人员会非常系统地调试代码，并通过调试代码发现程序中的各种问题。

1.7　习题

(1)遥感信息处理为什么需要 C++?
(2)什么是面向对象程序设计?
(3)什么是对象? 什么是类? 对象与类之间的关系是什么?
(4)现实世界中的对象有哪些特征? 请举例说明。
(5)什么是消息? 消息具有什么性质?
(6)什么是抽象和封装? 请举例说明。
(7)什么是继承? 请举例说明。
(8)若类之间具有继承关系，则它们之间具有什么特征?
(9)什么是多态? 请举例说明。
(10)面向对象程序设计的主要优点是什么?

第2章　C++语言基础

C与C++是一种编程语言，那什么是“编程语言”呢？这里需要先解释什么是语言，语言是我们相互沟通和交流的一种工具。通过语言我们可以相互理解对方的意图，通过语言我们可以“控制”他人，让他人为我们做事。编程语言是我们与计算机沟通的一种方式，通过编程语言我们可以控制计算机，让计算机执行一些运算和操作，从而为我们服务。语言包含固定的格式规则和词汇，只有按一定的规则，通过指定的词汇，才可以实现相互理解。编程语言也包含固定的格式规则和词汇，编程语言的词汇就是标识符与关键字，而格式规则就是语法。只有掌握了C和C++这种编程语言的规则和词汇才可以控制计算机，让计算机执行我们希望的运算和操作，为我们服务。

本章将讲述C和C++语言的基础知识，包括程序基本要素、数据类型、变量和常量、运算符表达式、函数的定义与使用等内容，如果已经系统学习过C语言的编程，可以跳过本章。

2.1　C与C++程序基本要素

程序由语句组成，语句由语言的基本要素(单词)构成，程序的基本要素就是这样一种具有独立语法意义的元素。C++程序的基本要素主要包括标识符、关键字、常量、变量、运算符、表达式、语句和函数等，下面就是一个最简单的C++程序，程序的功能是读入两个整数，输出求和的结果。以后我们都将以这种简单程序作为练习对象进行学习。

```
int main( ){
    int x,y;      //声明变量
    cin>>x>>y; //读入变量值
    cout<<"x + y ="<<x+y; //输出计算结果
    return 0;
}
```

2.1.1　标识符与关键字

标识符是由程序员定义的单词，用以命名程序中的变量名、函数名、常量名、类名和对象名等。标识符由英文字母、数字和下划线组成，并且第一个字符不能是数字(特别注意标识符不能用中文，也就是中文不是编程语言)。注意C++中大小写字母被认为是两个不同的字符。为标识符取名时，为了提高程序的可读性，应该尽量使用能够表达其含义的单词或缩写，但不能把C++关键字作为标识符。虽然标识符的长度不受限制，但不同C++

编译器能识别的最大长度是有限的(一般为 32 个)。对于超长度的标识符，编译器忽略其多余的字符，并且不给出语法错误提示信息。

关键字是 C++编译器预定义的、具有固定含义的保留字，用于在程序中表达特定的含义，如表示数据类型、存储类型、类和控制语句等。根据扩展的功能，C++增加了一些 C 语言中所没有的关键字，并且不同 C++编译器的关键字也有所不同。表 2-1 是标准 C++中的主要关键字。

表 2-1　标准 C++主要关键字

asm	do	if	return	typedef
auto	double	inline	short	typeid
bool	dynamic_cast	int	signed	typename
break	else	long	sizeof	union
case	enum	mutable	static	unsigned
catch	explicit	namespace	static_cast	using
char	export	new	struct	virtual
class	extern	operator	switch	void
const	false	private	template	volatile
const_cast	float	protected	this	wchar_t
continue	for	public	throw	while
default	friend	register	true	
delete	goto	reinterpret_cast	try	

在利用 Visual C++源代码编辑器输入源程序时，为了减少手工输入量，对于较长的标识符和关键字，可以利用编辑器提供的自动补全单词功能进行输入。

2.1.2　常量与变量

编程语言是我们与计算机沟通的一种方式，通过编程语言我们可以控制计算机，让计算机执行一些运算和操作。在让计算机执行运算的过程中，最基本的就是常量和变量，那么什么是常量和变量呢？最基本的常量就是我们用的数，例如 1，2，3，5.8，7.6 等，它们是一些数值，可以用于各种计算，而且这个数值在运算过程中不会改变，字面上看到多少就是多少。

而变量与常量完全不同，变量不是数值，而是一种符号，代表放在这个位置的“数据”，与数学函数中的变量有点类似。包含变量的表达式告诉计算机怎么使用这些“数据”进行运算。例如我们做加法运算用常量表达式可以这样写：

(1+2)

而变量的表达式需要这样写：

(x+y)

在程序中，它们都表示将两个数加到一起，但是常量表达式中数值是固定的，就是1和2，而变量表达式中，数值不固定，而是根据变量里真实的值进行运算。可见包含变量的表达式是一种运算过程的表示，而不是具体数值的计算，如果想让计算机按给定的表达式进行运算，一定要用变量，不能只用常量。

其实变量有点像我们生活中的容器工具，例如一个碗。我们到河边想喝水就可以用碗从河中盛一碗水送到嘴边，我们要吃米饭也需要用碗盛上米饭送到嘴边，这个碗就是一个变量，可以放入不同的东西，然后送到不同的位置进行各种处理。如果没有具体的容器工具，我们就没法做具体的事，而常量就像具体的物质，例如小饭团、小包子，不需要容器，直接吃就可以。

2.1.3 运算符与表达式

运算是对数据进行加工处理的过程，运算符是表示各种不同运算的符号，用于告诉编译程序产生对应的运算指令。参与运算的数据称为操作数，操作数可以是常量、变量或函数。

表达式是由数字、运算符、分组符号(括号)、变量等以能求得数值的一个组合，常见的表达式有：

(1)算术表达式：算术表达式是最常用的表达式，又称为数值表达式。它是通过算术运算符来进行运算的数学公式，常用的运算符包括：+(加)、-(减)、*(乘)、/(除)、%(取余)等。

算术表达式实例：

加法运算表达式：2+3；

减法运算表达式：4-5；

复合运算表达式：(a+b)/c。

(2)逻辑表达式：逻辑运算的结果只有两个：true(真)和false(假)两种，常用的运算符包括：==(等于)、<(小于)、<=(小于等于)、>(大于)、>=(大于等于)、!=(不等于)以及!(非)、&&(与)、‖(或)等。

逻辑表达式实例：

比较运算表达式：a>b；

逻辑运算表达式：(c<1)&&(d>2)。

2.1.4 语句

程序的基本单位是语句，表达式不是基本单位，但表达式可以组成语句。C和C++的语句通常以“;”结束，计算机一次最多只能执行一个语句，并按语句的顺序逐条执行。

C和C++的语句主要包含以下五类：

1)表达式语句

表达式语句由表达式加上分号“;”组成，例如“i=0;”“z=x+y;”“i++;”等。

2）标签语句

标签语句由“标签名：语句”组成，有 case 标签、default 标签和 goto 标签。

3）循环语句

循环语句是由循环结构组成的语句，有 do while 循环、while 循环和 for 循环。

4）复合语句

复合语句是将多个独立语句用“{}”括起来形成一个逻辑上的语句。

5）跳转语句

跳转语句控制程序跳转到另一处执行，有 continue、break、return 和 goto 语句。

在 C 和 C++程序中，常常会见到“ // ”开头的一些语句，这个是 C 和 C++的注释语句（又称说明语句、标记语句等）。这些语句是专门给读写程序的人看的，一定要以“ // ”开始，可以出现在程序的任何位置，一次只能注释一行，下一行开始就不再是注释。如果需要注释多行或某个特定的位置，可以用“/ * * /”这对符号将所有注释语句包括起来。注释语句可以是任意字符和任意语言，这些语句编译器不会做任何处理，与程序的功能没有任何关系。

在 C 和 C++程序中，另一个常常见到的代码是“#”开头的一些语句，这个是 C 和 C++的编译语句。这些语句是专门给编译器用的，不是程序代码，不实现任何算法的功能，一般与程序功能没有关系。根据不同的编译器，“#”开头的语句有些差异，本书的“编译预处理指令”一节将对常用的编译语句进行介绍。

2.1.5　函数

一个程序可能会用到很多次，如果每次都写这样一段重复的代码，不但费时费力、容易出错，而且交给别人时也很麻烦，所以 C 和 C++提供了一个功能，允许我们将常用的代码以固定的格式封装（包装）成一个独立的模块，只要知道这个模块的名字就可以重复使用它，这个模块就叫作函数（Function）。函数的本质是一段可以重复使用的代码，这段代码被提前编写好了，放到了指定的文件中，使用时直接调取即可。

C 和 C++在发布时已经为我们封装好了很多函数，称为库函数（Library Function），库（Library）是编程中的一个基本概念，可以简单地认为它是一系列函数的集合，常用的库函数头文件包括“stdio. h”“stdlib. h”“math. h”等。除了库函数，我们还可以编写自己的函数，拓展程序的功能。自己编写的函数称为自定义函数。自定义函数和库函数在编写和使用方式上完全相同，只是由不同的机构来编写。

函数的一个明显特征就是使用时带括号（ ），有时括号中还要包含数据或变量，称为参数（Parameter），参数是函数需要处理的数据，函数执行结束时可以将运算结果返回，此时我们称函数有返回值，返回值只能是一个独立的数据类型值，不能返回多个。函数返回值有固定的数据类型，要与用来接收返回值的变量类型相一致。

2.1.6　输入与输出

输入与输出（Input and Output）是人们和计算机“交流”的过程。最早的计算机只提供控制台（就是命令行窗口）与人们进行交流，但随着技术的发展，现在的计算机增加了很多专门用于输入输出的设备，例如鼠标、游戏杆、触摸屏、指纹器、摄像头、话筒、扬声器、3D打印器等。

在控制台程序中，输出一般是指计算机将数据(包括数字、字符等信息)显示在计算机屏幕上，而输入一般是指获取人们在键盘上输入的数据。C和C++提供了大量可用于控制台输入输出的函数，常见的通过显示器输出数据的函数如下：

(1)puts( )：输出字符串，并且输出结束后会自动换行。

(2)putchar( )：输出单个字符。

(3)printf( )：可以输出各种类型的数据，printf( )是最灵活、最复杂、最常用的输出函数，完全可以替代 puts( )和 putchar( )，用 printf( )函数输出变量的例子如表2-2所示。

表2-2 printf函数输出变量示例

功　　能	例　　句
输出char变量c	printf("%c", c);
输出int变量n	printf("%d", n);
输出float变量fv	printf("%f", fv);
输出double变量dv	printf("%lf", dv);
输出字符串变量str	printf("%s", str);

从键盘获取输入数据的函数有：

(1)gets( )：获取一行数据，并作为字符串进行处理。

(2)getchar( )、getche( )、getch( )：输入单个字符。

(3)scanf( )可以输入多种类型的数据，非常灵活同时也是最复杂、最常用的输入函数，但不能完全取代其他函数，用scanf( )函数输入值到变量的例子如表2-3所示。

表2-3 市场法函数获取变量示例

功　　能	例　　句
读入char变量c	scanf("%c", &c);
读入int变量n	scanf("%d", &n);
读入float变量fv	scanf("%f", &fv);
读入double变量dv	scanf("%lf", &dv);
读入字符串变量str	scanf("%s", str); // 注意没有&

除了以上常用的输入输出函数外，C++还提供控制台输入输出的两个类，输入类是cin，读作c，in，输出类是cout，读作c，out，根据它们的读音中的单词组成对它们进行记忆，cin就是c语言的in(输入)，cout就是c语言的out(输出)，使用它们时需要在程序

源文件开头包含头文件“iostream”。

用 cout 输出变量的例子如表 2-4 所示：

表 2-4　cout 输出变量示例

功　　能	例　　句
输出 char 变量 c	cout<<c;
输出 int 变量 n	cout<<n;
输出 float 变量 fv	cout<<fv;
输出 double 变量 dv	cout<<dv;
输出字符串变量 str	cout<<str;

用 cin 输入值到变量的例子如表 2-5 所示：

表 2-5　cin 输入变量示例

功　　能	例　　句
读入 char 变量 c	cin>>c;
读入 int 变量 n	cin>>n;
读入 float 变量 fv	cin>>fv;
读入 double 变量 dv	cin>>dv;
读入字符串变量 str	cin>>str;

在诸如 Windows 的图形界面系统中，输入输出方法变得非常多样，不再是简单的函数，而是通过较为复杂的类来完成。例如对话框类、窗口类、鼠标操作类、视频操作类、声音操作类等。对于通过图形化实现输入输出，我们将在第 9 章“Windows 编程与 MFC”中进行详细讲解。

2.1.7　完整 C++入门程序

下面就是一个典型的 C++程序：

```
class CApp{
public:
CApp( ){};
~CApp( ){};
int Run( ){
    int a,b;
    cout<<"Please input a(int) b(int):\n";
    cin>>a>>b;
```

```
        cout<<"a+b="<<a+b;
        }
    }
    void main( ){
        CApp theApp;
        theApp.Run( );
    }
```

程序中 CApp 就是自己定义的一个类，没有定义成员变量，只定义了成员函数 Run( )，函数中首先定义了变量 a，b，然后使用输出流在控制台中提示"Please input a (int) b(int):"要求输入两个整数，然后用 cin 读入用户输入的两个数，最后使用 cout 输出结果提示字符串"a+b="以及两个输入数据的和。设计好了这个 CApp 类以后，在主函数 main( )中，定义类 CApp 的对象 theApp，然后直接调用对象的函数 Run( )，完成程序的求和功能。

2.2　数据类型

2.2.1　变量

前面讲过，变量有点像我们生活中的容器工具，用来盛放需要处理的物质，进行加工处理等。这样可以使我们操作起来更方便，同时也对操作的物质进行了定量和定位。如果事先在容器中装入了物质，在需要这个物质的时候，只需要直接取容器就等于取到了物质。

程序变量也是这个道理，我们需要先在系统中申请这样一个容器，也就是变量，并给容器取一个好记的名字，以后就使用名字代替这个容器，这就是变量的定义，其语法如下：

<数据类型>　<变量名>;

实例代码：

```
int a; //语言含义:定义一个可以装一个整数的变量。
```

值得注意的是：

(1)C 和 C++的变量是按类型分类的，某个类型的变量只能放本类型的数据，不能放其他类型的数据。

(2)C 和 C++的变量必须先定义再使用，不能先使用再定义，更不允许用没有定义的变量。

特别指出的是变量只能保存一份数据，一旦数据被修改了，原来的数据就被冲掉了，再也无法恢复了，所以变量的值被修改后，影响都会一直持续下去，直到再次被修改。如果想要交换两个变量的值，必须借助第三个变量。这就像给你两个同样大小的碗，一个装满玉米，一个装满大米，要交换它们装的内容，此时我们必须再找一个同样大小的空碗，相互倒三次才能实现内容交换。

2.2.2 数据类型

前面说过，数据类型是计算机处理信息的一种分类描述，那么计算机到底有哪些数据类型呢？计算机处理信息数据的类型很多，但基本数据类型其实是有限的，数据类型有字符、整数、浮点数等，常用的C与C++数据类型如表2-6所示。

表2-6 常用数据类型占内存情况

类型	关键字	含义	所占内存
布尔型	bool	表示真与假	1 Byte
字符型	char	表示字母	1 Byte
整型	int	表示整数	4 Byte
短整型	short	表示整数	2 Byte
长整型	long	表示整数	4 Byte(或8 Byte)
64位长整型	int64	表示整数	8 Byte
浮点型	float	表示小数	4 Byte
双浮点型	double	表示小数	8 Byte
128位浮点型	long double	表示小数	16 Byte
无类型	void		0 Byte
宽字符型	wchar_t	表示中文字	2 Byte

一些基本类型可以使用如表2-7所示类型修饰符进行修饰。

表2-7 类型修饰符

类型修饰符	含义	举例
signed	有符号	signed int
unsigned	无符号	unsigned char
short	短类型(是原先的一半)	short int
long	加长类型(是原先的一倍)	long int

可以使用typedef为一个已有的类型取一个新的名字，用typedef定义一个新类型的语法如下：

```
typedef <数据类型> <新名字>
```

实例代码：

```
typedef float real; //给浮点数 float 类型取新名字为 real
typedef unsigned char BYTE; //给无符号字符类型取新名字为 BYTE
```

从本质上讲计算机只有三种数据类型：

(1)字符，一共有127个，可读可见的字符主要就是键盘上可以看到的0~9数字字符、26个字母的大小写、运算符+、-、*、/、&、! 等从32到126的95个字符，所有的字符如表2-8所示。

表2-8 计算机可用字符表

ASCII值	字符	ASCII值	字符	ASCII值	字符	ASCII值	字符
000	null	032	(空格)	064	@	096	`
001	☺	033	!	065	A	097	a
002	☻	034	"(双引号)	066	B	098	b
003	♥	035	#	067	C	099	c
004	◆	036	$	068	D	100	d
005	♣	037	%	069	E	101	e
006	♠	038	&	070	F	102	f
007	(beep)	039	'(单引号)	071	G	103	g
008	(backspace)	040	(	072	H	104	h
009	(tab)	041	)	073	I	105	i
010	(换行)	042	*(花乘)	074	J	106	j
011	♂	043	+(加号)	075	K	107	k
012	♀	044	,(逗号)	076	L	108	l
013	(回车)	045	-(减号)	077	M	109	m
014	♫	046	.(小数点)	078	N	110	n
015	☼	047	/	079	O	111	o
016	►	048	0	080	P	112	p
017	◄	049	1	081	Q	113	q
018	↕	050	2	082	R	114	r
019	!!	051	3	083	S	115	s
020	¶	052	4	084	T	116	t
021	§	053	5	085	U	117	u
022	▬	054	6	086	V	118	v
023	↨	055	7	087	W	119	w
024	↑	056	8	088	X	120	x
025	↓	057	9	089	Y	121	y

续表

ASCII 值	字符	ASCII 值	字符	ASCII 值	字符	ASCII 值	字符
026	→	058	:（冒号）	090	Z	122	z
027	←	059	;（分号）	091	[	123	{
028	└	060	<	092	\	124	|
029	↔	061	=	093	]	125	}
030	▲	062	>	094	^	126	~
031	▼	063	?	095	_（下划线）	127	△

(2)整数，计算机中的整数与数学中学习的整数完全一样，包括正整数、负整数和 0，整数在数轴上是等间隔连续的，相邻整数的间隔是 1。

(3)浮点数，浮点数与数学中的实数有点像，但是有很大的区别，计算机中的浮点数是实数的一种近似，在数轴上不是连续的，也不是等间隔的。特别需要注意的是，整数和浮点数在计算机中是两个完全不一样的类型，不能认为它们可以相互等于。通常只有小的整数可以赋值到浮点数类型中，但只有少量没有小数部分的浮点数可以赋值到整数类型中，很多没有小数的浮点数不能赋值到整数。因此在程序设计时一定要注意，整数和浮点数相互赋值是会出问题的。

应特别提醒的是，数字字符与整数也是完全不同的，例如数字字符 '0'、'1'、'2' 标识的是三个符号，它们只是外表长得像整数 0、1、2，但绝对不能表示整数 0、1、2，更不能当整数 0、1、2 使用。

2.2.3　常量与 const

常量是指在程序中其代表的数值始终不变的一种表达，常量可以是任何的基本数据类型，包括：整型数字、浮点数字、字符、字符串和布尔值。常量的使用与变量一样，只不过常量的值在定义后无法进行修改，因为它本身就是一个数值。

常量也分数据类型，分类的表达方式不是定义数据类型，而是通过书写方式来实现，常见的常量类型如下：

(1)整数常量，十进制整数常量就是正常的自然数，如 1、2、-6 等。十六进制的常量通过添加前缀 0X 实现，如 0X10、0X888 等。二进制的整数常量是在数值后面加后缀 B 来实现，如 1011B、10010001B 等。

(2)浮点常量，浮点常量由整数部分、小数点、小数部分和指数部分组成，指数部分用 E 连接，如果没有指数可以省略。例如 1.23、0.12345E2 等。

(3)布尔常量，布尔常量共有两个，true 和 false，都是标准的 C++ 关键字。

(4)字符常量，通过用单引号将一个字母括起来表示，如 'a'、'b'、'c' 等。如果遇到无法直接输入的字符如换行符、制表符等就需要用转义方式表示，转义方式的格式是在单引号中先输入左斜杠(“\”)，然后再输入代表字符的字母，如回车字符为 '\r'、换行字符

为 '\n' 等，常见的转义字符如表 2-9 所示。

表 2-9　常见转义字符表

转义字符	含　　义	ASCII 码
\a	响铃(BEL)	7
\b	退格(BS)，将当前位置移到前一列	8
\f	换页(FF)，将当前位置移到下页开头	12
\n	换行(LF)，将当前位置移到下一行开头	10
\r	回车(CR)，将当前位置移到本行开头	13
\t	水平制表(HT)跳到下一个 TAB 位置	9
\v	垂直制表(VT)	11
\	代表一个反斜线字符“\”	92
\'	代表一个单引号(撇号)字符	39
\"	代表一个双引号字符	34
\0	代表 ASCII 为 0 的字符	0

(5)字符串常量，字符串常量通过括在双引号(" ")中来表达，字符串包含的字符有：普通字符、转义字符和通用字符(包括中文，中文可以出现在字符串中，也只能在字符串中使用中文，程序其他地方不能用中文)，例如："c++"、"Hello \tworld！ \n"、"面向对象"等。

有时候为了方便程序的相互理解，我们希望定义这样一种变量，它的值不能被改变，在整个作用域中都保持固定，例如定义圆周率 pi，重力常数 g 等，在这种情况下，可以使用 const 关键字对变量加以限定，让变量代表常量，语法如下：

```
const<数据类型>  <变量名> = <常量的数值>;
```

实例代码：

```
const double pi = 3.141592653589793; //定义圆周率 pi 作为常量
const double g=9.8; //定义重力系数 g 作为常量
const char errMsg[ ] = "程序出错了"; //定义字符串常量
```

特别注意，const 常量只能在定义的时候赋值，在定义后任何时间、任何情况下都不能修改它的值。

2.3　运算符和表达式

运算符是表示各种不同运算的符号，用于告诉编译程序产生对应的运算指令。表达式是由数字、运算符、分组符号(括号)和变量等组成的，以能求得数值的一个组合。

2.3.1　赋值运算

赋值是一种最基本的运算，其运算符是"="，它的作用是将一个数据赋给一个变量。特别注意，"="与我们初等数学中的等于号有些区别，初等数学中的等于号的作用是左边的表达式的运算结果是右边，而赋值运算是将"="符号右边的值赋给左边的变量。如"a=3;"的作用是把常量 3 赋给变量 a，赋值运算也可以将一个变量或者表达式的结果赋给一个变量，例如使用带任意合法表达式的语句"a=3.1415*2+893;"。

2.3.2　算术运算、关系运算和逻辑运算

C 与 C++的运算符十分丰富，使得 C 与 C++的运算十分灵活方便，例如可以把赋值号(=)作为运算符处理，这样"a=b=c=4;"就是合法的表达式，这与其他语言有很大差异，C 和 C++提供的运算包括算术运算、关系运算和逻辑运算。

1. 算术运算

C 和 C++的算术运算如表 2-10 所示。

表 2-10　算术运算表

算术运算符	含义	数学中的表示
+	加法运算	+
-	减法运算	-
*	乘法运算	×
/	除法运算	÷
%	取余运算	
++	自加 1 运算	
--	自减 1 运算	

其他的算术运算可以通过引用库函数实现，使用数学函数时需要在程序文件的开头包含数学库的文件"math.h"，常用的数学函数如表 2-11 所示。

表 2-11　常用数学函数表

数学运算函数	含　义	举　例
sqrt( )	求算术平方根	求 90 的平方根：sqrt(90)
pow( )	求幂	求 5 的 3 次方：pow(5，3)
log( )	求自然对数	求 21 的自然对数：log(21)
abs( )	求整数绝对值	求-12 的绝对值：abs(-12)
fabs( )	求浮点数绝对值	求-1.2 的绝对值：fabs(-1.2)

续表

数学运算函数	含　义	举　例
sin( )	求弧度角正弦	求 0.2 弧度的正弦：sin(0.2)
cos( )	求弧度角余弦	求 0.2 弧度的余弦：cos(0.2)
tan( )	求弧度角正切	求 1.2 弧度的正切：tan(1.2)
asin( )	求反正弦	求 0.1 的反正弦：asin(0.1)
acos( )	求反余弦	求 0.3 的反余弦：asin(0.3)
atan( )	求反正切	求 12 的反正切：atan(12)
atof	字符串变浮点数	atof("12.321")
atoi	字符串变整数	atoi("321")
rand( )	得到一个随机整数	int a = rand( );

特别提醒：C 和 C++的求幂运算不是“^”，必须用 pow 函数。如果遇到求平方，将变量写两遍直接相乘即可，求平方根用 sqrt。

2. 关系运算

关系运算主要指对两个数据进行比较的运算，C 和 C++的关系运算如表 2-12 所示。

表 2-12　关系运算表

关系运算符	含义	数学中的表示
<	小于	<
<=	小于或等于	≤
>	大于	>
>=	大于或等于	≥
==	等于	=
!=	不等于	≠

关系运算符都是双目运算符，其结合性均为左结合。关系运算符的优先级低于算术运算符，高于赋值运算符。在 6 个关系运算符中，<、<=、>、>=的优先级相同，高于==和!=，==和!=的优先级相同。

关系运算中，最容易犯错的地方是，等于“==”，等号要写两遍，很多初学者总是忘记写两遍，导致程序运行不正常。另一个易犯错的地方是，数学中常用的某个数在某区间的表达如“(-1<x<1)”，这个表达在 C 和 C++中不能用，C 和 C++不支持这个语法，必须分开写为“(-1<x && x<1)”，关系运算最多是两个数进行运算。

3. 逻辑运算

逻辑运算是对几个数据量进行逻辑表达求其含义的运算，相当于通常所说的“某某与某某，某某或某某”这样的运算，C 和 C++的逻辑运算如表 2-13 所示。

表 2-13　逻辑运算表

逻辑运算符	作用与含义	结合性
&&	与运算，双目，对应数学中的“且”	左结合
‖	或运算，双目，对应数学中的“或”	左结合
!	非运算，单目，对应数学中的“非”	右结合

逻辑运算的结果只有真“true”和假“false”。

与运算“&&”的规则：参与运算的两个表达式都为真时，结果才为真，否则为假，如((1>0)&&(2>0))的结果为真，((1>0)&&(2<0))的结果为假。

或运算“‖”的规则：参与运算的两个表达式只要有一个为真，结果就为真；两个表达式都为假时结果才为假，如((1>0)‖(2<0))的结果为真。

非运算“!”的规则：参与运算的表达式为真时，结果为假；参与运算的表达式为假时，结果为真。

2.3.3　new 和 delete

前面详细介绍了变量的作用和使用方法，通常情况下我们在设计程序时已经知道需要多少变量来描述我们处理的目标。但是在有些情况下，我们设计程序时并不知道定义多少个变量，而是根据输入的数据来确定变量的数目，此时我们需要动态分配变量个数，也就是动态分配内存，C++语言中提供了 new 和 delete 两个运算符来实现内存的动态分配和释放。

1. new 运算符

new 运算符是专门用于动态申请变量个数，也就是申请动态内存的运算符，其语法格式为：

```
new <数据类型>[变量个数];
```

实例代码：

```
int *pI = new int[1000];
float *pF = new float[200];
char *pC = new char[234];
```

语法格式中<数据类型>可以是包括数组在内的任意内置数据类型，也可以是包括类或结构体在内的用户自定义的任何数据类型，特别说明的是动态分配的内容必须赋值给定义好的指针类型变量，这样在不需要这些内存时，可以释放回操作系统，以便其他函数去申请动态内存。

2. delete 运算符

如果不再需要动态分配的内存了(必须是通过 new 申请的变量空间)，可以使用 delete 运算符释放它们，其语法格式为：

```
delete *<指针变量名>;
```

实例代码:

```
delete pI;
delete pF;
delete pC;
```

语法格式中<指针变量名>是指在用 new 申请动态内容时，将动态内存赋值给它的这个变量。

从 new 和 delete 的语法中可以发现，new 和 delete 是成对出现、并配对使用的，先用 new 申请动态内存，然后用 delete 释放申请的动态内存。在申请动态内存成功并使用完以后一定要释放，这点非常重要，因为 C 与 C++编译的程序不提供自动释放内存的功能，如果不主动释放内存，则系统的内存就一直被占用，就算程序结束退出了，这个内存还是处于被占用状态。这样就会导致系统内存越来越少(这个现象也称为内存泄露)，在所有可用内存都用完后，系统将无法继续执行其他操作，并提示内存不足，此时只能重新启动计算机了。

2.3.4　cin 和 cout

在 C 语言中，我们通常使用 scanf 和 printf 函数来对数据进行输入输出操作。在 C++语言中又增加了一套新的、更容易使用的输入输出库。C++的输入和输出是用“流”(stream)的方式实现的，可以将输入与输出看作是一连串的数据流，输入即可视为从文件或键盘中输入程序中的一串数据流，而输出则可以视为从程序中输出一连串的数据流到显示屏或文件中，cin 和 cout 就是这个数据流的内置对象，可以直接拿来使用，它们的语法格式如下:

```
cout<<表达式 1<<表达式 2<<......<<表达式 n;
cin>>变量 1>>变量 2>>......>>变量 n;
```

实例代码:

```
void main( ){
    int a,b;
    double c,d;
    cin>>a>>b;
    c=(a+b)/2.0
    d=sqrt(a*a+b*b);
    cout<<c<<"\n"<<d;
}
```

使用 cout 进行输出时需要紧跟“<<”运算符，使用 cin 进行输入时需要紧跟“>>”运算符，这两个运算符可以自行分析所处理的数据类型，因此无须像使用 scanf 和 printf 函数那样给出格式控制字符串。

尽管 cin 和 cout 不是 C++本身提供的语句，但是在不致混淆的情况下，为了叙述方便，常常把由 cin 和流提取运算符“>>”实现输入的语句称为输入语句或 cin 语句，把由 cout 和流插入运算符“<<”实现输出的语句称为输出语句或 cout 语句，在使用 cin 和 cout 时需要包含头文件“iostream”，此外在有些编译器中还需要在 cin 和 cout 前面加命名空间符“std::”，形如“std:: cin”和“std:: cout”，或在程序文件中加“using namespace std;”，否则编译器会报错。

cin 和 cout 的用法非常强大灵活，在以后的 C++编程中，推荐使用 cin 和 cout，它们比 C 语言中的 scanf 和 printf 更加灵活易用。

2.4　基本语句

语句是程序的基本单位，语句通常由表达式构成。C 和 C++的语句通常以“;”结束，使用最多的基本语句包括：赋值语句、选择语句与循环语句。

2.4.1　赋值语句

赋值语句是最基本的 C 和 C++语言，它的作用是将一个常量数据或表达式计算结果赋给一个变量。赋值语句的核心是使用赋值运算，语句的末尾一定是“;”，赋值语句可以直接在定义变量时使用，也可以在其他位置使用。定义变量式赋值语法格式如下：

```
<数据类型>  <变量名> = <变量初始值>;
```

实例代码：

```
int i=0;
int j=0;
```

在定义变量后的其他位置也可以使用赋值语句，将常量数据或表达式计算结果赋值给变量。如果赋值运算符两侧的类型不一致，在赋值时就必须进行类型转换，系统默认的转换规则如下：

(1)将浮点型数据(包括单、双精度)赋给整型变量时，舍弃小数部分。

(2)将整型数据赋给浮点型变量时，将数值转换为浮点数据存储到变量中。

(3)将一个 double 型数据赋给 float 变量时，只保留数值最前面的 7 个数字，后面可能用随机数填完整。

(4)字符型数据赋给整型变量，将字符的 ASCII 码赋给整型变量。

(5)将一个 int、short 或 long 型数据赋给一个 char 型变量，只将其低 8 位原封不动地赋给 char 型变量，高于 8 位的值全部舍弃。

(6)将 signed(有符号)型数据赋给长度相同的 unsigned(无符号)型变量时，采用的是将存储单元内容原样照搬，也就是连原有的符号位也作为数值一起传送，如果原先的数是负数，最高位为 1，那么赋值的结果将会是最高位为 1 的一个全新数值，显然这个数值将会是一个很大的数。

特别注意的是赋值语句的左边一定是变量，不给变量以外的标识符赋值。

2.4.2 选择语句

前面我们看到的语句都是顺序执行的，也就是先执行第一条语句，然后是第二条、第三条……一直到最后一条语句，这称为顺序结构。但是在很多情况下，顺序结构的代码远远不够，比如一个物品限制了只能成年人使用，儿童因为年龄不够，没有权限使用。这时候程序就需要做出判断，看用户是否是成年人，并给出提示。在 C 和 C++中，使用"if"和"else"关键字对条件进行判断。

if 和 else 是两个关键字，if 意为"如果"，else 意为"否则"，用来对条件进行判断，并根据判断结果执行不同的语句，其语法如下：

```
if (判断条件){
    语句块 1
}else{
    语句块 2
}
```

实例代码：

```
int main{
    int a,b;
    cin>>a>>b;
    if ( a>b ){
        cout<<a;
    }else{
        cout<<b;
    }
        return 0;
}
```

if else 语句表达的意思是：如果判断条件成立，那么执行语句块 1，否则执行语句块 2，其执行过程如图 2-1 所示。

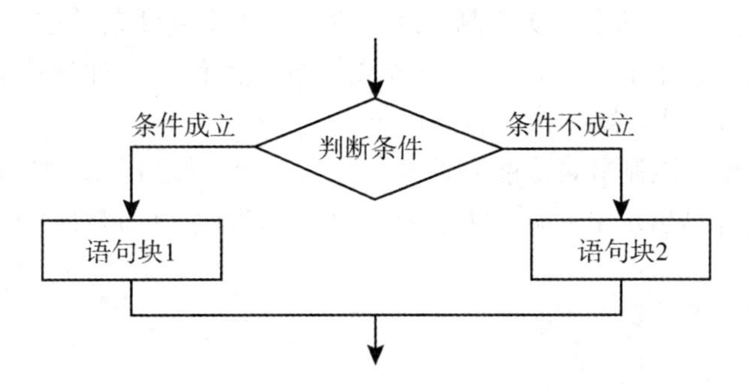

图 2-1　条件成立的选择语句

由于 if else 语句可以根据不同的情况执行不同的代码，所以也叫分支结构或选择结构。有时候，我们需要在满足某种条件时进行一些操作，而在不满足某种条件时就不进行任何操作，这个时候我们可以只使用 if 语句而省略 else 部分。其执行过程如图 2-2 所示。

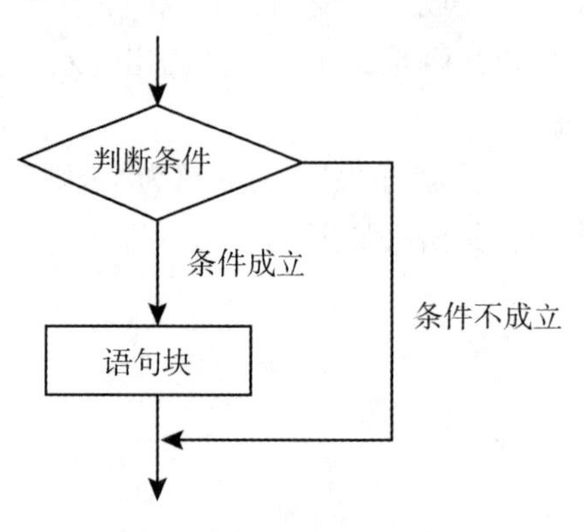

图 2-2　条件不成立的选择语句

if else 语句也可以多个同时使用，构成多个分支，形式如下：

```
if(判断条件 1){
    语句块 1
}else if(判断条件 2){
    语句块 2
}else if(判断条件 3){
    语句块 3
}else if(判断条件 m){
    语句块 m
}else{
    语句块 n
}
```

所描述的意思是从上到下依次检测判断条件，当某个判断条件成立时，则执行其对应的语句块，然后跳到整个 if else 语句之外继续执行其他代码。如果所有判断条件都不成立，则执行语句块 n，然后继续执行后续代码。

C 和 C++虽然没有限制 if else 能够处理的分支数量，但当分支过多时，用 if else 处理会不太方便，而且容易出现 if else 配对出错的情况。为此，C 和 C++提供了 switch 语句代替，其语法如下：

```
switch(表达式){
    case 整型数值 1:{
        语句块 1
    }
```

```
    break;
    case 整型数值 2: {
        语句块 2
    }
    break;
    ……
    case 整型数值 n: {
        语句块 n
    }
    break;
default:{
        语句块 n+1
    }
    break
}
```

实例代码:

```
int main( ){
int day;
cin>>day;
switch(day% 7){
    case 0:
    cout<<"Sunday \n";
    break;
    case 1:
    cout<<" Monday \n";
    break;
    case 2:
    cout<<"Tuesday \n";
    break;
    case 3:
    cout<<"Wednesday \n";
    break;
    case 4:
    cout<<" Thursday \n";
    break;
    case 5:
    cout<<" Friday \n";
    break;
```

```
    case 6:
    cout<<" Saturday \n";
    break;

    return 0;
}
```

它的执行过程是：

(1)首先计算“表达式”的值，假设为 m。

(2)从第一个 case 开始，比较“整型数值 1”和 m，如果它们相等，就执行冒号后面的语句块，直到遇到 break。

(3)如果“整型数值 1”和 m 不相等，就跳过冒号后面的“语句 1”，继续比较第二个 case、第三个 case……一旦发现和某个整型数值相等了，就会执行后面的语句块。

(4)如果直到最后一个“整型数值 n”都没有找到相等的值，那么就执行 default 后面的“语句块 n+1”。

其中 break 是 C 和 C++中的一个关键字，专门用于跳出 switch 语句。所谓“跳出”，是指一旦遇到 break，就不再执行 switch 中的任何语句，包括当前分支中的语句和其他分支中的语句；也就是说，整个 switch 执行结束了，接着会执行整个 switch 后面的代码。

最后需要说明的两点是：

(1)case 后面必须是一个整数，或者是结果为整数的表达式，但不能包含任何变量。

(2)default 不是必需的。当没有 default 时，如果所有 case 都匹配失败，那么就什么都不执行。

2.4.3　循环语句

在程序设计中，有一类问题非常特别，需要执行很多遍相同的计算，例如我们需要将 1 到 1000 的所有整数求倒数并求和，最简单的办法是疯狂地输入代码，定义 1000 个变量，然后写一个加到一起的公式，最后输出。这个方法显然是不合理的，那么 C 和 C++怎么解决这类问题呢？循环语句就是为了解决这类问题设计的。循环语句有三种标准的语法格式，分别称为 while 循环、do while 循环和 for 循环，此外还有循环控制语句 break 和 continue。

1. while 循环语句

while 循环的功能就是执行同一块代码很多次，例如要计算 1+2+3+…+99+100 的值，就要重复进行 99 次加法运算，其语法格式如下：

```
while(表达式){
    语句块
}
```

实例代码：

```
int main( ){
    int i,sum=0;
```

```
    i=1;
    while(i<=100){
        sum = sum + i;
        i++;
    }
    cout<<sum;
    return 0;
}
```

运行结果：

```
5050
```

while 循环的计算过程是，先计算“表达式”的值，当值为真(非 0)时，执行“语句块”；执行完“语句块”后重新回到 while 循环的第一句，再次计算“表达式”的值，如果还为真，继续执行“语句块”……这个过程会一直重复，直到表达式的值为假(0)，就结束循环，执行 while 后面的代码。

通常将“表达式”称为循环条件，把“语句块”称为循环体，整个循环的过程就是不停判断循环条件、并执行循环体代码的过程。

while 循环的整体思路是这样的：设置一个带有变量的循环条件，也即一个带有变量的表达式(设置的这个变量也被称为循环变量)，在循环体中额外添加一条语句，让它能够改变循环变量的值。这样，随着循环的不断执行，循环变量的值也会不断变化，终有一个时刻，循环条件不再成立，整个循环就结束了。

如果循环条件中不包含变量，会发生什么情况呢？

如果循环条件成立的话，while 循环会一直执行下去，永不结束，成为“死循环”；如果循环条件不成立的话，while 循环就一次也不会执行，成为废代码。

2. do while 循环语句

do while 循环与 while 循环的作用是一样的，就是执行同一块代码很多次，其语法格式如下：

```
do{
    语句块
}while(表达式);
```

实例代码：

```
int main( ){
    int i,sum=0;
    i=1;
    do{
        sum = sum + i;
        i++;
    } while(i<=100);
    cout<<sum;
```

```
    return 0;
}
```

运行结果：

```
5050
```

do while 循环与 while 循环的不同在于：它会先执行“语句块”，然后再判断表达式是否为真，如果为真则继续循环；如果为假，则终止循环。因此 do while 循环至少要执行一次“语句块”。应特别注意“while(表达式)；”最后的分号必须保留，千万不能省。

3. for 循环语句

for 循环与 do while、while 循环的作用是一样的，就是执行同一块代码很多次，不过它的使用更加灵活，完全可以取代 do while、while 循环，是 C 和 C++中最受欢迎的循环语句，其语法格式如下：

```
for(表达式 1;表达式 2;表达式 3){
    语句块
}
```

实例代码：

```
int main( ){
    int i,sum=0;
    for(i=1;i<=100;i++){
        sum = sum + i;
    }
    cout<<sum;
    return 0;
}
```

运行结果：

```
5050
```

for 循环的运行过程为：

(1)先执行“表达式 1”。

(2)再执行“表达式 2”，如果它的值为真(非 0)，则执行循环体，否则结束循环。

(3)执行完循环体后再执行“表达式 3”。

(4)重复执行步骤(2)和(3)，直到“表达式 2”的值为假，就结束循环。

其中(2)和(3)是循环体，会重复执行，for 语句的主要作用就是不断执行步骤(2)和(3)。“表达式 1”仅在第一次循环时执行，以后都不会再执行，可以认为这是一个初始化语句。“表达式 2”是 for 循环的循环条件，一般是一个关系表达式，决定了是否还要继续下次循环。“表达式 3”很多情况下是一个带有自增或自减操作的表达式，以使循环条件逐渐变得“不成立”。for 循环的处理流程如图 2-3 所示。

需要注意的是，for 循环的括号中有三个表达式：表达式 1(初始化条件)、表达式 2(循环条件)、表达式 3(自增或自减)，每个表达式都可以省略，但是表达式后面的分号“；”不能省略。最简单的 for 循环是 for(；；){}，显然这是个死循环。

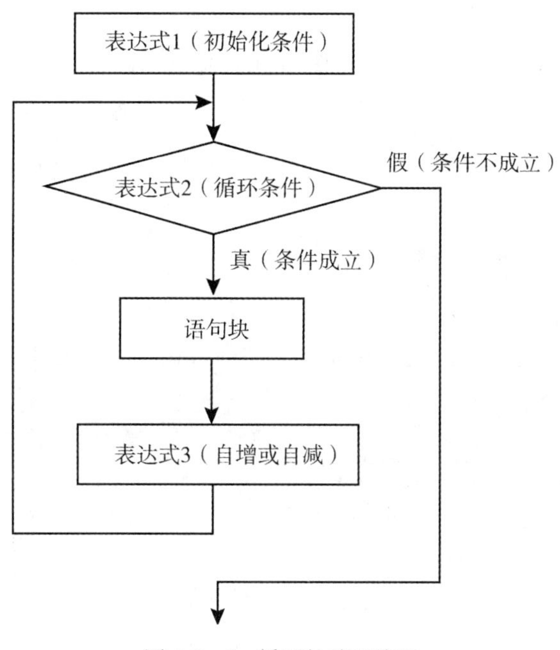

图 2-3　for 循环的处理流程

无论是 for 循环、while 循环还是 do while 循环，程序进入循环体后就开始一直不停地重复循环体，除了循环条件不成立以外中途还有其他办法中断循环吗？C 和 C++提供了两个循环控制语句 break 和 continue 来实现中途中断循环。

4. break 语句

break 语句的功能是终止循环体，程序将继续执行紧接着循环的下一条语句，其语法格式如下：

```
break;
```

实例代码：

```
int main( ){
    int i,sum=0;
    for( i=1;i<=100;i++ ){
        sum += i;
        if (sum>1000)break; //用 break 提前结束,跳出循环
    }
    cout<<"sum="<<sum<<" i="<<i;
    return 0;
}
```

运行结果：

```
sum=1035   i=45
```

这个实例实现的功能是：在累加过程中，如果累计和大于 1000 则提前结束循环，然后输出累计和和当时的循环变量 i 的值。

5. continue 语句

continue 语句的功能是控制循环体立刻停止本次循环，跳过后面的代码，重新开始下次循环迭代，注意不会中断循环，而是回到循环的开头重新开始下次循环，其语法格式如下：

```
continue;
```

实例代码：

```
intmain( ){
    int i,sum=0;
    for( i=1;i<=100;i++ ){
        if ((i%10)= =0)continue; //用 continue 回到开头,继续下一次循环
        sum += i;
    }
    cout<<"sum="<<sum<<" i="<<i;
    return 0;
}
```

运行结果：

```
sum=4500   i=101
```

这个实例实现的功能是：在累加过程中，如果遇到累计对象是 10 的倍数则跳过这个数，最后输出累计和循环变量 i 的值。

2.5 复合数据

2.5.1 数组

通过变量的学习，我们已经知道在程序中需要定义变量实现对数据的操作，但我们马上就会发现，一个变量只能保存一份数据，那么如果想表示一个班所有学生的 C 语言成绩是否要这样写：

float zhangC，liC，wangC，duC 等，直到所有同学都有定义；

毫无疑问，这个肯定可以，但是这样写是否太麻烦了呢？还有，若需要全校、全省、全国、全球人的成绩，那岂不是要一直写变量名？显然这是写不完的。为此 C 和 C++语言提供了一个新的语法来实现这样由多个类型一样的数据组成的变量，那就是数组，数组的语法如下：

```
<数据类型> <数组变量名>[数组元素总个数];
```

实例代码：

```
int a[4];
float c[100];
char s[256];
```

数组的每一个数据叫作数组元素(Element)，数组中的每一个元素都属于同一个数据类型，数组所包含数据的个数称为数组长度(Length)，在内存中占有一段连续的存储空

间。例如 int a[4]就是定义了一个长度为 4 的整型数组，数组的变量名字是 a。

数组中的中括号“[ ]”称为下标运算符，其有两个含义：在定义数组时，下标运算符“[ ]”用于定义数组的大小，也就是表示有多少个元素，里面只能填写一个数字常数，也就是一个固定的数字，绝对不允许填一个变量；而在使用数组时，下标运算符“[ ]”用于标识数组的哪个元素，里面可以填写数字，也可以填写变量，所填的数值代表使用数组中的哪一个元素。

数组的作用是可以定义很多个变量，使用数组时，必须一个一个使用数组的元素，绝对不能将数组当成一个数来使用。每个元素通过下标运算符“[ ]”来区分，特别注意下标运算符的序号从 0 开始，而不是从 1 开始，使用数组元素的语法格式如下：

<数组变量名>[序号]

例如，a[0]表示第 1 个元素，a[1]表示第 2 个元素等。

在以后的学习中，我们经常会使用循环语句将数据放入数组中(也就是给数组元素逐个赋值)，然后再使用循环语句操作数组(也就是依次处理数组元素)。

C 和 C++ 中可以逐个初始化数组，也可以使用一个初始化语句，如下所示：

```
double arr[5]={1000.0,2.0,3.4,7.0,50.0};
```

注意：大括号“{ }”之间的元素数目不能大于我们在数组声明时方括号“[ ]”中指定的元素数目。

在带赋值的声明语句中可以省略掉数组长度，如：

```
double arr[]={1000.0,2.0,3.4,7.0,50.0};
```

此时由编译器自动数出“{}”中的元素个数，然后自动给数组定义长度，不过我们强烈建议编程人员不要依赖编译器，最好自己填入长度，这样一眼就可以看到数组长度，便于后面代码的编写，也便于发现隐藏的问题。

数组的使用举例：

```
int main( ){
    int ar[10];
    int i,j,t;
    cout<<"请输入 10 个整数给数组:";
    for( i=0;i<10;i++ ){
        cin>> ar[i];
    }
    for( i=0;i<10;i++ ){ //从大到小排序
        for(j=i+1;j<10;j++ ){
            if (ar [i]< ar [j]{ t = ar [i];pI[i]= ar [j]; ar [j]=t;}
        }
    }
    cout<<"输入数组从大到小排列为:";
    for( i=0;i<10;i++ ){
        cout>> ar[i]<< "\n";
```

```
    }
    return 0;
}
```

例子程序功能：先输入 10 个数给数组，然后从大到小排序，最后输出结果。

数组学习中一定要牢记，数组长度必须用确定的整数，例如 10，256，1000 等，绝对不能定义变量作为数组长度。如果开始不清楚长度，就应该定义一个比较大的数组，浪费一些空间。下面的代码是错误的：

```
int main( ){
    int n;
    cin>>n;
    int ar[n]; //特别注意,这样写是错误的！错误的！错误的！
...
}
```

如果一定要想按实际长度定义变长的数组，则必须等学习了指针的动态分配内存以后才可以。

2.5.2　指针

前面学习了变量就是计算机中的一个容器，可以放入数据进行处理，那这个容器在哪里呢？其实这个容器就是计算机的一小块内存，而数组是连续的几小块内存。与数组类似，计算机的内存是通过编号来进行标识的，所有内存其实就是一个超级大数组。

而每个定义好的变量在整个内存组成的超级大数组中，一定是占用了某个位置，这个位置的序号可以用取地址操作运算符“&”得到，在 C 和 C++中定义了一个新的数据类型来保存这个内存地址，那就是指针，指针的语法如下：

```
<数据类型>  *<指针变量名>
```

实例代码：

```
int *pIdx; //声明一个整数类型的指针变量
double *pData;  //声明一个双精度浮点类型的指针变量
char *pC;     //声明一个字符类型的指针变量
```

特别注意：所有指针值的实际数据类型是一个整数，不管指针类型是整型、浮点型、字符型，还是其他的数据类型，指针的值是一个代表内存地址的整数，在不同系统下所占字节不一样，32 位系统中为 4 Byte，而 64 位系统中为 8 Byte。不同数据类型的指针之间唯一的不同是，指针所指向的变量的数据类型不同。

在使用指针的语法中，常用的一个运算符是星号“ * ”；这个运算符与数组下标运算符类似，在声明语句与使用语句中的含义是不同的。

在声明语句中，星号“ * ”运算符是指针变量的标准，只有带星号“ * ”运算符的变量才是指针变量，否则就是普通变量。

在使用语句中，星号“ * ”运算符是取指针里面的值，就是将指针指向的地址中保存的数值取出来，简单来说可以理解为指针指向地址的变量，也就是普通变量名，可以给变量赋值，也可以取值。

例如有如下代码：

```
int main( ){
    int a,b;
    int *pa,*pb;
    pa = &a;
    pb = &b;
    *pa = 10;
    *pa = 20;
    printf("a+b= % d",*pa+*pb);
    return 0;
}
```

在这段代码中，“int *pa, *pb;”就是定义了两个指针变量，然后通过“pa= &a;”“pb=&b;”取a，b地址的方式给指针赋值；而“*pa=10;”“*pb=20;”则是给指针指向的地址变量进行赋值，给pa指向地址的变量赋值10，给pb指向地址的变量赋值20；完全等价于给变量本身赋值“a= 10;”“b=20;”；最后一句是输出两个指针指向变量的值的求和结果，完全等价于“printf("a+b= %d", a+b);”。

通常，使用指针时将频繁进行以下几个操作：

(1)定义指针变量；

(2)给指针变量赋值；

(3)访问指针变量所指地址的值。

下面一个实例比较完整地展示了指针的使用方法：

```
int main ( ){
    int  var = 20;   //实际变量的声明
    int  *ip;         //指针变量的声明
    ip = &var;       //在指针变量中存储 var 的地址
    cout << "Value of var variable: ";
    cout << var << endl;
     //输出在指针变量中存储的地址
    cout << "Address stored in ip variable: ";
    cout << ip << endl;
     //访问指针中地址的值
    cout << "Value of *ip variable: ";
    cout << *ip << endl;
    return 0;
}
```

当上面的代码被编译和执行时，它会产生下列结果：

```
Value of var variable: 20
```

```
Address stored in ip variable: 0xbfc601ac(此值与具体计算机相关)
Value of *ip variable: 20
```

在 C++ 中，还有一些与指针相关的概念，这些概念非常重要，表 2-14 列出了 C++ 程序员必须清楚的一些与指针相关的重要概念。

表 2-14　与指针相关的重要概念

概　　念	描　　述
NULL 指针	NULL 指针是一个定义在标准库中的值为零的常量
指针的算术运算	可以对指针进行四种算术运算：++、--、+、-
指针 vs 数组	指针和数组之间有着密切的关系，数组名就是指向数组第一个元素地址的指针
指针数组	可以定义用来存储指针的数组
指针的指针	C++允许指向指针的指针
传递指针给函数	通过引用或地址传递参数，使传递的参数在调用函数中被改变
函数返回指针	通常用来返回函数内动态分配的内存
const 限定符形成指向常量的指针：const int *p	指向常量的指针的值不能被修改。 例如："const int *p;" 它告诉编译器"*p"是常量，不能将"*p"作为左值来操作，也就是不能出现"*p=&x;"这样的操作
把 const 限定符放在 * 号的右边形成 const 指针：int * const p =&x;	这样定义使指针本身成为一个 const 指针，如：int x = 5; int * const p = &x; // 这个指针本身就是常量，编译器要求给它一个初始值，这个值在整个指针的生存周期中都不会改变，但可以使用"*p="来改变指针指向的变量值
指向常量的常量指针：const int * const p = &x	这是告诉编译器"*p"和"p"都是常量，不能使用"&"和"*"运算符

2.5.3　引用

引用就是为现有的变量取一个别名，选定命名时使用引用运算符"&"，它将一个新标识符与一个已经存在的变量相关联，引用并没有分配新的变量，它本身并不是新的数据类型，新变量与原先变量的使用完全一样，其实使用的就是原先变量的变量，只是有个新名称而已，引用的语法如下：

<数据类型>　&<新引用变量名> = <已经存在的变量名>;

实例代码：

```
void main( ){
    int scoreOfZhang,scoreOfLi;
    int &sz = scoreOfZhang;
    int &sl = scoreOfLi;
```

```
    sz = 90;
    sl = 100;
    printf("scoreOfZhang= %d\n", scoreOfZhang);
    printf("scoreOfLi = %d\n", scoreOfLi);
}
```

当上面的代码被编译和执行时，它会产生下列结果：

```
scoreOfZhang= 90
scoreOfLi = 100
```

理解引用的两点含义：

(1)引用实际上就是变量的别名，它同变量在使用形式上是完全一样的，它只作为一种标识对象的手段。不能直接声明对数组的引用，不能声明引用的引用，可以声明对指针的引用，也可以声明指向引用的指针。

(2)引用与指针有相似之处，它可以对内存地址上存在的变量进行修改，但它不占用新的地址，从而节省空间。

指针是低级的直接操作内存地址的机制，指针功能强大但极易产生错误；引用则是较高级的封装了指针的特性，它并不直接操作内存地址，不可以由强制类型转换而得到，因而具有较高的安全性。

2.5.4　结构体

C 和 C++的基本数据类型以及数组通常可以表示世界上的各种信息，但是有的时候用起来还是不太方便。例如，我们想描述图书馆中书本的信息，但发现书本的信息包含多个数据类型，如书名、作者、类别、价格等。如果用基本数据类型来描述这些信息，就不得不用几个变量来描述书的信息，每次都需要同时操作这些变量，非常不方便。为了解决这一问题，C 和 C++提供了自己定义和扩展数据类型的语法，这便是结构体(struct)，结构体的语法如下：

```
struct <自定义的数据类型名称>{
<第一个组成部分的类型>  <第一个组成部分的名称>;
<第二个组成部分的类型>  <第二个组成部分的名称>;
<第三个组成部分的类型>  <第三个组成部分的名称>;
…
<第 n 个组成部分的类型>  <第 n 个组成部分的名称>;
};
```

实例代码：

```
struct BookInfo{
    char strTitle[32];
    char strAuthor[32];
    int type;
    float price;
```

```
};
```

代码中 BookInfo 就是自己新定义的数据类型，这个数据类型包含多个子项目，这些子项目称为新数据类型的成员，每个子项目也就是成员必须由成员数据类型和成员名称组成，而且成员的数据类型必须是已经存在的，可以是基本的数据类型或者是自己已经在前面定义的扩展类型。

特别注意：结构体(struct)定义的是新的数据类型，不是变量，变量需要用这个新类型来定义。

自己定义了新的结构体数据类型后就可以像基本数据类型一样使用，使用方法也是先定义这个类型的变量，然后在各种语句中就可以使用定义的变量。结构体定义的变量与基本数据类型定义的变量最大的差异在于：基本数据类型可以直接赋给本数据类型的常量，结构体类型的变量没有对应的类型常量，无法直接操作变量整体，只能操作结构体变量的成员，操作结构体成员的语法如下：

```
<结构体类型的变量>.<成员变量名>
```

实例代码：

```
int main( ){
    struct Student{ //定义结构体类型 Student
    int id; //第一成员 学号, id
    int grade; //第二成员 年级,grade;
    float scoreC; //第三成员 成绩,scoreC;
    };
    Student li,zh; //定义两个变量
    li.id = 201932501; //给变量的成员一赋值
    li.grade = 1; //给变量的成员二赋值
    li.scoreC = 90; //给变量的成员三赋值
    zh = li; //结构变量相互赋值
    printf("zh.id= % d\n", zh.id);
    printf("zh.grade = % d\n", zh.grade);
    printf("zh.scoreC = % d\n", zh.scoreC);
    return 0;
}
```

当上面的代码被编译和执行时，它会产生下列结果：

```
zh.id= 201932501
zh.grade = 1
zh.scoreC = 90
```

从代码中可以看到，使用结构体变量的成员方法是在结构体变量后面加个小数点，再写成员名称。此外，结构体变量之间可以整体执行赋值运算，实现等于的操作，但是输入、输出必须按成员变量逐个操作，不能整体操作。

2.6 函数及使用

在程序设计中，常常遇到相同的计算过程在多个位置使用的事件，例如求平方根这个计算过程会在很多位置使用。在所有位置都重新写一遍代码显然是不太合理的一种做法。为此所有程序设计语言，包括 C 和 C++都提供了将重复使用的代码打包到一起，并给这个代码段取个名称，以后用这个名称就相当于使用这个代码段的功能，这便是函数。

函数的本质是一段可以重复使用的代码，这段代码被提前编写好了再放到指定的文件中，使用时直接调取即可。函数使程序更加模块化，不需要编写大量重复的代码，函数还有很多叫法，比如方法、子程序、过程等。

C 和 C++ 标准库提供了大量可以调用的内置函数。例如输入输出函数 scanf( ) 和 printf( )，数学函数 sin( )、cos( )、sqrt( )、pow( )、log( ) 等。除了系统提供的函数外，C 和 C++也鼓励开发人员设计自己的函数。与变量的定义类似，要想使用自己的函数，必须在使用前先定义好，也就是函数的定义代码必须放在使用代码前面。

对于初学者，应特别注意的是关于函数的输入输出的理解。

一提到输入输出，很多学生就毫不犹豫地想到用 scanf、printf 或者 cin、cout，但对于函数来讲，函数的输入输出一般不是指用 scanf、printf 或者 cin、cout 实现的输入输出。函数的输入通常指使用函数时需要给定的参数，例如三角函数 sin( )，它的输入是将数值或者变量放在( )里，而不是用 scanf 或者 cin 输入一个数。函数的输出通常是函数处理的结果，例如三角函数 sin( ) 的输出就是计算的结果。一般是通过函数结束时用 return 返回值，我们可以将函数输出的值赋值(也就是用“=”)到已经定义好的变量中。

在调用函数时，传入的参数其实是参数变量的一个复制品，也就是 C 和 C++函数参数传递执行的标准是“值传递”。更直白地讲就是调用函数时，参数是用原先的变量赋值给函数参数的，函数的参数不是原先的变量，因此在函数中修改参数的值不会作用到调用者定义的变量，如果一定要修改原先的变量，此时需要用特殊的语法，如使用引用参数、使用指针等。通常定义函数的参数、修改参数的值对原先变量不产生影响，如下面的例子：

```
double Reciprocal(double x){
    x = 1/x;
    return x;
}
void main( ){
    double x,y;
    x = 2.0;
    y = Reciprocal(x);
    cout<<x<<" "<<y;
}
```

当上面的代码被编译和执行时，它会产生下列结果：

2.0 0.5

可以看到在函数 Reciprocal(double x)中，参数 x 的值已经被修改了，但是在主程序中 x 变量的值没有变，还是2.0，修改的值只能通过 return 返回到主程序的变量 y 中。

2.6.1　函数定义

将代码段封装成函数的过程叫作函数定义。函数可以提前保存起来，并给它取一个独一无二的名字，只要知道它的名字就能使用这段代码。函数还可以接收数据，并根据数据的不同做出不同的操作，最后再把处理结果反馈给父程序的变量。

C 和 C++中定义函数的语法如下：

```
<返回类型>函数名称(函数参数 1 的数据类型 函数参数 1 名称,函数参数 2 的数据类型 函数参数 2 名称,…函数参数 n 的数据类型 函数参数 n 名称){
函数执行主体语句…
}
```

实例代码：

```
int GetMax(int a,int b){
    if (a>b) return a;
    else return b;
}
```

在 C++ 中，通常将函数分为函数头和函数主体，函数主体是函数的全部内容，而函数头仅仅是将函数定义部分复制一份到头文件中提供给其他人，以便他人了解函数的参数和函数名称等信息，函数主体各组成部分含义如下：

(1)返回类型：一个函数可以返回一个值。返回类型就是函数返回值的数据类型。有些函数执行所需的操作后不返回值，在这种情况下，返回类型是无类型关键字 void。

(2)函数名称：这是函数的实际名称，函数名和参数列表一起构成了函数签名。

(3)参数列表：参数列表又称为形参数列表或参数签名，包括参数的类型、参数的个数和参数的顺序。函数定义时的参数称为形参，形参就像是占位符，当函数被调用时，我们向参数传递一个值，这个值被称为实际参数。参数列表是可选的，也就是说，函数可以不包含任何参数。

(4)函数执行主体：函数执行主体包含函数执行任务的所有语句，包括变量定义、赋值语句、选择语句等一切合法的语句，如果函数有返回值，则函数最后一句必定是 return <返回的数值或变量>。

在实例代码中，函数类型是 int，函数名称是 GetMax，参数 1 的类型是 int，参数 1 的名称是 a，参数 2 的类型是 int，参数 2 的名称是 b；函数主体是：{if (a>b) return a; else return b;}，函数主体中有两个位置返回，但肯定只有一个被执行，因此返回的值只有一个。

2.6.2　函数的参数

函数的参数有时也称为函数的输入参数，函数在执行的时候需要用这些输入数据进行相应的处理，以获取需要的结果。数据通过参数传递到函数内部，处理完成以后再通过返回值或参数告知函数外部。函数定义时给出的参数称为形式参数，简称形参；函数调用时给出的参数(也就是传递的数据)称为实际参数，简称实参。函数调用时，将实参的值传递给形参，相当于一次赋值操作。原则上讲，实参的类型和数目要与形参保持一致。如果能够进行自动类型转换，或者进行了强制类型转换，那么实参类型也可以不同于形参类型，例如将 int 类型的实参传递给 float 类型的形参就会发生自动类型转换。

形参和实参的区别和联系：

(1)形参变量只有在函数被调用时才会分配内存，调用结束后，立刻释放内存，所以形参变量只在函数内部有效，不能在函数外部使用。

(2)实参可以是常量、变量、表达式、函数等，无论实参是何种类型的数据，在进行函数调用时，它们都必须有确定的值，以便把这些值传送给形参，所以应该提前用赋值、输入等方法使实参获得确定值。

(3)实参和形参在数量上、类型上、顺序上必须严格一致，否则会发生“类型不匹配”的错误。当然，如果能够进行自动类型转换，或者进行了强制类型转换，那么实参类型也可以不同于形参类型。

(4)函数调用中发生的数据传递是单向的，只能把实参的值传递给形参，而不能把形参的值反向地传递给实参；换句话说，一旦完成了数据的传递，实参和形参就再也没有关系了，所以，在函数调用过程中，形参的值发生改变并不会影响实参。

(5)形参和实参虽然可以同名，但它们之间是相互独立的，互不影响，因为实参在函数外部有效，而形参在函数内部有效。

2.6.3 函数的返回值

函数的返回值是指函数被调用之后，执行函数体中的代码所得到的结果，这个结果通过 return 语句返回。return 语句的语法为：

```
return 表达式;
```

(1)没有返回值的函数为空类型，用 void 表示。

(2) return 语句可以有多个，可以出现在函数体的任意位置，但是每次调用函数只能有一个 return 语句被执行，所以只有一个返回值。

(3)函数一旦遇到 return 语句就立即返回，后面的所有语句都不会被执行到了，因此，return 语句还有强制结束函数执行的作用。

2.6.4 函数的重载

在实际开发中，有时候我们需要实现几个功能类似的函数，只是有些细节不同。例如希望交换两个变量的值，这两个变量有多种类型，可以是 int、float、char、bool 等，我们需要通过参数把变量的地址传入函数内部。在 C 语言中，程序员往往需要分别设计出三个不同名的函数，其函数原型与下面的函数类似：

```
void swap1(int *a, int *b);       //交换 int 变量的值
void swap2(float *a, float *b);   //交换 float 变量的值
```

```
void swap3(char *a, char *b);     //交换 char 变量的值
void swap4(bool *a, bool *b);     //交换 bool 变量的值
```

但在C++中，这完全没有必要。C++允许多个函数拥有相同的名字，只要它们的参数列表不同就可以，这就是函数的重载(Function Overloading)，借助重载，一个函数名可以有多种用途。

在使用重载函数时，同名函数的功能应当相同或相近，不要用同一函数名去实现完全不相干的功能，虽然程序也能运行，但可读性不好，使人觉得莫名其妙。

注意，参数列表不同包括参数的个数不同、类型不同或顺序不同，仅仅参数名称不同是不可以的，函数返回值也不能作为重载的依据，函数重载规则：

(1)函数名称必须相同，否则就不称为重载。

(2)参数列表必须不同(个数不同、类型不同、参数排列顺序不同等)。

(3)函数的返回类型可以相同也可以不相同。

(4)仅仅返回类型不同，不能形成重载而是重复定义，编译会报错。

2.7 作用域

所谓作用域(Scope)，就是变量的有效范围，就是变量可以在哪个范围以内使用。有些变量可以在所有代码文件中使用，有些变量只能在当前的文件中使用，有些变量只能在函数内部使用，有些变量只能在 for 循环内部使用。

2.7.1 变量的作用域

变量的作用域由变量的定义位置决定，在不同位置定义的变量，它的作用域是不一样的，通常包含局部变量和全局变量。

1. 局部变量

局部变量一般指在函数内部定义的变量或者在复合语句(用“{ }”括起来的语句块)内部定义的变量。在函数内部定义的变量，它的作用域仅限于函数内部，在函数外就不能使用。函数和复合语句最明显的特点是都用“{ }”将语句括起来，因此，可以利用“{}”对变量作用域进行判别，其基本原则是：在“{ }”内部定义的变量，其作用域就是“{ }”内的语句块，在“{ }”外变量就失效，不能再使用了。需要特别说明的是，函数的形参也是局部变量，其作用域是整个函数内部，函数调用中参数传递的本质是实参给形参赋值。

2. 全局变量

C和C++允许在所有函数的外部定义变量，这样的变量称为全局变量(Global Variable)。全局变量的默认作用域是整个程序，也就是所有的代码文件，包括源文件(.c 或.cpp 文件)和头文件(.h 文件)。如果给全局变量加上 static 关键字，它的作用域就变成了当前文件，在其他文件中就无效了。对于全局变量，在一个函数内部修改的值会影响其他函数，全局变量的值在函数内部被修改后并不会自动恢复，它会一直保留该值，直到下次被修改。

C与C++规定，在同一个作用域中不能出现两个名字相同的变量，否则会产生命名冲突。但是在不同的作用域中，允许出现名字相同的变量，它们的作用范围不同，彼此之间不会产生冲突。不同函数内部的同名变量是两个完全独立的变量，它们之间没有任何关联，也不会相互影响。

需要特别注意的是：如果函数内部的局部变量和函数外部的全局变量同名，则在当前函数这个局部作用域中，全局变量会被“屏蔽”，不再起作用，也就是说，在函数内部使用的是局部变量，而不是全局变量。C和C++变量的使用遵循就近原则，如果在当前的局部作用域中找到了同名变量，就不用再去更大的全局作用域中查找。

2.7.2 静态变量

在C与C++中，可以用static关键字修饰变量，使变量成为静态变量。静态变量的存储方式与全局变量一样，都是静态存储方式，也就是说这个内存在程序运行期间一直有效。因此，对于静态局部变量来说，在函数内以static声明的变量虽然作用域都只限于函数内，但存储空间是以静态分配方式获取，这个变量与全局变量一样一直有效。这让它看起来很像全局变量，其实静态局部变量与全局变量的主要区别就在于可见性，静态局部变量只在其被声明的代码块中可见。

静态局部变量的这种全局有效性有时还能发挥重要的作用，例如，我们希望函数中局部变量的值在函数调用结束之后不会消失，而仍然保留其原值。即它所占用的存储单元不释放，在下一次调用该函数时，其局部变量的值仍然存在，也就是上一次函数调用结束时的值。这时候，就可以将该局部变量声明为静态局部变量，下面的例子可以说明这种特性。

```
void RunTimeCount( ){
    static int tm = 0;
    cout<<"Run Time = "<<tm++<<" \n";
}
void main( ){
    for(int i=0;i<5;i++ ){
        RunTimeCount( );
    }
}
```

当上面的代码被编译和执行时，它会产生下列结果：

```
Run Time=0
Run Time=1
Run Time=2
Run Time=3
Run Time=4
```

必须注意：静态局部变量只能初始化一次，这是由编译器来保证实现的。

2.7.3　命名空间

一个中大型软件往往由多名程序员共同开发，会使用大量的变量和函数，不可避免地会出现变量或函数的命名冲突。当所有人的代码都测试通过，没有问题时，将它们结合到一起就有可能会出现命名冲突。例如小李和老王都参与了一个软件系统的开发，他们都定义了一个全局变量 PtSum，用来指明数据点数量，将他们的代码整合在一起编译时，编译器会提示 PtSum 重复定义(redefinition)错误。为了解决合作开发时的命名冲突问题，C++引入了命名空间(namespace)的概念。例如针对上面的问题可以这样修改：

```
namespace Li{ //小李的变量定义
    int PtSum = 0;
}
namespaceWan{   //老王的变量定义
    int PtSum = 0;
}
```

小李与老王各自定义了以自己姓氏为名的命名空间，此时再将他们的 PtSum 变量放在一起编译就不会有任何问题。

命名空间有时也被称为名字空间、名称空间，namespace 是 C++的关键字，用来定义一个命名空间，语法格式为：

```
namespace<命名空间名称>{
//variables, functions, classes
}
```

“{}”中可以包含变量、函数、类、typedef、#define 等。使用变量、函数时要指明它们所在的命名空间，以上面的 PtSum 变量为例，可以这样使用：

```
Li:: PtSum = 0;   //使用小李定义的变量 PtSum
Wan:: PtSum = 0; //使用老王定义的变量 PtSum
```

“::”是一个新运算符，称为域解析操作符，在 C++中用来指明要使用的命名空间。除了直接使用域解析操作符，还可以采用 using 关键字声明，例如：

```
using Li:: PtSum;
PtSum = 0;
```

在代码的开头用 using 声明了 Li:: PtSum，它的意思是 using 声明以后的程序中如果出现了未指明命名空间的 PtSum，就使用“Li:: PtSum;”。

using 声明不仅可以针对命名空间中的一个变量，也可以用于声明整个命名空间，例如：

```
using namespace Li;
PtSum= 0;   //使用小李定义的变量 PtSum
```

命名空间内部不仅可以声明或定义变量，对于其他能在命名空间以外声明或定义的名称，同样也都能在命名空间内部进行声明或定义，例如类、函数、typedef、#define 等都可以出现在命名空间中。

2.8 编译预处理指令

编译器在编译和链接之前，还需要对源文件进行一些文本方面的操作，比如文本替换、文件包含、删除部分代码等，这个过程叫作预处理，由预处理程序完成。较之其他编程语言，C/C++语言更依赖预处理器，所以在阅读或开发 C/C++ 程序过程中，可能会接触大量的预处理指令，比如 #include、#define 等，所有的编译预处理指令都以“#”开头，可用的预处理指令有#define、#error、#import、#undef、#elif、#if、#include、#using、#else、#ifdef、#line、#endif、#ifndef 和#pragma 共 14 个，本节介绍几个使用频率最高的编译预处理指令。

2.8.1 include 指令

最常用的预处理指令就是“#include”，称为文件包含命令，用来引入对应的头文件(.h 文件)，其语法如下：

```
#include <头文件名>
```

#include 的处理过程很简单，就是将头文件的内容插入到该命令所在的位置，从而把头文件和当前源文件连接成一个源文件，这与复制粘贴的效果相同。

#include 的用法有两种，如下所示：

```
#include <stdio.h>
#include "stdio.h"
```

使用尖括号< >和双引号" "的区别在于头文件的搜索路径不同：使用尖括号< >，编译器直接到系统路径下查找头文件；而使用双引号" "，编译器首先在当前目录下查找头文件，如果没有找到，再到系统路径下查找。也就是说，使用双引号比使用尖括号多了一个查找路径，它的功能更为强大。

关于 #include 用法的注意事项：

(1)一个 #include 命令只能包含一个头文件，多个头文件需要多个 #include 命令。

(2)同一个头文件可以被多次引入，多次引入的效果和一次引入的效果相同，因为头文件在代码层面有防止重复引入的机制。

(3)文件包含允许嵌套，也就是说在一个被包含的文件中又可以包含另一个文件。

2.8.2 define 指令

“#define”叫作宏定义命令，所谓宏定义，就是用一个宏名来表示一个程序中的代码字符串，如果在后面的代码中出现了该宏名，那么就全部替换成指定的代码字符串。宏定义由源程序中的宏定义命令#define 实现，而宏替换则由预处理程序完成，宏定义的一般形式为：

```
#define 宏名  代码字符串
```

宏名也是标识符的一种，命名规则和变量相同。代码字符串可以是数字、表达式、if 语句、函数等程序代码。这里所说的代码字符串不是 C 语言中的字符串，它是一段源代码段，不需要双引号。

程序中反复使用的表达式就可以使用宏定义，例如：#define S (x * x)，它的作用是指定标识符S来表示(x * x)这个表达式。在编写代码时，所有出现(x * x)的地方都可以用S来表示，而对源程序进行编译时，将先由预处理程序进行宏代替，即用(x * x)去替换所有的宏名S，然后再进行编译。

对 #define 用法的几点说明：

(1)宏定义是用宏名来表示一个代码字符串，在宏展开时又以该代码字符串取代宏名，这只是一种简单粗暴的替换。代码字符串中可以包含任何字符，它可以是常数、表达式、if 语句、函数等，预处理程序对它不作任何检查，如有错误，只能在编译已被宏展开后的源程序时发现。

(2)宏定义不是说明或语句，在行末不必加分号，如加上分号则连分号也一起替换。

(3)宏定义必须写在函数之外，其作用域为宏定义命令起到源程序结束。如要终止其作用域可使用#undef 命令。

(4)代码中的宏名如果被引号包围，那么预处理程序不对其作宏代替。

(5)宏定义允许嵌套，在宏定义的字符串中可以使用已经定义的宏名，在宏展开时由预处理程序层层替换。

(6)习惯上宏名用大写字母表示，以便与变量区别，但也允许用小写字母表示。

2.8.3　if 条件编译指令

假如现在要开发这样一个 C 和 C++程序，程序的功能是列出程序运行目录中的所有文件，而且要求程序代码在 Windows 和 Linux 下都能工作。我们知道在 Windows 和 Linux 平台下列出的文件的命令是不同的，我们必须要能够识别出不同的平台，才能让程序工作。通过学习编译器提供的使用说明，可以了解到编译器给 Windows 提供了专有宏“_WIN32”，编译器也给 Linux 提供了专有宏“__linux__”，而且通过查询资料了解到 Windows 中列出文件的命令是“dir”，对应 Linux 的命令是“list”，因此以现有的知识，我们很容易就想到了 if else，于是我们猜想可以这样编写程序：

```
int main( ){
    if (_WIN32){
        system("dir");
    }else if(__linux__){
        system("list");
    }else
        printf("error\n");
    }
    return 0;
}
```

然而这段代码其实是错误的，在 Windows 下提示“__linux__”是未定义的标识符，在 Linux 下提示“_WIN32”是未定义的标识符。出现这个问题的主要原因是“_WIN32”和“__

linux__”不是程序变量，它们是编译器宏，它们只能在编译器中用，不能当程序代码使用。为了使编译器能识别编译器宏，我们需要条件编译指令，条件编译指令的语法如下：

```
#if 整型常量表达式 1
    程序代码段 1
#else
    程序代码段 2
#endif
```

或者嵌套使用多个#if，语法如下：

```
#if 整型常量表达式 1
    程序段 1
#elif 整型常量表达式 2
    程序段 2
#elif 整型常量表达式 3
    程序段 3
#else
    程序段 4
#endif
```

条件编译指令的意思是：如“整型常量表达式 1”的值为真(非 0)，就对“程序段 1”进行编译，否则就计算“整型常量表达式 2”，结果为真的话就对“程序段 2”进行编译，为假的话就继续往下匹配，直到遇到值为真的表达式，或者遇到#endif，这一点和 if else 语句是非常类似的。需要注意的是，#if 命令要求判断条件为“整型常量表达式”，也就是说，表达式中不能包含变量，而且结果必须是整数。而 if else 语法中，表达式没有限制，只要符合语法就行，这是条件编译指令#if 和程序语句 if 的一个重要区别，此外条件编译指令必须有#endif，不能省略。

采用这个编译指令，我们可以对列出文件的程序改写如下：

```
int main( ){
#if _WIN32
    system("dir");
#elif __linux__
    system("list");
#else
    printf("error\n");
#endif
    return 0;
}
```

这样就可以实现在 Windows 和 Linux 下都能工作，列出程序运行目录中的所有文件的功能。

与#if 非常接近的另一个条件指令是 #ifdef，其语法如下：

```
#ifdef 宏名
    程序代码段1
#else
    程序代码段2
#endif
```

可以省略#else直接写为

```
#ifdef 宏名
    程序代码段1
#endif
```

与编译指令#if相比，#if后面跟的是“整型常量表达式”，而#ifdef后面跟的只能是一个宏名，不能是表达式，编译器不会进行任何运算判定，其实#ifdef就是#if defined的缩写，完全可以用#if语句实现。

与#ifdef刚好相反的还有一个条件指令是#ifndef，其语法如下：

```
#ifndef 宏名
    程序代码段1
#else
    程序代码段2
#endif
```

可以省略#else直接写为

```
#ifndef 宏名
    程序代码段1
#endif
```

与#ifdef相比，仅仅是将#ifdef改为了#ifndef，它的意思是，如果当前的宏未被定义，则对“程序代码段1”进行编译，否则对“程序代码段2”进行编译，这与#ifdef的功能正好相反。

除常用的#include、#define和#if编译预处理指令外，编译器还有很多预处理指令，只能通过编译器的说明文档进行详细的了解和学习。总之，编译预处理指令是给编译器使用的，不是实现程序算法的一部分，但是可以在我们编写不同平台、不同功能的程序时提供一些帮助，从而节省重复编写代码的工作量。

2.9　习题

(1)简述C++程序的组成。

(2)编程实现输入一个自然数，判断它是奇数还是偶数。

(3)编程从键盘输入圆的半径r，计算出圆的周长和面积。

(4)求分数序列1/2，1/4，1/8，…，求出这个数列前20项之和。

(5)定义一个数组，输入一半元素的值，然后从大到小排序，之后再输入其他值，并一直保持数组元素从大到小的顺序。

(6)编写程序将一个 3×3 矩阵转置。

(7)求 $\sum n!$ (即求 $1! + 2! + 3! + 4! + \cdots + n!$)。

(8)编写 sin$x$ 函数的实现代码(取前 20 项)。

$$\sin x = x - \frac{x^3}{3!} + \frac{x^5}{5!} + \cdots + (-1)^{m-1}\frac{x^{2m-1}}{(2m-1)!} + o(x^{2m-1})$$

(9)定义一个平面点的结构体，包含 x，y 坐标，然后输入一些点，形成数组。

①求所有输入点的重心。

②再输入一个点，求最近点。

③再输入两个点，用于表述一个矩形，然后输出被矩形包围的点。

第3章　类和对象

通俗地讲，类的本质是一种新定义的数据类型。普通的数据类型只包含数据本身，而类的定义中不仅仅包含数据本身，还包含对数据进行处理的函数。而对象就是由类定义的数据变量，可以认为类与对象就是数据类型和变量的关系，因为要使用一个类(或者说让定义的类在程序中起作用)，必须在函数中声明其对象并使用对象。那到底如何设计类这种新数据类型呢？具体语法怎么写？本章就是要讲述应用抽象和封装方法进行类设计的相关知识，包括抽象与封装、类定义的基本语法、构造函数、析构函数、this 指针等。

3.1　抽象与封装

面向对象程序设计通过数据抽象和封装来设计出数据类型。抽象是人们认识客观事物的一种方法，指在描述事物时，有意去掉被考察对象的次要部分和具体细节，只抽取与当前问题相关的重要特征进行考察，形成可以代表对应事物的概念。计算机软件设计中采用的抽象方法主要有数据抽象和过程抽象两种。

过程抽象以“功能为中心”，它将整个系统的功能划分为若干部分，每部分由若干过程完成。过程抽象强调过程的功能，只描述每个过程要完成的功能，而忽略功能的具体实现。也就是说，过程抽象只给出函数名、函数参数和函数处理结果，而这些函数如何编码实现则不是过程抽象关注的事情。

数据抽象采用以“数据为中心”的抽象方法，忽略事物与当前问题无关的、不重要的具体细节，抽取同类事物与当前所研究问题相关联的、共有的基本特性和行为，形成关于该事物的抽象数据类型。抽象数据类型用数据表示该事物的基本特征，称为数据成员；用函数表示其行为，称为成员函数。

例：我们要建立学生信息管理系统，需要抽象出“学生”数据类型。

1)问题分析

现实中学生个体差别很大：有的姓张，有的姓李；有的高，有的矮；有的胖，有的瘦；有的喜欢安静，有的喜欢唱歌，有的喜欢跳舞；有的数学好，有的体育棒；有的来自湖北，有的来自北京，等等，要想将学生的全部信息和行为描述出来，非常困难。然而问题是建立学生信息管理系统，并不需要将学生的所有特征和行为都描述出来，例如学生喜欢安静还是喜欢唱歌与本问题关系不大，可以先不考虑。但是，学生姓名、学号、班级、性别、年龄等是信息系统不可忽略的问题。

2)数据抽象

忽略与本问题无关的特征和行为：学生的高矮胖瘦、学生喜欢安静、学生喜欢唱歌等。

对感兴趣的、与本问题有关的共性特征进行抽取和描述。在对特征进行抽象时，忽略每个学生的具体特征，把所有学生的共性特征描述出来，具体抽象如下：

在抽象姓名时，忽略姓名是两个字还是三个字、忽略姓名的笔画等，只关注姓名，用 name 表示。在抽象学号时，忽略张三的学号比李四大、忽略学号顺序等，而只用 number 表示，等等。抽象过程如图 3-1 所示。

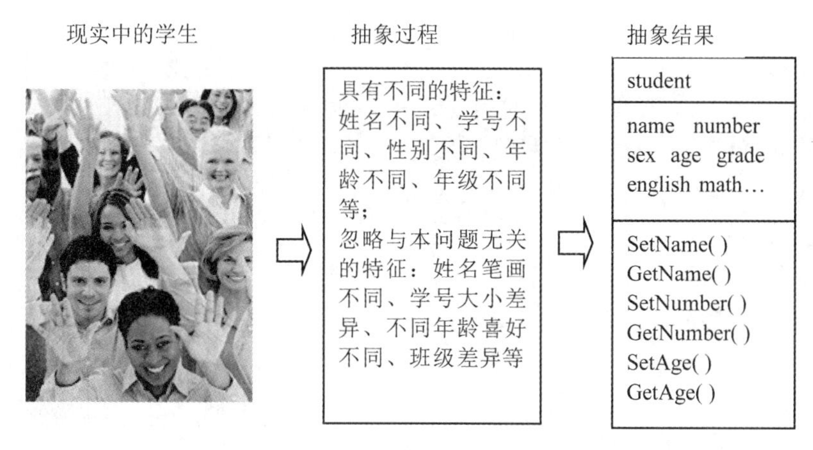

图 3-1 从具体学生中抽取共性形成学生类的过程

以数据为中心的抽象并非只抽象出数据，还应该抽象出对数据的操作。在面向对象程序设计中，数据通常被视为对象内部的机密，不允许被直接访问(直接修改)，而只有在对象提供授权后才能被操作访问。也就是说学生的姓名、学号、性别、年龄、年级、班级等信息会被隐藏起来，在程序中不能直接读取和修改，只有通过 student 提供的函数才能修改。这个就如同现实中向别人借钱，我们不能直接从他的钱包中拿钱，而只能让他自己取出钱给我们一样。

计算机中对数据的操作主要是读出和写入两类，因此设计数据接口时，最常见的方法是针对抽象出的数据，设计 SetXX( ) 和 GetXX( ) 两个函数对该数据进行读写，如本例中的 SetName( ) 和 GetName( )。

抽象过程是将对数据的访问设计为一些接口函数。通过这些接口函数可以了解到该抽象类型的全部功能和使用方法。但是，抽象并没有实现这些函数的具体功能，也就是说，抽象只定义好了接口，并没有实现函数功能，函数功能的实现需要封装来完成。

封装与抽象是一对互补的概念：抽象关注对象的外部视图，封装关注对象的内部实现。为了完成抽象设计的目标，封装对抽象的数据类型进行包装，将数据和基于数据操作捆绑成一个整体，并编码实现抽象设计的功能。

面向对象程序设计语言通过类(class)来实现封装，也可以说封装后的数据类型被称为类。类具有封装能力，能将抽象数据类型的数据和操作函数包装为一个整体，并将数据内部的结构和接口函数的实现细节隐藏起来，只对外提供函数接口，除了能用函数接口访问类的功能外，外部程序对类的内部结构和实现细节一无所知。

3.2 类的定义与使用

类是对现实世界中某一事物的相同属性和行为进行抽象设计出的一种数据类型。类具有封装能力，能将抽象数据类型的数据和操作函数包装为一个整体，并将数据内部的结构和接口函数的实现细节隐藏起来，只对外提供函数接口。类的基本语法形式如下：

```
class <类名>{
public:
<类名>( )<( )<成员变量初始化列表>{} //构造函数
~<类名>( ){} //( ){} //析构函数
<公有成员1类型>  <公有成员1变量名>; //数据成员
<公有成员2类型>  <公有成员2变量名>; //数据成员
<公有函数1类型>  <公有函数1>( ); //成员函数
<公有函数2类型>  <公有函数2>( ); //成员函数
…
protected:
<保护成员1类型>  <保护成员1变量名>; //数据成员
<保护成员2类型>  <保护成员2变量名>; //数据成员
<保护函数1类型>  <保护函数1>( ); //成员函数
<保护函数2类型>  <保护函数2>( ); //成员函数
…
private:
<私有成员1类型>  <私有成员1变量名>; //数据成员
<私有成员2类型>  <私有成员2变量名>; //数据成员
<私有函数1类型>  <私有函数1>( ); //成员函数
<私有函数2类型>  <私有函数2>( ); //成员函数
…
}; //特别要注意,最后的分号不能少
```

其中，class是类定义关键字，<类名>是程序设计者给抽象数据类型取的名称，是一个不以数字和运算符开头的任意字符串，为了规范地编写代码，通常以大写字母C(class的第一个字母大写)开头，代表这是一个类名称。

类的封装体现之一：在整个“{};”内部的全体成员是一个整体。成员包括两种，一种是数据成员，另一种是函数成员。数据成员也称为成员变量，函数成员也称为成员函数、函数接口、接口函数等。类的函数成员可以使用类的数据成员，不受任何限制，甚至可以理解为类的成员变量相对于成员函数是全局的，在一个函数中修改了成员变量的值，在其他函数中再次使用该成员变量时，其值就是前面修改过的值。特别注意这个用“{};”包起来的代码非常像“函数”，但绝对不是函数，也与函数没有任何关系。函数内的语句会被顺序执行，但类里面的语句永远不会被顺序执行(当然也绝不允许在类里面写执行语句)，只有类函数成员里面的语句会被调用和执行。

类的封装体现之二：对类外部的其他程序或函数，不能直接使用类的成员函数和成员变量，而只能通过对象以及其对外的接口进行使用。为了更好地控制类对外部开放的程度，类定义了关键字 **public**、**protected** 和 **private** 作为外部访问权限控制符，来设置外部函数访问类成员的权限属性，它们的具体含义如下：

public 属性表示：在类内部和类外部均可以对成员进行访问；

protected 属性表示：在类内部和从本类继承的类中可以对成员进行访问；

private 属性表示：只能在类内部对成员进行访问，其他情况都无法访问。

特别注意：如果类的成员没有使用关键字 public、protected 和 private 之一来修饰时，默认使用 private 属性。

前面说过，类通常包含**数据成员**和**成员函数**，数据成员与 C 语言的结构体类似，是用来保存具体数据的，而成员函数是用来操作成员变量、实现类功能的一些函数。

类成员函数中，函数名与类名完全相同的函数“<类名>( )”称为**构造函数**。在构造函数前面加一个波浪符“~”而形成的新函数“~<类名>( )”称为析构函数，构造函数可以带一个初始化变量列表。

根据类的基本语法，可以定义一个类 CPt，表示平面上的点。

```
class CPt{
public:
    CPt( ){ m_x =0; m_y=0; }; //构造函数
    ~CPt( ){} //析构函数
    int m_x;   //数据成员
    int m_y;   //数据成员
    void  SetVal(int x,int y){ //成员函数,用来对数据成员进行赋值。
        m_x = x;  m_y = y;
    }
    int GetX( ){ return m_x; }; //成员函数,用来获取数据成员 m_x 的值
    int GetY( ){ return m_y; }; //成员函数,用来获取数据成员 m_y 的值
};
```

如果用 C 语言的结构体语法，平面点可以这样定义：

```
struct PT{
int m_x;
int m_y;
};
```

一方面，结构体数据类型 struct PT 与类 class CPt 从功能上都差不多，都是表示一个平面点，而且点的坐标都是保存在两个数据成员 m_x，m_y 中。

另一方面，我们也可以看到结构体 struct PT 和类 class CPt 的区别。类 class CPt 除了数据成员 m_x，m_y 外，还包含了成员函数 SetVal( )、GetX( )和 GetY( )，而且成员函

数中都用到了数据成员。其实，成员函数就是专门用于对数据成员进行一些处理的，主要包括赋值、取值、运算，等等。

结构体和类在使用方面也有很大不同。在使用结构体 struct PT 时，对数据的访问是通过直接对结构体变量的成员 m_x 和 m_y 进行访问。但是，对于类 class CPt 数据类型，对数据的访问一般通过其成员函数 SetVal( )、GetX( )和 GetY( )实现。表面上看，使用类作为数据类型比结构体数据类型要麻烦一些，但是从面向对象程序设计的角度来分析，我们会发现通过成员函数访问数据更加合理。这是因为，如果程序中都通过成员函数访问数据，可以很容易发现类数据成员的变化情况，特别是在程序出现问题时，能够通过监控这些成员函数来分析数据是如何被修改的。

3.2.1　数据成员

类的数据成员是类的重要组成部分，又称为类成员变量、类属性等，数据成员是用来保存数据的，类成员变量和普通变量一样，也有数据类型和名称，占用固定长度的内存。

数据成员可以是任何数据类型，如整型、浮点型、字符型、数组、指针等，也可以是另一个类的对象或者指针，还可以是指向自身类型的指针或引用，但是不能是自身类型的对象；可以是 const 常量，但不能是表达式和表达式常量。例如：

```
class CA{…};
class CB{
public:
    int m_a; //正确
    int m_b = m_a+1; //!!! 错误,是表达式,永远没有被执行的时候
    const int m_c; //正确
    extern in m_d; //错误,这是外部引用
    CA  m_ca, *m_pa; //正确
    CB   *m_pb; //正确
    CB  m_cb; //!!! 错误,企图定义自身对象
};
```

类的数据成员或成员变量的命名与普通变量一致，是不以数字和运算符开头的一串字符。为了规范地编写代码，给类成员变量命名时建议以 **m_** （**member** 的缩写）作为开头，代表这个变量是个类成员变量，以区别于普通变量和数据结构体变量。

在定义类的时候不能对成员变量赋值，因为类只是一种数据类型或者说是一种模板，本身不占用内存空间，而变量的值则需要内存空间来存储。此外，赋值运算是一种操作指令，需要被执行；但类定义并不是一种操作，没有被执行的时候。但是在 C++ 11 标准中，扩展了类定义的语法，允许在声明中为成员变量提供一个初值，具体如下：

```
class CExam{
public:
    int m_x = 0;    //在 C++ 11 前编译错误,C++11 后才正确,不推荐
    float m_f=0;    //在 C++ 11 前编译错误,C++11 后才正确,不推荐
```

```
    char m_s[10]={0}; //在 C++ 11 前编译错误,C++11 后才正确,不推荐
};
```

从 VS 2013 开始，编译环境使用了 C++11 标准，带赋初值的代码在 VS 2013 中可以被正常编译，但是在 VS 2013 以前的编译器中被认为是错误代码。

其实，这并不是说在 C++11 中，类的定义语句也被作为指令被执行，而是编译器扩展了一个附加功能，它会自动将类定义中的赋值语句复制到类构造函数中。因此，C++11 标准中的赋值语句其实是在构造函数中执行，并不是类定义中的语句。由于这种语法要求编译器的版本支持 C++11 标准，我们极力推荐初学者不要使用成员变量直接初始化赋值的语法，应该将成员变量初始化赋值语句写到构造函数中。

特别提醒，在 C++11 标准中，声明数据成员时赋初值仅仅是一次赋值，相当于在构造函数中赋值，绝不会自动地根据其他成员变量自动赋值，例如有些初学者这样写代码：

```
class  CTst{
public:
    int  m_sum;
    float  *m_p = new float[m_sum]; //!! 错误代码,永远没有被执行的时候
}
```

在以上错误代码中，指针 m_p 不会自动根据 m_sum 来分配内存，而是此时 m_sum 没有给出初值是个随机值，这样导致 m_p 指针的大小是随机的，甚至如果 m_sum 是个负数则分配内存直接报错，引起程序崩溃。

为了让自己编写的代码在多个编译环境中正确编译，编者强烈建议初学者不要用 C++11 的语法，在类声明语句中不要赋值，而是将赋值语句放入构造函数中。

3.2.2 成员函数

类的成员函数也称为类方法、类服务或类接口，是指那些把定义和原型写在类定义内部的函数。类成员函数与类的数据成员一样也是类的成员，它可以操作(也就是使用)类里面的任意成员变量，也可以引用类里面的其他成员函数。

类的成员函数(简称类函数)是函数的一种，它的用法和作用与普通函数基本上是一样的。它也有函数类型和返回值，与一般函数的区别：它是属于一个类的成员，出现在类体中，可以被指定为 private(私有的)、public (公用的)或 protected(受保护的)。

类的成员函数的命名与普通函数一致，通常由代表函数功能的英文单词组成。类的成员函数最基本的功能是给类的数据成员赋值和获取类数据成员的值，给数据成员赋值时，最常见的函数名称为 SetXX( )，表示给 XX 成员变量赋值，所赋的值通常使用函数参数形式给定。同样地，获取数据成员值时，最常见的函数名称为 GetXX( )，表示获取 XX 成员变量的值，函数通常直接返回成员变量，例如这样设计类：

```
class CPt{
public:
    int m_x;
```

```
        int m_y;
        void SetX(int x){ m_x=x; } //给成员 m_x 赋值
        void SetY(int y){ m_y=y; } //给成员 m_y 赋值
        int GetX( ){ return m_x; } //获取成员 m_x 的值
        int GetY( ){ return m_y; } //获取成员 m_y 的值
};
```

成员函数的编写有两种形式，其功能完全等价：一种是直接将函数写在类的内部(即类的大括号{}里面)，这种形式无需任何额外的修饰，显然就是类的成员函数。另一种编写形式是将类的成员函数声明与函数实现部分分开写，在类的内部只写函数的声明部分，而将函数的实现部分写在外部。将函数的实现部分写在外部时，需要使用作用域限制符“::”来说明函数属于哪一个类，例如：

```
class CPt{
public:
        int m_x;
        int m_y;
        void SetX(int x); //只写声明,没有实现
        void SetY(int y); //只写声明,没有实现
        int GetX( ); //只写声明,没有实现
        int GetY( ); //只写声明,没有实现
};
void CPt::SetX(int x){ m_x=x; } //函数的实现
void CPt::SetY(int y){ m_y=y; } //函数的实现
int CPt::GetX( ){ return m_x; } //函数的实现
int CPt::GetY( ){ return m_y; } //函数的实现
```

这种写法中，成员函数的实现部分与类声明代码可以放在同一个文件中，也可以放在不同文件中。在 VS 编译环境下使用类向导生成类时，系统采用这种分开写的形式。

无论是分开写，还是直接写在类定义中，成员函数的功能和性质是一样的。本书为了方便说明问题，一般采用写在类中的形式编写成员函数。

在设计类函数时，要注意调用函数时的权限(它能否被调用)以及它的作用域(函数能使用什么范围中的数据和函数)，例如私有的成员函数只能被本类中的其他成员函数所调用，而不能被类外的非成员函数调用。一般的做法是将需要被外界调用的成员函数指定为 public，它们是类的对外接口。但应注意，不推荐把所有的成员函数都指定为 public。有些函数并不是准备为外界调用的，而是为本类中的成员函数所调用的，就应该将它们指定为 private。

3.2.3　类的使用——对象

类的本质是一种新定义的数据类型，而对象就是由类定义的数据变量，可以认为类与对象就是数据类型和变量的关系，因要使用一个类(或者说让定义的一个类在程序中运

行)必须先定义其对象，也称为创建对象。

1. 创建对象

创建对象通常有两类方法，一种是在栈上创建对象，简单来讲就是像定义普通变量一样定义变量，其基本语法为：

<类名> <对象名>(参数 1, 参数 2,…);

其中类名后面的参数是可选的，主要取决于类的构造函数是否需要参数，若构造函数带参数则创建类时必须带参数，否则就不需要。

例如：

```
class CPt{…}; //类的定义
void main( ){
    CPt p1; //在栈上创建对象,不需要带参数
}
```

通过栈上创建对象方式产生的对象与我们在 C 语言中声明的变量类似，对象在程序使用完后就自动消失，不需要做额外处理。

另一种创建对象的方法是在堆上创建对象，简单来讲就是通过动态分配的方式创建类对象，其基本语法为：

<类名> *<对象名> = new <类名>(参数 1, 参数 2, …);

与栈上创建对象一样，类名后面的参数是可选的，主要取决于类的构造函数是否需要参数。

例如：

```
class CPt{…}; //类的定义
void main( ){
    CPt  *p1 = new CPt; //在堆上创建对象,不需要带参数
    delete p1; //释放对象
}
```

与在栈上创建对象不同，通过堆上创建对象方式产生的对象，在程序使用完后必须使用 delete 进行销毁(释放内存)，否则系统不会释放其使用的资源。这个操作也可以理解为 C 语言中的内存分配与释放。在堆上创建对象其实就是用 new 给类指针分配内存，用完后当然需要用 delete 释放内存。

无论是在栈上创建对象还是在堆上创建对象，都可以一次创建多个对象，也就是创建对象数组。对象数组的使用与普通数组的使用是一样的，可以用指针对数组元素进行访问，也可以用数组名加下标的形式进行元素访问。

2. 访问类成员

访问类成员通常也称为使用类成员。前面多次讲过，类的本质是一种数据类型，计算机程序中并不存在某个类，而只有某个类的对象，因此，访问类成员其实是访问对象的成员。

创建对象以后就可以使用其成员变量和成员函数。根据创建对象的方式不同，访问类成员的操作符也略有差异。通过栈上创建对象方式产生的对象，访问成员的方式是点号

“.”，而通过堆上创建对象方式产生的对象指针，访问成员的方式是箭头“→”。简单记忆就是普通变量用点号“.”，指针变量用箭头“→”，例如：

```
class CPt{
    public:
    int m_x;
    int m_y;
    void SetX(int x){ m_x=x; } //给成员 m_x 赋值
    void SetY(int y){ m_y=y; } //给成员 m_y 赋值
    int GetX( ){ return m_x; } //获取成员 m_x 的值
    int GetY( ){ return m_y; } //获取成员 m_y 的值
};
int main( ){
    CPt  pt; //通过栈上创建对象
    pt.m_x = 10; //用点号“.”直接访问
    pt.m_y = 10; //用点号“.”直接访问
    cout<<pt.GetX( )<<pt.GetY( )<<"\n"; //用点号“.”直接访问

    CPt *p2 = new CPt; //通过堆上创建对象并赋值给对象指针
    p2->m_x = 20; //箭头“->”直接访问
    p2->m_y = 20; //箭头“->”直接访问
    cout<< p2->GetX( )<<p2->GetY( ); //箭头“->”直接访问
    delete p2; //释放堆上创建的对象
    return 0;
}
```

程序执行结果是输出了：

```
10 10 20 20
```

访问类成员最需要注意的是类成员的访问属性。类区别于结构体的两个特点：一是添加了成员函数，二是定义了关键字 **public**、**protected** 和 **private** 作为外部访问权限控制符，用来设置外部函数访问类成员的权限属性，只有具有 **public** 属性的成员函数和成员变量可以被外部函数任意访问，具有 **protected** 和 **private** 属性的成员函数是不能被类外部函数访问的。

3.3　构造函数和析构函数

在 C++中，有一种特殊的成员函数，它的名字和类名相同，没有返回值，不需要用户显式调用，而是在对象被创建或销毁时自动执行，这种特殊的成员函数就是构造函数（**Constructor**）和析构函数（**Destructor**）。构造函数和析构函数的调用是强制性的，是被自动调用的。一旦在类中定义了构造函数，那么创建对象时就一定会被调用。如果有多个重载的构造函数，那么创建对象时提供的实参必须和其中的一个构造函数匹配，反过来说，创建对象时只有一个构造函数会被调用。如果用户自己没有定义构造函数，那么编译器会自动生成一个默认的构造函数，只是这个构造函数的函数体是空的，没有任何形参，也不执行任何操作。

构造函数的一项重要功能是对成员变量进行初始化。为了达到这个目的，可以在构造函数的函数体中对成员变量一一赋值，还可以采用初始化列表。使用构造函数初始化列表并没有效率上的优势，仅仅是书写方便，尤其是成员变量较多时，这种写法非常简单明了。初始化列表可以用于全部成员变量，也可以只用于部分成员变量。构造函数初始化列表还有一个很重要的作用，那就是初始化 const 成员变量，初始化 const 成员变量的唯一方法就是使用初始化列表。

创建对象时系统会自动调用构造函数进行初始化工作，同样，对象销毁时系统也会自动调用一个析构函数来进行清理工作，例如释放分配的内存、关闭打开的文件等。

析构函数是一种特殊的成员函数，没有返回值，不需要程序员显式调用，而是在销毁对象时自动执行，析构函数的名称是在类名前面加一个~符号。

特别注意：析构函数没有参数，不能被重载，因此一个类只能有一个析构函数，如果用户没有定义，编译器会自动生成一个默认的析构函数。

为了更好地理解构造函数和析构函数，可以形象地认为构造函数是对象诞生时候调用的函数，而析构函数是对象死亡前调用的函数。构造函数在对象诞生形成实体时给了我们一个机会对成员变量进行初始化，例如让所有变量都赋予特殊值 0，当然也可以是我们期望的其他值。而析构函数也给了我们一个最后的机会将类所占用的系统资源进行释放，例如释放内存、关闭文件等。构造函数和析构函数让面向对象的思想更加完善，使对象拥有了完整生命周期的概念，是面向对象中非常重要的语法。

构造函数的语法格式：

<与类名称一致的函数名称>：<初始化列表>(函数参数){ 函数体 }

析构函数的语法格式：

<~与类名称一致的函数名称>(函数参数){ 函数体 }

构造函数和析构函数是类特有的语法，函数的名称是固定的，不能改动，它们没有类型，不会返回任何值，简单理解就是没有人能阻止对象的诞生，也没有人能阻止对象的死亡，仅可以在诞生时做些准备，在死亡前做些处理。类可以没有显式的构造函数和析构函数，就是不特别编写这两个函数。虽然没有编写它们，但是它们也一定存在，只不过它们是空函数，什么都不做。

类可以有多个构造函数，它们的函数名称一定是类名称，它们的差异仅仅是函数参数个数或者参数类型不一样。为了类的使用方便，通常都写一个没有参数的构造函数，这样定义对象的时候可以直接写对象名称，否则定义对象的时候就需要在对象后面加个括号，并将构造函数的参数传入进去。

类的构造函数通常可以带一个初始化列表，初始化列表的作用就是给类成员变量赋初值，赋初值的代码可以写在构造函数里面，也可以自己用列表形式。列表形式的语法为：成员变量(初值)，成员变量(初值)，…，直到最后一个。

一个类可以有多个构造函数，但绝对不可以有多个析构函数。

类 class CPt 的构造函数和析构函数举例如下：

```
class CPt{
public:
CPt( ){ m_x =0; m_y =0;} //没有参数的构造函数
CPt(int x,int y){ m_x =x; m_y =y;} //带参数的构造函数
~CPt( ){}; //析构函数,一定是~开头
    int m_x; //类数据成员
    int m_y; //类数据成员
};
```

类 class CPt 的使用举例如下：

```
void main( ){
    CPt a; //直接定义对象,不带参数
    CPt b(2,4); //带参数的构造对象,对象会自动调用带参数的构造函数
...
}
```

3.4 拷贝构造函数

前面讲过，类可以有多个构造函数，在诸多形式的构造函数中，有一个非常特别，它就是拷贝构造函数。拷贝构造函数顾名思义就是具有拷贝功能的构造函数。拷贝又称为复制或克隆，英文为 copy 或 clone，其含义是指用一份已经存在的数据创建出一份一模一样的数据，核心是多了一份相同的数据。例如，将 Word 文档拷贝到 U 盘，将 D 盘的图片拷贝到桌面，将重要文件拷贝到网盘，都是创建了一份一模一样的数据。针对类对象，如果发生拷贝活动时就会调用构造函数，最典型的场合是函数的参数传入时一定会引发拷贝构造，同样，在函数返回一个类对象时也会引发拷贝构造。

拷贝构造函数的语法为：

<与类名称一致的函数名称>(类本身类型 & 类对象){ 函数体 }

拷贝构造函数的名称一定与类同名，拷贝构造函数的参数只有一个，而且一定是类本身类型的对象的引用，例如：

```
class CPt{
public:
    CPt(CPt &pt); //拷贝构造函数
    ~CPt( ); //析构函数,一定是~开头
    int m_x; //类数据成员
    int m_y; //类数据成员
};
```

拷贝构造函数的函数体一般就是将传入的对象数据成员复制给类本身的数据成员，例

如上面例子中的函数体为：

```
CPt::CPt(CPt &pt){
    m_x = pt.m_x;
    m_y = pt.m_y;
}
```

拷贝构造函数是构造函数的一个特例，并不是所有类都必须设计拷贝构造函数，因为所有类都有默认的拷贝构造函数。默认拷贝构造函数的功能是对类成员进行一对一赋值，在很多情况下已经实现了数据成员的复制。对于简单的类，默认拷贝构造函数是够用的，没有必要再显式地定义一个功能类似的拷贝构造函数。但是当类包含特殊成员，如包含有动态分配的内存、打开的文件、指向其他数据的指针等，默认拷贝构造函数就不会再次分配内存、再次打开文件等，此时必须重新定义拷贝构造函数，以完整地拷贝对象的所有数据。

必须定义拷贝构造函数的例子：

```
class CLine{
public:
    int *m_pX,*m_pY; //成员变量,动态分配内存
    int m_ptSum;
    CLine ( ){ m_pX = m_pY = NULL; m_ptSum =0; }; //构造函数
    ~ CLine ( ){ //析构函数,释放内存
        if (m_pX) delete [ ]m_pX;
    if (m_pY) delete [ ]m_pY;
    };
    void SetVal(int *pX,int *pY,int ptSum){ //分配内存并赋值
        if (m_pX) delete [ ]m_pX; m_pX=NULL;
        if (m_pY) delete [ ]m_pY; m_pY=NULL;
        m_ptSum = ptSum;
        if(m_ptSum){
            m_pX = new int m_pX[m_ptSum];
            memcpy( m_pX, pX,sizeof(int) * m_ptSum );
            m_pY = new int m_pY[m_ptSum];
            memcpy( m_pY, pY,sizeof(int) * m_ptSum );
        }
    }
    CLine (Cline &ln){ //拷贝构造函数,调用 SetVal 将数据复制过来
        SetVal(ln.m_pX, ln.m_pY, ln.m_ptSum);
    }
};
```

本例中类 Cline 具有两个指针 int *m_pX，*m_pY，其内容是通过 SetVal 函数放入

的，千万不能直接给指针赋值。如果给类里面的指针直接赋值，指针指向的地址不在类里面，而是类外面的内存，这个外面的内存被释放时，类无从得知，会继续使用此内存，此时就会引发内存访问无效而崩溃的问题。也正因为类内部指针指向的内存必须在类里面，如果没有设计拷贝构造函数，默认的拷贝构造函数会按成员变量一一拷贝数值，引发拷贝构造创建的新类对象会与原先类使用完全相同的地址，也就是指向同一空间，根本没有新创建一份内存空间，没有实现“拷贝功能”。如果这样设计程序，将会引发很多问题，导致程序无法正常运行。

总之，设计任何一个类的时候，都需要认真考虑是否要显式设计拷贝构造函数。当类里面出现指针、文件、窗口等复杂资源时，必须显式设计拷贝构造函数，确保实现真正的“拷贝功能”，多一份数据(内存也多一份)。

3.5　this 指针

面向对象编程包含类和对象两个重要概念，类是一个较抽象的概念，可以理解为一种数据类型，对象是用类定义的变量，要应用类就必须也只能通过定义对象来实现。对于任意类，可以定义多个对象，每个对象都是独立变量，存在于计算机内存中，具有类的所有特征。与普通变量一样，每个类对象都有唯一的地址。我们在使用对象的时候，其实就已经在使用对象地址了，如果一定要显式获取对象地址，最直接的方法就是使用取地址操作符“&”取地址，如下面的代码段：

```
class CPt{…};
void main( ){
    CPt a; CPt *p = &a; //定义类指针指向对象 a 的地址;
    …
}
```

此例子中，在用对象的时候可以直接取对象的地址，如果不是在外部函数中，而是在类的成员函数中，是否有办法获取对象自己的地址呢？这就是 this 指针的意义，在类的成员函数中，可以使用 this 指针获取自己的地址。

this 指针指向对象自己，存在于成员函数内部，是所有成员函数的隐含参数。this 指针不是对象的一部分，不是类成员变量，不占用对象的内存。this 作用域是在类内部，当在类的非静态成员函数中访问类的非静态成员的时候，编译器会自动将对象本身的地址作为一个隐含参数传递给函数。也就是说，虽然我们没有写上 this 指针，编译器在编译的时候也会自动加上 this 指针作为非静态成员函数的隐含形参。类的各成员访问均通过 this 进行，任何对类成员的直接访问都被看成 this 的隐式使用。this 总是指向对象本身，是一个常量指针，不允许改变 this 中保存的地址，也无法修改。

this 指针主要使用于以下两种情况：其一是在类的非静态成员函数中返回类对象本身的时候，直接使用 return *this；另一种是当参数与成员变量名相同时，可以使用 this 区别两个变量，具体举例如下：

```
class CSz{
```

```
public:
    CSz( ){ cx=cy=0;};
    ~ CSz( ){};
    int cx,cy;
    CSz operate =(CSz a){ *this = a; return *this;  } //=操作返回
对象
    void SetVal( int cx,int cy ){ this->cx=cx; this->cy = cy; } //用
this 区别
};
```

本例中设计了“=”函数，按通常意义理解，“=”函数的结果通常就是数据类型本身，例如“int a=5;”这个函数运算的结果就是一个整数 a，函数返回的也是变量本身。同理，对于类的“=”函数，其返回值也应该是类对象本身，那在类内部如何才能找到对象自己呢？此时，只有使用 this 指针，this 指针指向自己，那对这个指针执行取值操作“*”，此时取到的就是对象本身，这是个非常巧妙的语法，在以后的程序设计中，如果需要用到对象本身时就可以使用这个语法。

3.6 类中的 static 和 const

3.6.1 static 成员

不同的对象占用不同的内存，这使得不同对象的成员变量相互独立，它们的值不受其他对象的影响。可是有时候我们希望在多个对象之间共享数据，在对象 a 中的某份数据，希望共享到对象 b 中，相当于在对象间定义全局变量，此时可以使用静态成员变量来实现多个对象共享数据。特别注意：静态成员违背类的封装性，需谨慎使用。

静态成员使用关键字 static 修饰，其语法为：

```
class CXXX{
public:
static <数据类型> 成员变量名称;
static <函数类型> 成员函数名称(函数参数…){…};
};
```

static 成员变量属于类，不属于某个具体的对象，即使创建多个对象，也只分配一份内存，所有对象使用的都是这份内存中的数据。static 成员变量的内存既不是在声明类时分配，也不是在创建对象时分配，而是在 static 成员变量初始化时分配。反过来说，没有在类外初始化的 static 成员变量不能使用。static 成员变量不占用对象的内存，而是在所有对象之外“开辟”内存，即使不创建对象也可以访问。具体来说，static 成员变量和普通的 static 变量类似，属于全局数据。当某个对象修改 static 成员变量，这个类所有对象的 static 成员变量都一起修改了。

static 成员变量的初始化，具体形式为：

```
数据类型 class 类名::< static 成员变量名>= 初值;
```

例如：

```
class CPt{
public:
    CPt( ){};
    ~ CPt( ){};
    static int m_id;
};
void main( ){
    intCPt:: m_id = 0; //定义静态成员,如果没有这一句,静态成员不存在
    …
}
```

静态成员变量在初始化时不能再加 static，但必须有数据类型。无论静态成员变量属于 private、protected 还是 public 都用这种方式初始化。

static 成员的几点说明：

(1)一个类中可以有一个或多个静态成员变量，所有的对象都共享这些静态成员变量，都可以使用它们。

(2) static 成员变量和普通 static 变量一样，都在内存分区中的全局数据区分配内存，到程序结束时才释放。static 成员变量不随对象的创建而分配内存，也不随对象的销毁而释放内存。

(3)静态成员变量必须初始化，而且只能在类外进行，初始化可以赋初值，也可以不赋值，不赋值就相当于声明变量存在。

(4)静态成员变量既可以通过对象名访问，也可以通过类名访问，但要遵循 private、protected 和 public 关键字的访问权限限制。

(5)static 除了可以声明静态成员变量，还可以声明静态成员函数。普通成员函数可以访问所有成员(包括成员变量和成员函数)，静态成员函数只能访问静态成员。静态成员函数与普通成员函数的根本区别在于：普通成员函数有 this 指针，可以访问类中的任意成员；而静态成员函数没有 this 指针，只能访问静态成员(包括静态成员变量和静态成员函数)。

3.6.2 const 成员

在程序设计中，有时候我们希望有些变量在程序运行期间一直不变，就如程序中的常数一样。C++允许定义常成员，包括常成员变量和常成员函数。常成员的语法为：

```
class CXXX{
public:
const <数据类型> 常成员变量名称;
<函数类型> 常成员函数名称(函数参数…)const {…};
```

```
};
```

简洁描述就是在成员变量声明前添加 const，在成员函数名后添加 const 关键字。const 成员变量比较好理解，与普通的 const 变量类似，其值在程序运行期间不允许改变。const 成员函数是指，这个函数可以使用类中的所有成员变量，但是不能修改它们的值。

初始化 const 成员变量只有一种方法，就是使用构造函数的初始化列表。

特别注意，有的时候，在函数前会看到 const，这个 const 不是修饰函数的，而是修饰函数返回类型的，是说明这个函数返回 const 类型的结果；const 函数的修饰必须放在函数名称后，普通函数后面不会有 const。

在 C++ 中，const 也可以用来修饰对象，称为常对象，一旦将对象定义为常对象之后，就只能调用类的 const 成员(包括 const 成员变量和 const 成员函数)了，也就是无法修改对象里面的变量值了。

const 成员举例如下：

```
class CCircle{
public:
    CCircle ( ):m_PI(3.1415926){ //使用初始化列表给常成员 m_PI 赋值
        m_r=0;
    };
    ~ CCircle ( ){};
    const double m_PI;
    double m_r;
    double GetArea( )const{ return m_r * m_r * m_PI; } //const 函数
};
```

3.7 友元(friend)

我们说 C++是面向对象的，其第一个特点就是封装，通过 public、protected 和 private 三种属性控制对类成员的访问，特别是 private 属性将类的成员完全限制在类的内部，外部是没有办法使用的。然而，C++还是提供了一个例外，那就是友元(friend)，借助友元，可以使得其他类成员函数和全局函数访问该类的 private 成员。显然友元与静态成员一样违背类的封装性，需谨慎使用。

友元使用关键字 friend 修饰，其语法为：

```
class CXXX{
…
friend <开放的对象>; //也即对谁(就是函数或类)开放限制
};
```

友元，从关键字 friend 的字面意思可以理解为与谁保持好友关系，而且友好到自己的一切都可以给对方。借助友元可以访问向自己开放友好关系的类中的私有成员。特别注意，友元是单向的，一个类向对方开放友元关系，对方可以访问你，但你还是不能访问对方，要想访问对方，对方必须也向你开放友元关系。此外，友元的关系不能传递，也不能继承，仅对类本身有效，类自己本身互为友元。

友元举例如下：

```
#include <iostream>
using namespace std;
class CA{
public:
    CA( ){}
    ~CA( ){}
private:
    int m_ax,m_ay;
    friend CB; //向 CB 开放友元关系
    friend void main( ); //向 main( ) 函数开放友元关系
};
class CB{
public:
    CB( ){}
    ~ CB( ){}
    void Copy(CA a){
        m_bx = a.m_ax; //尽管 m_ax 和 m_ay 是类 CA 的私有成员,
        m_by = a.m_ay; //照样可以直接使用
    }
private:
    int m_bx,m_by;
};
void main( ){
    CA a;
    cin>>a.m_ax>> a.m_ay; //突破 private 限制,直接使用成员变量
    cout<< a.m_ax>> a.m_ay;
}
```

3.8 C++的字符串类：string

C++增强了对字符串的支持，除了可以使用 C 语言风格(字符数组)的字符串，还可以使用内置的 string 类。string 是个模板类，包含在 std 库中，因此使用的时候要添加 std::string。string 类处理起字符串来会方便很多，完全可以代替 C 语言中的字符数组或字符串指针。string 本身就已经含有字符串的意义，不需要像 char 那样定义数组，直接定

义对象就可以。

3.8.1　使用 string

使用 string 类需要包含头文件<string>，下面的例子介绍了几种定义 string 变量(对象)的方法：

```
#include <iostream>
#include <string>
using namespace std; //由于 string 属于 std 库,需要使用 std 命名空间
int main( ){
    string s1;
    string s2 = "c++";
    string s3 = s2;
    string s4 (5, 's');
    s1=s2;
    …
}
```

变量 s1 只是定义但没有初始化，编译器会将默认值赋给 s1，默认值是""，也即空字符串。变量 s2 在定义的同时被初始化为"c++"。与 C 风格的字符串不同，string 的结尾没有结束标志 '\ 0'，不能通过查找 '\ 0' 来判断字符串长度。变量 s3 在定义的时候直接用 s2 进行初始化，因此 s3 的内容也是"c++"。变量 s4 被初始化为由 5 个 's' 字符组成的字符串，也就是"sssss"。

从代码"s1=s2;"可以看出，string 变量之间可以直接通过赋值操作符"="进行赋值，就如普通变量一样，而 C 风格的字符串赋值必须使用 strcpy( )函数，这一点改进很大，而且特别受欢迎。此外 string 变量也可以用 C 风格的字符串进行赋值，例如 s2 是用一个字符串常量进行初始化的，而 s3 则是通过 s2 变量进行初始化的。

3.8.2　字符串长度

string 的结尾没有结束标志 '\ 0'，不能通过查找 '\ 0' 来判断字符串长度，那如何获取字符串长度？string 类提供了 length( )函数获取字符串长度，如下例所示：

```
#include <iostream>
#include <string>
using namespace std; //由于 string 属于 std 库,需要使用 std 命名
int main( ){
    string s = "Hello world";
    int len = s.length( );
    cout<<len<<endl;
}
```

输出结果为 11，由于 string 的末尾没有 '\ 0' 字符，length( )返回的是字符串的真实

长度。

3.8.3 string 字符串的输入输出

string 类重载了输入输出运算符，可以像普通变量那样使用 string 变量，也就是用“>>”输入，用“<<”输出，非常方便，举例如下：

```
#include <iostream>
#include <string>
using namespace std;
int main( ){
    string s;
    cin>>s;  //输入字符串
    cout<<s<<endl;   //输出字符串
    return 0;
}
```

运行结果：

```
helloworld↙ //中间无空格
helloworld
```

特别注意，与C语言的输入字符串一样，中间不能用空格、制表符和回车，这些仍然是字符串输入的分割符，遇到这些符号，系统认为输入结束。在上例中，如果输入“hello world↙”(中间有空格)，则输出为“hello”，因为碰到空格，该输入被分割为"hello"和"world"两次输入。

3.8.4 转换为C风格的字符串

虽然 C++ 提供了 string 类来替代 C 语言中的字符串，但是在实际编程中，有时候还是希望使用C语言风格(下文简称C风格)的字符串，例如已经设计好了函数，传入参数是C风格的字符串(如 fopen)。针对这种情况，string 类提供了 c_str( )函数，函数返回C风格的字符串，其类型为 const 指针(const char *)。c_str( )函数举例如下：

```
#include <iostream>
#include <string>
using namespace std;
int main( ){
    string s;
    cout<<"请输入打开的文件路径:"
    cin>>s;     //输入字符串
    FILE * f = fopen( s.c_str( ),"rt" );
    …
    return 0;
}
```

本例中，fopen 函数是 C 语言函数，只接受 C 风格的字符串，不接受 string 类型的变量作为参数，只能使用 string 类的 c_str( ) 函数，将 string 类型转换为 C 风格的字符串，符合 fopen 函数的参数。实际编程中这样的情况非常多，很多函数只接受 C 风格的字符串，此时就可以用 c_str( ) 函数。

3.8.5　访问字符串中的字符

string 字符串也可以像 C 风格的字符串一样用下标来访问其中的每一个字符，而且起始下标仍是以 0 开始，通过下标既可以取值，也可以赋值，举例如下：

```
#include <iostream>
#include <string>
using namespace std;
int main( ){
    string s = "0123456789";
    for(int i=0,len=s.length( ); i<len; i++){
        cout<<s[i]<<" ";
    }
    cout<<endl;
    s[0] = 'a';
    cout<<s<<endl;
    return 0;
}
```

运行结果：

```
0 1 2 3 4 5 6 7 8 9
a123456789
```

3.8.6　字符串比较

C 风格的字符串比较是较费事的，必须使用 strcmp、strcmpi 或 strncmp 等这些函数，而普通变量则可以使用“==”“!=”“<=”“>=”“<”和“>”操作符，像在数学公式中一样非常方便地进行处理，为此 string 类进行了彻底改进，也支持以上操作符，可以像普通变量一样对字符串进行比较处理。更值得一提的是，操作符两边可以都是 string 字符串，也可以一边是 string 字符串另一边是 C 风格的字符串。但两个都是 C 风格的字符串是不行的，因为编译器不知道你想用 string，只会用默认的 C 语法进行处理，直接报错。如果两个都是 C 风格的字符串，必须将其中一个转换为 string，最简单的操作就是用 string( ) 将字符串包起来，例如：

```
int main( ){
    char s[32];
…
    if ( string("abc")! =s ){ //string("abc")表达式相当于构造了临时
```

```
string 对象
    }
    …
}
```

将C风格的字符串临时转换为string也是非常实用的一个方法，很多时候会用到这个语法，方便对字符串进行处理。

3.8.7 字符串拼接

C风格的字符串拼接是比较麻烦的，不仅要使用函数，而且还要考虑结果字符串的内存空间是否够用。在string类中，字符串拼接被定义为“+”运算，可以像普通变量一样进行加法操作，还可以进行自加“+=”操作，非常方便。与比较操作类似，加法操作的两个对象可以都是string，也可以一个是string一个是C风格的字符串，还可以直接加一个字符，举例如下：

```
#include <iostream>
#include <string>
using namespace std;
int main( ){
    string s1 = "123";
    string s2 = "456";
    char *s3 = "abc";
    string s4 = s1 + s2;
    string s5 = s1 + s3;
    string s6 = s1 +'0';
    cout<<s4<<endl<<s5<<endl<<s6<<endl<<;
    return 0;
}
```

运行结果：

```
123456
123abc
1230
```

3.8.8 插入、删除字符串

string字符串提供了在字符串任意位置插入字符串或者删除字符串的功能，它们的函数定义为：

```
class string{
…
string& insert (size_t pos, const string& str);
string& erase (size_t pos = 0, size_t len = npos);
```

```
...
};
```

两个函数中，pos 表示要插入或删除的位置，也就是下标，以 0 开始计算，插入时放在 pos 这个字符前，删除时 pos 这个字符也删除。pos 的类型 size_t 其实就是 unsigned int。

插入函数 insert 的参数 str 表示要插入的字符串，它可以是 string 字符串，也可以是 C 风格的字符串。

删除函数 erase 的参数 len 表示要删除的子字符串的长度，如果不指明 len，那么直接删除 pos 以后的所有字符。删除的字符个数 len 即使赋给了一个非常大的值，删除到最后一个字符后就不再处理，不用担心越界问题。

insert 和 erase 函数举例如下：

```
#include <iostream>
#include <string>
using namespace std;
int main( ){
    string s1, s2, s3;
    s1 = s2 = "0123456789";
    s3 = "abc";
    s1.insert(0, s3);
    cout<< s1 <<endl;
    s2.insert(10, "edf");
    cout<< s2 <<endl;
    s1 = s2 = "0123456789";
    s1.erase(3, 3);
    cout << s1 << endl;
    s1.erase(0);
    cout << s1 << endl;
    s2.erase(3);
    cout << s2 << endl;

}
```

运行结果：

```
abc0123456789
01234567890edf
0126789

012
```

本例中，s1.erase(0)表示删除 0 开始的所有字符，也就是删除了所有字符后，s1 变为空字符，里面什么字符也没有。

3.8.9 提取子字符串

string 类提供从字符串中提取子字符串的功能，它的函数定义为：

```
class string{
…
string substr (size_t pos = 0, size_t len = npos) const;
…
};
```

pos 为要提取的子字符串的起始位置，即下标，从 0 开始；len 为要提取的子字符串的长度，举例如下：

```
#include <iostream>
#include <string>
using namespace std;
int main( ){
    string s1 = "d:/myfile/a.txt";
    string s2;
    s2 = s1.substr(10, 5);
    cout<< s1 <<endl;
    cout<< s2 <<endl;
    return 0;
}
```

运行结果：

```
d:/myfile/a.txt
a.txt
```

与删除函数 erase 的参数 len 类似，如果不指明 len，那么直接提取 pos 以后的所有字符。提取的字符个数 len 即使给了一个非常大的值，到最后一个字符后就不再处理，不用担心越界问题。

3.8.10 字符串查找

string 类提供了在字符串中进行查找的函数，它们定义如下：

```
class string{
…
size_t find (const string& str, size_t pos = 0) const;
size_t rfind (const string& str, size_t pos = 0) const;
size_t find_first_of (const string& str) const;
…
};
```

find( )函数用于在 string 字符串中从前往后查找子字符串出现的位置，第一个参数为待查找的子字符串，可以是 string 字符串，也可以是 C 风格的字符串。第二个参数为开始查找的位置(下标)，如果不指明，则从第 0 个字符开始查找。rfind( ) 函数用于在 string 字符串中从后往前查找子字符串出现的位置，第一个参数为待查找的子字符串，可以是 string 字符串，也可以是 C 风格的字符串。第二个参数为结束查找的位置(下标)，如果不指明，一直查找到开始处。find_first_of 函数用于查找目标字符串和本字符串共同具有的字符在字符串中首次出现的位置，find_first_of 不是找目标字符串，而是找字符。几个查找函数都返回找到位置的序号，也就是找到位置的下标，以 0 开头。如果没有找到，函数返回值为 -1，查找函数举例如下：

```
#include <iostream>
#include <string>
using namespace std;
int main( ){
    string s1 = "0123456789abc";
    string s2 = "567";
    string s3 = "0ab";
    int index1 = s1.find(s2);
    int index2 = s1.find("ab");
    int index3 = s1.find_first_of(s3);
    if (index1 < s1.length( ) )
        cout<<"find= "<< index1 <<endl;
    else
        cout<<"find Not found"<<endl;

    if (index2 < s1.length( ) )
        cout<<"rfind= "<< index2 <<endl;
    else
        cout<<" rfind Not found"<<endl;

    if (index3 < s1.length( ) )
        cout<<"find_first_of = "<< index2 <<endl;
    else
        cout<<"find_first_of Not found"<<endl;
    return 0;
}
```

运行结果：

```
find=5
rfind=10
find_first_of =0
```

本例中 s1 和 s3 共同具有的第一个字符是 '0''，该字符在 s1 中首次出现的下标是 0，查找结果是 0。

3.9　习题

(1) struct 和 class 有什么关系？

(2) 类声明的一般格式是什么？

(3) 构造函数和析构函数的主要作用是什么？它们各自有什么特性？拷贝构造函数的格式是什么？类的构造函数可以有多少个？析构函数呢？

(4) 类对象的访问属性有哪几种？各有何特点？如果将构造函数的访问权限指定为 private 结果会怎么样？

(5) 什么是 this 指针？它的主要作用是什么？

(6) 什么是友元？它有什么作用？

(7) 若保护派生类的成员函数不能直接访问基类中继承来的某个成员，则该成员一定是基类中的________。

A. 私有成员　　B. 公有成员　　C. 保护成员　　D. 保护成员或私有成员

(8) 假设 CImg 是一个类，那么该类的拷贝初始化构造函数的声明语句为________。

A. CImg(CImg　a);　　　　B. CImg&(Img a);

C. CImg (CImg& a);　　　　D. CImg (Img * p);

(9) 假设 CCircle 为一个类，则执行语句"CCircle a(3)，b，* c[2];"时调用该类构造函数的次数为________。

A. 1　　B. 2　　C. 3　　D. 4

(10) C++控制台程序中，要给一个 string 类型的变量 str1 输入数据，下面写法中正确的是________。

A. cout<<str1　　B. cin>>str1　　C. cin<<str1　　D. cout>>str1

(11) 设计一个二维点的类 CPt，包含两个成员变量 x，y 和两个成员函数，这两个成员函数，一个给成员赋值，一个取成员的值。最后在 main( ) 中进行测试。

(12) 设计一个矩形类 CRc，包含成员变量 left，right，top，bottom，分别代表四个边界坐标，成员函数：①赋值函数 SetVal；②求矩形宽函数 GetWidth；③求矩形高函数 GetHeigth；④与另外一个矩形求交集函数 IntersectRect。

(13) 设计一个 GIS 地物的类 CGISOBJ，包含三个成员变量地物名称、点坐标数组、点数和两个成员函数，这两个成员函数，一个给成员赋值，一个求 GIS 目标的重心。在 main( ) 中定义 CGISOBJ 的对象，用 SetVal 设置属性，然后调用求 GIS 对象的重心函数，输出结果。

(14) 设计如下描述的一个类 CHotPoints：

　a. 包含成员：点数、点坐标数组(可以用 vector)。

　b. 包含方法(函数)：

　　b1. 添加新点到数组里。

b2. 在数组里删除已有点(根据位置，删除最近点)。

b3. 根据位置查询最近点。

b4. 根据给定的位置范围(min$x$，min$y$)(max$x$，max$y$) 查询包含在内部的点数和点坐标数组，并作为一个新的 CHotPoints 返回(提示：需要重载拷贝类构造函数)。

第4章　继承与派生

所有程序设计者都希望写最少的代码实现最多的功能，而且希望写过的代码以后一直可以使用。结构化C程序对代码的复用通常通过函数来完成，例如所有的数学函数，一个人编写后，大家就可以一直使用。在面向对象程序设计中对这种以前设计的类是否也可以继续使用呢？这便要提到C++的第二大特性——继承。

继承(Inheritance)是一种连接类与类的层次模型，鼓励类的重用，提供了一种明确共性的方法。表达这个层次模型的另一个名词是派生(Derive)，派生与继承是同一个关系在不同角度的称呼，从子类的角度称继承，而从父类的角度称派生。一个新类可以从已有的类中派生，新类继承了原有类的所有特性，新类称为原始类的派生类(子类)，而原始类称为新类的基类(父类)。派生类可以从它的基类那里继承方法和属性，并且可以修改或增加新的方法和属性，使之更适合于新的需要。继承性很好地解决了软件的可重用性问题。

继承是类与类之间的关系，与现实世界中的继承类似，例如儿子继承父亲的财产。继承可以理解为一个类从另一个类获取成员变量和成员函数的过程，类B继承于类A，那么B就拥有A的成员变量和成员函数。在C++中，派生和继承是同一个关系的两种表达，只是表达的角度不同。打个比方，继承是儿子接受父亲的产业，派生是父亲把产业传递给儿子。以下是两种典型的使用继承的场景：

(1)当你创建的新类与现有的类相似，只是多出若干成员变量或成员函数时，可以使用继承，这样不但会减少代码量，而且新类会拥有基类的所有功能。

(2)当你需要创建多个类，它们拥有很多相似的成员变量或成员函数时，也可以使用继承。可以将这些类的共同成员提取出来，定义为基类，然后从基类继承，既可以节省代码，也方便后续修改成员。

4.1　继承的实现

继承的语法为：

```
class 派生类名:[继承方式] 基类名{
        派生类新增加的成员
};
```

继承方式限定了基类成员在派生类中的访问权限，包括public(公有的)、private(私有的)和protected(受保护的)，此项是可选项，如果不写，默认为private。特别注意，public、protected、private三个关键字在类设计中用于修饰类的成员属性，在类的继承中用于指定继承方式。

不同的继承方式会影响基类成员在派生类中的访问权限。

public 继承方式：

基类中的所有 public 成员在派生类中为 public 属性；

基类中的所有 protected 成员在派生类中为 protected 属性；

基类中的所有 private 成员在派生类中不能使用。

protected 继承方式：

基类中的所有 public 成员在派生类中为 protected 属性；

基类中的所有 protected 成员在派生类中为 protected 属性；

基类中的所有 private 成员在派生类中不能使用。

private 继承方式：

基类中的所有 public 成员在派生类中均为 private 属性；

基类中的所有 protected 成员在派生类中均为 private 属性；

基类中的所有 private 成员在派生类中不能使用。

继承方式对访问权限影响的总结：

(1)基类成员在派生类中的访问权限不得高于继承方式中指定的权限。例如，当继承方式为 protected 时，那么基类成员在派生类中的访问权限最高也为 protected，高于 protected 的会降级为 protected，但低于 protected 不会升级。再如，当继承方式为 public 时，那么基类成员在派生类中的访问权限将保持不变。也就是说，继承方式中的 public、protected、private 是用来指明基类成员在派生类中的最高访问权限的。

(2)不管继承方式如何，基类中的 private 成员在派生类的成员函数中始终不能使用，不能在派生类的成员函数中访问基类的 private 变量，也不能调用基类的 private 函数。虽然不能使用，但还是继承了 private 成员，它们照样占用派生类对象的内存，它只是在派生类中不可见，导致无法使用。private 成员的这种特性，能够很好地对派生类隐藏基类的某些东西，体现了面向对象在类之间的封装性。

(3)如果希望基类的成员能够被派生类继承并且毫无障碍地使用，那么这些成员只能声明为 public 或 protected，只有那些不希望在派生类中使用的成员才声明为 private。

(4)如果希望基类的成员既不向外暴露(不能通过对象访问)，还能在派生类中使用，那么只能声明为 protected。

(5)派生类只继承基类的成员函数和成员变量，不继承其他关系，例如友元关系不能被继承。

通过继承方式设计的派生类由两部分组成：第一部分是从基类继承得到的，另一部分是自己定义的新成员，这些成员仍然可以制定三种访问属性，设计一个派生类包括三个方面的工作：①从基类接收成员，除了构造函数与析构函数之外，派生类会把基类的全部成员继承过来。②调整基类成员的访问，通过继承方式调整基类成员的访问策略。③在定义派生类时增加新的成员，特别是派生类的构造函数和析构函数。

基类与派生类的关系：派生类来自基类，包含了基类的所有成员，因此可以将派生类当作基类使用，但是反过来是不行的，下面举例说明：

```
class CPt2D{ //基类
public:
    CPt2D( ){ m_x=m_y=0; }
    ~CPt2D( ){}
    void SetVal(int x,int y){m_x=x;m_y=y; }
    int GetX( ){ return m_x; }
    int GetY( ){ return m_y; }
protected:
    int m_x,m_y;
};
class CPt3D : public CPt2D { //CPt3D从基类继承
public:
    CPt3D( ){ m_z=0; }
    ~CPt( )3D {}
    void SetVal(int z){m_x=x;m_y=y; }
    int GetZ( ){ return m_z; }
protected:
    int m_z;
};
void Copy2D( const CPt2D *p1, CPt2D *p2 ){ *p1= *p2; }
void Copy3D( const CPt3D *p1, CPt3D *p2 ){ *p1= *p2; }
int main( ){
    CPt2D pt2d1, pt2d2;
    CPt3D pt3d1, pt3d2;
    …
    Copy2D( &pt3d1,&pt3d2 ); //正确,执行正常,但m_z值被忽略了
    Copy2D( &pt2d1,&pt3d2 ); //正确,执行正常,但m_z值被忽略了
    Copy2D( &pt3d1,&pt2d2 ); //正确,执行正常,但m_z值被忽略了
    Copy3D( &pt2d1,&pt2d2 ); //错误,无法执行
    return 0;
}
```

例子中先定义了类CPt2D，并派生出CPt3D，比CPt2D多了一个成员变量m_z以及对应的赋值和取值函数。然后定义了两个函数分别实现类CPt2D和CPt3D的对象复制，复制函数传入参数是两个类的指针。为了说明问题，在main( )函数中，先用CPt2D定义了两个对象，后用CPt3D也定义了两个对象。

将CPt3D的两个对象地址传入Copy2D( )函数时，函数工作正常，此时CPt3D对象被当作其父类CPt2D使用，完全没有问题，但是它自己的成员m_z完全被忽略。将CPt3D的一个对象地址和CPt2D的对象地址传入Copy2D( )函数时，函数也工作正常，此

时 CPt3D 对象也被当作其父类 CPt2D 使用，完全没有问题，但是它自己的成员 m_z 完全被忽略。若将 CPt2D 对象地址传入 Copy3D( )，则是不允许的，派生类的成员比基类的成员多，基类无法保存派生类的数据。

4.2 派生类的构造函数与析构函数

派生类继承基类的所有数据成员和除构造函数和析构函数外的函数成员。构造函数与析构函数不会被继承，这个继承没有意义，它们的名称与派生类类名不一样，不会被作为构造函数与析构函数，因此需要重新定义派生类的构造函数与析构函数。

派生类对象中包含基类对象，因此派生类对象在创建时，除了要调用自身的构造函数进行初始化外，还要调用基类的构造函数初始化其包含的基类对象，而且总是先执行基类的构造函数。

派生类对象消亡时，析构函数的执行刚好与构造函数相反，总是先执行派生类的析构函数，再执行基类的析构函数。

为了帮助理解派生类与基类的构造/析构关系，需要牢记以下过程：构造过程是先有父类后，才会有子类；而析构过程是先析构子类，再析构父类，就如同进入一个门的走廊，先进者必定后出，后面的人退出了，前面的人才可以有位置退出。

4.2.1 派生类构造函数建立规则

派生类产生对象时，总是先调用基类的构造函数，若基类的构造函数是带参数的，那么需要显式编写构造函数，其语法为：

```
派生类名(派生类构造函数的参数列表):基类名(基类构造函数的参数列表){
函数体;
}
```

举例如下：

```
class CPt2d{
public:
    int m_x,m_y;
    CPt2d (int x,int y){
        m_x=x; m_y=y;
    }
};
class CPt3d : public CPt2d {
public:
    int m_z;
    CR3d(int x,int y,int z): CPt2d(x,y){ //显式调用基类构造函数
        m_z = z;
    }
```

```
};
```

本例中，派生类构造函数指明将参数 x 和 y 传递给基类构造函数。

4.2.2　派生类构造函数和析构函数的调用次序

派生类创建对象时一定包含基类对象的创建，很容易理解派生类构造时一定先调用基类构造函数。析构函数的调用顺序为何是先消亡派生类再消亡基类呢？其实也好理解，派生类是在基类基础上形成的，派生类的数据有可能依赖基类的数据，例如在基类中定义了一个指针数组，在派生类中才对指针数组的元素进行内存分配，那么对象消亡时，如果先将基类消亡了，那在派生类中分配的内存就无法释放。因此只能先消亡派生类，再消亡基类。派生类与基类的构造函数和析构函数调用顺序如图4-1所示。

构造函数的调用顺序是按照继承的层次自顶向下、从基类到派生类。析构函数的执行顺序和继承的层次相反，即先执行派生类析构，再执行基类析构。

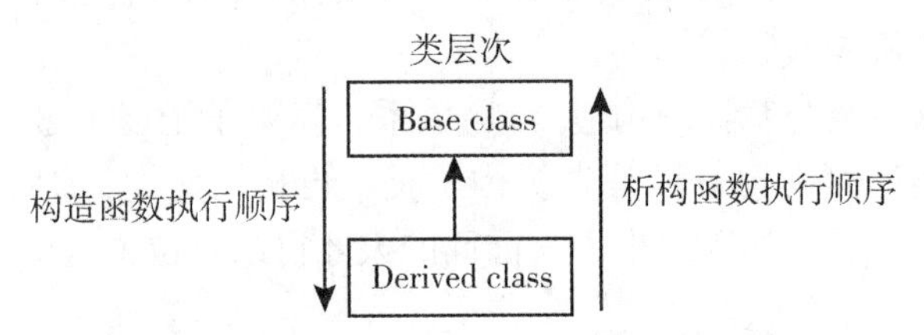

图4-1　派生类与基类的构造函数和析构函数执行顺序

为进一步说明派生类与基类的构造函数和析构函数的调用顺序，设计了如下程序。

```
#include <iostream>
#include <string>
using namespace std;
class CBase{
public:
    int * *m_p;
    CBase( ){
        m_p=new int *[2];
        m_p[0] = m_p[1] =NULL;
    cout<< "CBase( )\n";
    };
    ~ CBase( ){ if (m_p) delete []m_p; cout<< "~CBase( )\n"; };
};
Class CDerived : public CBase {
public:
    CDerived( ){
        m_p[0]=new int[2];
```

```
            m_p[1]=new int[2];
            cout<< " CDerived ( ) \n";
        };
        ~CDerived( ){
            delete []m_p[0];
            delete []m_p[1];
            cout<< "~CDerived ( ) \n";
        };
    };
    int main( ){
        CDerived *pTst = new CDerived;
        delete pTst;
    }
```

运行结果:

```
CBase( )
CDerived( )
~CDerived( )
~CBase( )
```

本例中，从输出结果可以看出构造和析构顺序。此外为了说明派生类对基类数据的依赖，特意在基类中定义了指针数组，在基类构造函数中分配了指针数组，在基类析构函数中释放了指针数组。派生类也做了类似处理，派生类构造函数分配基类指针数组元素的内存，派生类析构函数释放基类指针数组元素的内存。无论基类还是派生类，析构函数与构造函数完全对应，都只处理属于自己的数据，最后也未发生任何异常，也不会发生内存、资源泄露。

4.3 多继承

C++的继承语法支持从多个基类同时继承，此时所有基类的数据和函数都被继承，这个现象称为多继承(Multiple Inheritance)，即一个派生类有两个以上基类，对应的只有一个基类时称为单继承(Single Inheritance)。多继承让代码逻辑复杂，一直备受争议，中小型项目中较少使用，后来的 Java、C#、PHP 等干脆取消了多继承。

多继承的语法与单继承类似，将多个基类用逗号隔开即可，具体为:

```
class 派生类名:[继承方式]基类名 1，[继承方式]基类名 2，[继承方式]基类名 3,…{
    派生类新增加的成员
};
```

对应的多继承的显式构造函数语法为:

派生类名(派生类构造函数的参数列表):基类名 1(基类 1 构造函数的参数列表),基

类名 2(基类 2 构造函数的参数列表),…{
    函数体;
    }

基类构造函数的调用顺序和它们在派生类构造函数中出现的顺序无关，而是与基类声明的顺序相同，即哪个基类放前面，就先执行它对应的构造函数。简单理解就是哪个类的代码写在前，就先执行它的构造。

由于存在多个基类，不可避免地会出现一个成员名称(函数或变量)同时在多个基类中出现，此时直接访问该成员，就会产生命名冲突，编译器不知道使用哪个基类的成员。这个时候需要在成员名字前面加上类名和域解析符“::”显式指明到底使用哪个类的成员，消除二义性。举例如下:

```
#include <iostream>
#include <string>
using namespace std;
class CA{
public:
    int m_x;
    int GetX( ){ reurn m_x; }
    CA( ){m_x=0; }
};
class CB{
public:
    int m_x;
    int GetX( ){ reurn m_x; }
    CB( ){m_x=0; }
};
Class CC: public CA,public CB{
public:
    CC( ){};
};
void main( ){
    CC c;
    c. CA::m_x = 123;
    c. CB::m_x = 456;
    cout<<"CA::m_x= "<< c.CA::GetX( )<<" \nCB::m_x="<< c.CB::GetX( )
<<";
}
```

运行结果:

```
CA::m_x=123
```

```
CB::m_x=456
```

4.4 虚继承

多继承时很容易产生命名冲突，即使我们很小心地将所有类中的成员变量和成员函数都定义为不同的名字，命名冲突依然有可能发生，比较典型的是菱形继承，如图 4-2 所示。

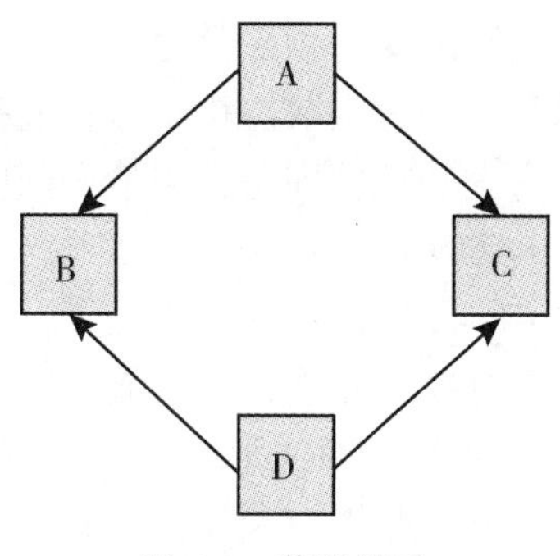

图 4-2 菱形继承

菱形继承中，类 A 派生出类 B 和类 C，类 D 继承自类 B 和类 C，这个时候类 A 中的成员变量和成员函数继承到类 D 中变成了两份，一份来自 A→B→D 这条路径，另一份来自 A→C→D 这条路径。在一个派生类中保留间接基类的多份同名成员，虽然可以在不同的成员变量中分别存放不同的数据，但大多数情况下这是多余的，保留多份成员变量不仅占用较多的存储空间，还容易产生命名冲突。为了解决多继承时的命名冲突和数据冗余问题，C++提供了虚继承(Virtual Inheritance)，使得在派生类中只保留一份间接基类的成员，虚继承语法为：

```
class 派生类名: virtual[继承方式] 基类名{
       派生类新增加的成员
};
```

简单来讲就是在继承方式前面加上 virtual 关键字。虚继承的目的是让某个类做出声明，承诺愿意共享它的基类。其中，这个被共享的基类就称为虚基类(Virtual Base Class)。在上面的菱形继承中，如果使用虚继承，A 就可以是一个虚基类，在这种机制下，不论虚基类在继承体系中出现了多少次，在派生类中都只包含一份虚基类的成员。以上菱形继承改为虚继承的代码为：

```
class A{…};
class B: virtual public A{…};
class C: virtual public A {…};
class D: public B,public C{…};
```

通过以上修改，在类 D 中的就只有一个类 A 的实例，用 D 定义的对象中也只有一份类A对象，避免了命名冲突和数据冗余。

4.5　习题

(1)简述继承、基类、派生类的概念，以及基类与派生类的关系。

(2)有哪几种继承方式？每种方式的派生类对基类成员的继承性如何？

(3)派生类能否直接访问基类的私有成员？若不能，应如何实现？

(4)保护成员有哪些特性？保护成员以公有方式或私有方式继承后的访问特性如何？

(5)派生类构造函数和析构函数的执行顺序是怎样的？

(6)什么是多继承？多继承时，构造函数与析构函数的执行顺序是怎样的？

(7)在类的派生中为何要引入虚基类？虚基类构造函数的调用顺序是如何规定的？

(8)设计二维点类 CPt2d，①实现赋值函数；②实现求距离函数(输入另外一个点对象，返回距离)；③从二维点类 CPt2d 派生一个三维点类 CPt3d，并实现其赋值函数；④在 main 中验证：定义两个三维点对象，并给它们赋值，然后求它们的平面距离。

(9)应用继承知识设计几何图形类：四边形(CQua)、矩形(CRec)、正方形(CSqu)；CQua 包含成员变量点坐标数组、坐标点数、求周长函数、求重心函数。要求：①需要用类的继承；②四边形输入4个点、矩形输入2个点、正方形输入1个点加边长；③在 main 函数中测试以上函数(赋值、求周长、求重心)。

(10)设计一个图书信息的类，成员包括：书名(string)、作者(string)、价格(float)，并且都属于 private 。成员函数包括：设置/获取书名，设置/获取作者，设置/获取价格。然后在 main( ) 中声明对象数组(长度为3)，并完成如下功能：①输入图书信息；②输入书名，然后在以上输入的信息中查询是否存在此书的信息，并打印输出查询结果。

第5章　多态与虚函数

面向对象程序设计语言有封装、继承和多态三种机制，这三种机制能够有效提高程序的可读性、可扩充性和可重用性。多态(Polymorphism)指的是同一名字的事物可以完成不同的功能。多态可以分为编译时的多态和运行时的多态。前者主要是指函数的重载(包括运算符的重载)、对重载函数的调用，在编译时就能根据实参确定应该调用哪个函数，因此叫编译时的多态；而后者则和继承、虚函数等概念有关。本章讲述的多态都是指运行时的多态。

5.1　多态的概念

多态可以简单地概括为“一个接口，多种方法”，指用一个名称相同的函数执行功能不同但又类似的操作，可以实现用同一个函数名，调用不同内容的函数。最典型的例子就是 Windows 里面的复制(Ctrl+C)和粘贴(Ctrl+V)操作，我们可以对选中的文本文字进行复制、粘贴操作，也可以对影像进行复制、粘贴操作，还可以对音频、视频等进行复制、粘贴操作，甚至对 Windows 系统扩展后支持非常专业的如 GIS 对象进行复制、粘贴操作。显然，复制、粘贴是 Windows 编辑器的两个函数 Copy( )和 Paste( )，然而这两个函数可以针对不同的数据进行处理。大家试想一下，Windows 的设计者当时能否将所有类型的操作函数都设计好呢？显然设计者不可能知道未来复制、粘贴函数的具体内容，他们仅仅设计了这个函数或接口，然后在操作者按下 Ctrl+C 或 Ctrl+V 组合键后就调用这个函数，函数的具体功能都是由后面的实现者根据实际情况实现的。这种通过一个接口实现多种功能的语法就是多态。

为了进一步讲清楚多态，可以假设如下场景：我们想统计一些地理目标的面积，这些地理目标用了多种类来定义，它们都是从 CGisObj 这个基类派生出来的，而且都有求面积的函数，如下所示：

```
class CGisObj{
public:
CGisObj( ){};
~ CGisObj( ){};
double GetArea( ){…};
};
class CGisTri : public CGisObj{ //三角形地理目标
public:
```

```
CGisTri ( ){};
~ CGisTri ( ){};
double GetArea( ){…};
};
class CGisRect : public CGisObj{ //矩形地理目标
public:
CGisRect( ){};
~ CGisRect( ){};
double GetArea( ){…};
};
CGisCircle: public CGisObj{ //圆形地理目标
public:
CGisRect( ){};
~ CGisRect( ){};
double GetArea( ){…};
};
```

然后我们设计了一个函数对所有地理目标求其面积总和，如下所示：

```
double GetAllArea( CGisObj *pObjList,int listSz ){
    double allArea=0;
    for( int i=0;i<listSz; pObjList++ ){
        allArea += pObjList->GetArea( );
    }
    return allArea;
}
```

这个设计看起来好像没有问题，但是运行后却得不到结果，主要问题出在 GetAllArea( )函数里。GetAllArea( )函数传入了 CGisObj *pObjList 参数，函数里调用 GetArea( )求地理目标面积时，调用的是基类的求面积函数，但是实际的目标并不是基类，而是具体的三角形 CGisTri、矩形 CGisRect 和圆形 CGisCircle，它们的求面积函数名称虽然一样，但属于不同的类，使用基类时，不会自动使用具体类的函数，这个问题只能用多态解决。

前面说多态是“一个接口，多种方法”，其实其更深层次的意思是通过使用基类函数接口来使用其功能，该功能的具体实现部分能自动地找到对应具体类中的函数，而不用人为地去调用具体接口。正如前面所讲的 Windows 中的 Ctrl+C 和 Ctrl+V 组合键，Windows 设计者并不知道，更不会设计所有具体数据编辑的复制、粘贴函数，而仅仅设计了基类的函数接口，并且只调用了基类指针的函数接口。由于具体数据编辑(如视频数据编辑)的设计者实现了具体数据的复制、粘贴函数，Windows 系统就可以自动调用具体设计者的复制、粘贴函数，从而正常工作。

面向对象的多态是非常重要的一个特征，可实现过程封装。在不知道具体实现功能的情况下，可以设计很多逻辑功能，让系统有机地结合到一起，当所有具体实现完成后，系统就可以流畅地工作。具体实现部分可以一直升级，只要接口不变，就可以放入系统，系统就会自动使用最新功能。另一方面系统也可以不关心具体实现，只要保证接口不变，一样可以升级。

C++的多态实现主要通过虚函数语法来完成。

5.2 虚函数

为了实现面向对象的多态，即让类对象工作时不是调用基类的函数，而是自动调用派生类的同名函数，C++引入了虚函数语法。简单地讲，成员函数在前面加上 virtual 关键字就变为虚函数，具体语法为：

```
class 类名{
    virtual 函数类型 成员函数名称(函数参数){ 函数体 }
};
```

虚函数的作用就是实现多态性，将接口与实现进行分离，做到一个接口，多种具体方法。针对上面不同地理目标求总面积的例子，可以这样改造：

```
class CGisObj{
public:
CGisObj( ){};
~ CGisObj( ){};
virtual double GetArea( ){…};
};
class CGisTri : public CGisObj{ //三角形地理目标
public:
CGisTri ( ){};
~ CGisTri ( ){};
virtual double GetArea( ){…};
};
class CGisRect : public CGisObj{ //矩形地理目标
public:
CGisRect( ){};
~ CGisRect( ){};
virtual double GetArea( ){…};
};
CGisCircle: public CGisObj{ //圆形地理目标
public:
CGisRect( ){};
~ CGisRect( ){};
virtual double GetArea( ){…};
```

```
};
double GetAllArea( CGisObj *pObjList,int listSz ){
    double allArea=0;
    for( int i=0;i<listSz; pObjList++ ){
        allArea += pObjList->GetArea( );
    }
    return allArea;
}
```

以上代码其实就是将求面积的函数全部升级为虚函数，这样求总面积的函数就会自动调用各个派生类的求面积函数，从而计算出正确的总面积。这个例子充分体现了虚函数的作用：使用指向子类对象的基类指针调用函数时，如果该函数是虚函数，则自动调用子类中的该函数，如果该函数不是虚函数，那么将直接调用基类中的该函数。

虚函数的应用还有另外一种情况，在基类中定义了一个正常函数，而正常函数里调用了虚函数，此时会自动调用虚函数在子类的实现函数，具体举例如下：

```
class CObj1{
public:
    …
    double m_x0,m_x1;
    virtual double GetMinX( ){ return m_x0<m_x1? m_x0:m_x1; };
    virtual double GetMaxX( ){ return m_x0>m_x1? m_x0:m_x1; };
    double GetDx( ){ return  GetMaxX( )-GetMinX( ); };
    …
};
class CObj2: public CObj1{
public:
    …
    double m_x2,m_x3;
    virtual double GetMinX( ){ return m_x2<m_x3? m_x2:m_x3; };
    virtual double GetMaxX( ){ return m_x2>m_x3? m_x2:m_x3; };
    …
};
void main( ){
    CObj2 obj2;
    …
    cout<<obj2.GetDx( );
}
```

本例中，在使用 CObj2 定义对象 obj2 的过程中，如果调用其基类 CObj1 的 GetDx( ) 函数，计算结果还是 obj2 的 GetMaxX( )-GetMinX( )，因为在基类中它们是虚函数，会自动调用子类的实现函数。

可见，虚函数完全实现了前面讲到的多态，只要定义好基类接口，在不知道子类具体实现的情况下照样可以设计系统的逻辑功能，当所有子类都完成后，系统就能正常工作，而且系统与具体实现子类相互透明，无需相互了解，仅仅靠接口就可以组合起来。

那虚函数的工作原理是怎样的呢？虚函数的本质是一个简单的虚函数表，当一个类存在虚函数时，通过该类创建的对象实例，会在内存空间的前 4 个字节保存一个指向虚函数表的指针__vfptr 被该类的所有对象共享。虚函数表的实质，是一个虚函数地址的数组，它包含类中每个虚函数的地址，既有当前类定义的虚函数，也有其父类的虚函数，也有继承而来的虚函数。当子类覆盖了父类的虚函数时，子类虚函数表将包含子类虚函数的地址，而不会有父类虚函数的地址。同时，当用基类指针指向子类对象时，基类指针指向的内存空间中的__vfptr 依旧指向了子类的虚函数表，所以，基类指针依旧会调用子类的虚函数。

虚函数总结：

(1)只需在虚函数的声明处加上 virtual 关键字，函数定义处可以加也可以不加。

(2)为了方便，可以只将基类中的函数声明为虚函数，这样所有派生类中具有遮蔽关系的同名函数都将自动成为虚函数。

(3)当在基类中定义了虚函数时，如果派生类没有定义新的函数来遮蔽此函数，那么将使用基类的虚函数，即虚函数具有继承性，可以被继承。

(4)只有派生类的虚函数覆盖基类的虚函数，简单来讲就是函数形式和参数完全相同，才能构成多态。

(5)构造函数不能是虚函数。基类的构造函数一定会在派生类构造函数中被调用，派生类不能覆盖基类的构造函数，将构造函数声明为虚函数没有意义。

(6)析构函数可以声明为虚函数，而且推荐将所有析构函数声明为虚函数。

5.3 纯虚函数与抽象类

前面介绍过，虚函数可以让类对象工作时不调用基类的函数，而是自动调用派生类的同名函数。既然如此，那基类的函数岂不是没有用？那是否可以干脆不写这个函数的实现部分，仅仅做个函数声明？回答是当然可以，而且仅仅写函数声明，不实现函数体，这个语法称为纯虚函数，如果一个类所有的函数都是纯虚函数，那这个类就是个“纯虚类”，专业名称是抽象类。

纯虚函数的具体语法为：

```
class 类名{
    virtual 函数类型 成员函数名称(函数参数)= 0;
};
```

简单来讲，纯虚函数就是将虚函数的函数体用“=0;”代替，根本不用写函数的实现代码。显然，含有纯虚函数的类是没有办法使用的，因为这种类没有实现具体功能，相当于代码不全。如果定义含有纯虚函数的类对象，编译会报错，提示这个类未完全实现。但是可以定义含有纯虚函数的类指针，而且可以调用这个指针的纯虚函数。用类指针调用函数时，系统会自动调用这个函数在派生类中的具体实现函数。如果所有派生类都没有实现过，编译器会报错，提示还有函数没有写完。含有纯虚函数的类通常只能作为父类，必须派生出实现了所有纯虚函数的子类后才可以使用。

当一个类的所有函数都是纯虚函数时，这个类称为抽象类。抽象类只能作为基类，通过派生新的类完成纯虚函数的具体实现，只有所有纯虚函数都实现后才可以用。纯虚函数与抽象类使用举例如下：

```
class CGisObj{ //抽象类
public:
    virtual double GetArea( )=0; //纯虚函数
};
class CGisTri: public CGisObj {
public:
    double m_h,m_w;
    CGisTri(double h,double w){ m_h=h; m_w=w; };
    virtual double GetArea( ){ return m_h*m_w*0.5; }; //虚函数实现
};
class CGisRect:public CGisObj{
public:
    double m_w,m_h;
    CGisRect (double h,double w){ m_h=h; m_w=w; };
    virtual double GetArea( ){ return m_w*m_h; }; //虚函数实现
};
void main( ){
    CGisObj *p1 = new CGisTri(1.0,1.0);
    CGisObj *p2 = new CGisRect(2.0,2.0);
    cout<<p1->GetArea( )<<"\n"<<p2->GetArea( );
    delete p1; delete p2;
}
```

运行结果：

```
0.5
4
```

5.4　习题

(1)什么是多态，多态的意义是什么？

(2)多态通过什么实现？

(3)什么是虚函数？虚函数与函数重载有哪些相同点与不同点？

(4)什么是纯虚函数？什么是抽象类？抽象类有何特点和作用？

(5)抽象基类 CImg 中有一个纯虚函数 Draw，下面的声明方式中______是正确的。

A. void Draw (CDC * pDC = NULL);

B. virtual void Draw (CDC * pDC) { };

C. virtual void Draw (CDC * pDC) = 0;

D. virtual void Draw (CDC * pDC = NULL);

(6)设计几何图形类，包含如下接口(虚函数)：①求周长的函数；②求重心的函数；然后派生：四边形类 CQua 和 矩形类 CRec，实现其赋值函数、求周长的函数、求重心的函数。

(7)先设计如下基本几何图形类，包含基础类 CShp 和派生类：点 CPt、线 CLn。基础类包含如下接口(虚函数)：①返回图形类型；②保存数据到文件；③从文件读取数据；然后在类点 CPt、线 CLn 中实现虚函数。

第6章　运算符重载

所谓重载，就是赋予新的含义。函数重载(Function Overloading)就是给一个函数赋予新的处理方式，让一个函数有多种功能，在不同情况下进行不同的操作。在标准C中，同一个函数名称，仅仅参数不同是不合理语法，但在C++中，同一个函数名称，仅仅参数不同，从而实现不同功能是非常合理的。这类现象就称为这个函数的重载，例如“int abs(int a);”“double abs(double a);”就是abs函数的重载。运算符重载(Operator Overloading)的本质是函数重载，只是这个函数名称不是普通单词，而是一个运算符号，例如函数名称是“+”“-”等这样的运算符。运算符重载可以使一个符号具有不同的运算功能。

6.1　重载运算符

运算符重载其实就是定义一个函数，并且函数名称是运算符，例如“*”“+”等。与普通函数一样，当程序中引用了该运算符，系统会自动调用这个运算符对应的函数。运算符重载就是函数名称为特殊字符的函数重载，本质上就是函数重载。由于所有运算符的函数本来就有，那么再定义一个运算符的函数一定是运算符重载。类成员运算符重载语法格式为：

```
class 类名{
    <返回值类型> operator<运算符名称>(形参表列){
      函数体
    }
};
```

全局函数运算符重载语法格式为：

```
<返回值类型> operator<运算符名称>(形参表列){函数体}
```

其中operator是关键字，专门用于定义运算符函数，我们可以将“operator 运算符名称”这一部分看作函数名。例如重载“+”的函数名是“operator+”。运算符重载函数除了函数名有特定格式外，其他地方和普通函数没有区别。运算符函数功能完全可以用函数替代，不过运算符重载使程序的书写更加方便，易于阅读，运算符被重载后，原有的功能仍然保留。运算符重载扩大了已有运算符的功能，让编程更加方便。大多数运算符可以重载，但也有例外，例如“.”“?”和“::”就不允许重载。重载运算符注意事项：

(1)重载不改变运算符的优先级和结合性。例如“a+b*c”中，无论怎么重载，“*”就是要比“+”优先进行运算。

(2)重载不会改变运算符的用法，原来有几个操作数(操作数就是要参加运算的变量个数，例如加法运算有两个操作数，而取反运算只有一个操作数)、操作数在左边还是在右边，这些都不会改变。例如"+"号总是出现在两个操作数之间，重载后也必须如此。

(3)运算符重载函数不允许有默认参数，否则就改变了运算符操作数个数。

(4)运算符重载函数通常既可以作为类的成员函数，也可以定义为全局函数。

(5)有些运算符，如箭头运算符"->"、下标运算符"[ ]"、函数调用运算符"( )"、赋值运算符"="，只能以成员函数的形式重载。

6.1.1 重载一元运算符

所谓一元运算，指运算过程中只有一个操作数(就是只有一个操作对象)参加运算，常见的一元运算符有自增运算符"++"、自减运算符"--"、逻辑非运算符"!"、求反运算符"-"等。一元运算符默认出现在操作对象的左边(即前缀)，比如"! a""-a"和"++i"，如果出现在右边(即后缀)，定义时需要在函数名后加"(int)"。对类来讲一元运算符操作的就是类自己，函数无需传入参数。例如定义复数及其自增运算的代码为：

```
class Complex {
private:
    double i;
    double j;
public:
double& GetI( ){ return m_i; }
double& GetJ( ){ return m_j; }
    Complex(int a=0,int b= 0){ i=a; j=b;};
    Complex operator ++( ){ //默认,前缀自增
      ++i; ++j;
      return ( *this);
     }
    Complex operator ++(int){ //后缀自增,参数需要加 int
    Complex  t= *this;
      ++t;
      return t;
    }
};
```

6.1.2 重载二元运算符

二元运算符必须有两个操作数，我们常用的运算符大多数是二元运算符，例如"+""-""*"">""<"等。毫无疑问，二元运算符出现在两个操作数的中间，函数需要传入一个参数。例如定义平面点及其加运算的代码为：

```
class CPt {
```

```
public:
    int m_x,m_y;
    CPt (int x=0,int y= 0){ m_x=x; m_y=y;};
    CPt operator +(const CPt pt) const { //重载"+"运算符
        CPt rpt;
        rpt.m_x = m_x + pt. m_x;
        rpt.m_y =m_y + pt. m_y;
        return(rpt); //特别注意,不要修改成员变量的值
    }
};
void main( ){
    CPt p1(1,1);
    CPt p2(2,2);
    CPt p3 = p1+p2; //"+"运算的调用
    cout<<p3.m_x<<" "<< p3.m_y;
}
```

运行结果：

3 3

6.1.3　重载赋值运算符

赋值运算符"="是一个二元运算符，主要用于将参数对象复制到类成员里面，在类中比较常见。所有类自动支持赋值运算，默认的赋值运算是对各个成员直接一对一地赋值。显然，如果类里有指针分配的内存、文件句柄、窗口句柄等，一对一赋值会引发资源复用问题，即两个对象的指针指向同一地址。因此提供单独的赋值运算是非常有必要的，赋值运算符"="重载举例如下：

```
class CLn{
public:
    int *m_px, *m_py;
    int m_sum;
    CLn ( ){ m_sum=0; m_px = m_py =NULL; };
    virtual ~ CLn ( ){
        if (m_px) delete [ ]m_px; m_px=NULL;
        if (m_py) delete [ ]m_py; m_py=NULL;
        }
    CPt operator =(const CPt pt) { //重载"="运算符
        m_sum = pt.m_sum;
        if (m_px) delete [ ]m_px; m_px=NULL;
        if (m_py) delete [ ]m_py; m_py=NULL;
```

```
        if ( m_sum ){ //分配内存,并复制所有数据
            m_px = new int[m_sum];
            m_py = new int[m_sum];
            memcpy(m_px, pt.m_px,sizeof(int) * m_sum );
            memcpy(m_py, pt.m_py,sizeof(int) * m_sum );
        }
        return ( *this);
    }
};
```

6.1.4 重载下标运算符

下标运算符“[ ]”是一个二元运算符，只能以成员函数的形式重载，这个运算符的特殊之处是要返回引用“&”，否则进行下标运算时只能出现在等号右边，不能出现在等号左边。

下标运算符“[ ]”在类中的语法通常为：

```
class 类名{
    返回值类型 & operator[ ] (参数);
    const 返回值类型 & operator[ ] (参数) const;
};
```

使用第一种声明方式，“[ ]”不仅可以访问元素，还可以修改元素。使用第二种声明方式，“[ ]”只能访问而不能修改元素。在实际开发中，应该同时提供以上两种形式。这样做是为了适应 const 对象，因为 const 对象只能调用 const 成员函数。

6.1.5 重载类型转换运算符

在 C++中，数据类型的名字(包括类的名字)本身也是一种运算符，即类型转换运算符“( )”，此运算符的作用是将一个类型转换为另外一个类型。类型转换运算符是单目运算符，只能重载为成员函数，不能重载为全局函数。最基本的类型转换就是带参数的构造函数，但构造函数只能将其他类型转换为本类的类型，如果要将本类类型转换为其他类型就需要定义类型转换函数。类型转换运算符“( )”的语法为：

```
class 类名{
    operator const 结果类型( ){ 函数体 };
};
```

例如定义文本类型并转换为字符串的实现代码为：

```
class CTxt{
public:
    char m_str[512];
    CTxt(const char *pstr =NULL){ //构造函数,同时实现字符串转 CTxt
        strcpy( m_str,pstr );
```

```
    }
    ~ CTxt( ){};
    operator const char * ( ){ //类型转换运算函数
        return m_str;
    }
};
int main( ){
    char str[256],str2[256];
    cin>>str;
    CTxt txt(str);
    strcpy( str2, (const char *)(txt) ); //调用类型转换运算函数
    cout<<str2;
}
```

6.2 习题

(1)C++为什么允许运算符重载?

(2)在程序中进行运算符重载时要注意哪些限制条件?

(3)将运算符作为类的友元重载和类成员函数重载有什么区别?

(4)类的类型转换方法有哪些?

(5)设计一个二维点的类，该类有属性：坐标 X，Y；该类有方法：

①重载运算符[ ]，实现用 0 和 1 操作其 X 和 Y 成员；

②重载运算符+，实现点位置的移动($x+x$，$y+y$)。

然后在 main( )函数中验证。

(6)设计一个二维矢量类 CVector，该类有属性：坐标 X，Y；该类有方法：

①设置和获取坐标的方法；

②重载运算符“-”实现两个矢量减运算(X，Y 各自相减)；

③重载运算符“ * ”实现两个矢量位置间的距离运算。

然后在 main( )函数中验证。

第7章 模板和STL

为实现“写最少的代码实现最多功能”的梦想，C++提出了泛型程序设计(Generic Programming)思想。泛型程序设计在编写一个算法时不指定具体要操作的数据类型，而是通过一些函数操作，完成函数的功能。例如在设计排序算法时，不指定是int、float还是double，而是直接用某个符号如TYPE代替类型，然后将排序过程编写好，在使用函数时根据当时具体的数据类型让函数工作。这种不指定具体要操作的数据类型的程序设计方法就是泛型程序设计。算法设计中用某个符号代替具体类型的这种操作就是模板，模板是泛型程序设计的基础。

显然，泛型程序设计的优势是不言而喻的，算法只要实现一遍，就能适用于多种数据类型，能大幅节省编程时间，一次编写代码，永久使用。泛型程序设计的概念最早出现于1983年的Ada语言，泛型程序设计最成功的应用就是C++的标准模板库(Standard Template Library，STL)。

泛型程序设计就是大量编写模板，使用模板设计程序。泛型程序设计在C++中的重要性和带来的好处绝不亚于面向对象的特性。C++中，模板分为函数模板和类模板两种。

7.1 函数模板

所谓函数模板，实际上是建立一个通用函数，它所用到的数据类型(包括返回值类型、形参类型、局部变量类型等)先不具体指定，而是用一个虚拟的类型来代替(实际上是用一个标识符来占位)，等发生函数调用时再根据传入的实参来逆推出真正的类型。这个通用函数就称为函数模板(Function Template)。

在函数模板中，数据的值和类型都被参数化了，发生函数调用时编译器会根据传入的实参来推演形参的值和类型。换个角度说，函数模板除了支持值的参数化，还支持类型的参数化。

函数模板的语法为：

template <typename 类型 **1** 名称，**typename** 类型 **2** 名称 ，**...>**

返回值类型 函数名(形参列表){ 函数体 }

typename关键字也可以使用class关键字替代，它们没有任何区别。C++早期对模板的支持并不严谨，使用class来指明类型参数，但是class关键字已经用在类的定义中了，这样显得不太友好，后来才引入一个新关键字typename，专门用来定义类型参数，不过已经有很多代码使用了class关键字，现在这两个关键字都通用。

在函数模板中，模板头“template <>”和函数定义是一个不可分割的整体，它们可以换行，但中间不能有分号。类型名称可以有多个，它们之间以逗号分隔。类型列表以“<>”包围，函数中用到的不指定类型变量就用模板头中的类型名称进行定义，将两个变量值交换函数 swap 的函数模板代码如下：

```
template<class T1>
    void swap( T1 a,T1 b){
        T1 c = a; a = b; b = c;
}
```

swap 函数的功能是让两个变量相互交换值，中间需要第三个变量，为了实现各种数据类型，数据类型用 T1 代替。在函数中，所有用到未指定数据类型的地方，包括返回值、函数参数、临时变量都要用 T1 代替。函数编写完成后，其使用与普通函数没有区别，函数编译时，会用具体类型进行替换。

在使用函数模板时，一定要注意参数的对应，特别是存在多个不同类型参数时，一定要定义多个类型，例如定义求最小值 min 函数的模板为：

```
template<class T1>
T1 min( T1 a,T1 b){
    return a<b? a:b;
}
```

那么，在使用时只能对两个相同类型的数据进行处理，例如：

```
void main( ){
    int a,b;
    cin>>a>>b;
    cout<<min(a,b);
}
```

函数模板没有任何问题，但是如果稍微改一下，例如：

```
void main( ){
    int a; float b;
    cin>>a>>b;
    cout<<min(a,b);
}
```

模板函数就编译不了，编译器提示错误的参数类型。其原因就是模板函数中只用了一个类型 T1，正确做法是定义两个类型，如：

```
template<class T1,class T2>
T1 min( T1 a,T2 b){
    return (a<b? a: (T1)b);
}
```

总之，编写函数模板一定要注意参数的对应，一定要按实际情况逐个归纳数据类型，然后统一到模板头的类型列表中。

7.2 类模板

C++除了在函数中使用模板，在类里面也同样可以使用模板，原理和方法与函数模板一样，就是用类型符号代替具体类型，类模板的具体语法为：

```
template <typename 类型1名称, typename 类型2名称 , ...>
class 类名称{
    类的具体代码
};
```

类模板与函数模板一样都是以 template 开头，后面接类型名称列表，列表不能为空，多个类型参数用逗号隔开，typename 关键字也可以使用 class 关键字替代。在类里面模板类型的使用与函数模板是一样的，就是将所有相关类型全部用类型名称代替，无论是成员变量的类型，还是成员函数里面的参数、局部变量都要全部用类型名称代替。

模板类的定义与函数模板一致，但是使用方法却不一样，不能简单地使用类定义对象，而是需要添加实际类型与模板类型名的对应关系，具体举例如下：

```
template<class T1,class T2>
class CPt{
public:
    T1 m_x,m_y;
    CPt(T1 x,T2 y){ m_x=x; m_y=y;};
    ~ CPt( ){};
    T2 GetDis(CPt a){
        return sqrt( (m_x-a.m_x) * (m_x-a.m_x)+ (m_y-a.m_y) * (m_
y-a.m_y) );
    }
    const CPt operate - (CPt a){ CPt d(m_x-a.m_x, m_y-a.m_y);
return d; }
    const CPt operate +(CPt a){ CPt d(m_x+a.m_x, m_y+a.m_y);
return d; }
    };
    void main( ){
        int x=2,y=2;
        CPt<int,double>p1(x,y); //指出 T1 是 int,T2 是 double
        x =1; y = 1;
        CPt<int,double>p2(x,y); //指出 T1 是 int,T2 是 double
        cout<<p1.GetDis(p2)<<"\n";
        p1 = p1-p2;
        cout<<p1.m_x<<" "<<p1.m_y<<"\n";
```

```
        p1 = p1+p2;
        cout<<p1.m_x<<" "<<p1.m_y<<"\n";

        double xd=1.23,yd=4.56;
         CPt<double,double>p3(xd,yd); //指出 T1 是 double,T2
是 double
        CPt<double,double>p4(1.0,1.0); //指出 T1 是 double,T2
是 double
        cout<<p3.GetDis(p4)<<"\n";
    }
```

运行结果：

```
1.41421
1 1
2 2
3.56742
```

本例中，模板类 CPt 使用了两个未确定的数据类型，一个用于定义点坐标 T1，另一个用于定义距离 T2。在模板类的使用中定义了两种类对象，p1 和 p2 属于一个类，而 p3 和 p4 属于另外一个类。它们虽然使用一个类模板，但实际是两个类，它们的点坐标类型不一样。这两个类不能相互引用，例如“p1=p1+p3;”就编译不了，编译提示错误信息为：“没有找到接受‘CPt<double，double>’类型的右操作数的运算符(或没有可接受的转换)。”

7.3　标准模块库

为了方便使用 C++语言进行程序设计，C++提供了标准模板库(Standard Template Library，STL)，里面包含了大量写好的模板类。STL 是泛型程序设计应用最成功的实例，里面集成了一些常用数据结构(如链表、可变长数组、排序二叉树)和算法(如排序、查找)的模板，主要由 Alex Stepanov 主持开发，于 1998 年加入 C++标准。

有了 STL，程序员就不必编写大多数常用的数据结构和算法，STL 经过精心设计，运行效率很高，比一般程序员编写的同类代码速度要快很多。STL 标准模板库包括三部分：容器、算法和迭代器。容器是对象的集合，STL 的容器有：vector、stack、queue、deque、list、set 和 map 等。STL 算法是对容器进行处理，比如排序、合并等操作。迭代器则是访问容器的一种机制。

7.3.1　STL 容器

容器(container)是用于存放数据的类模板，包括可变长数组、链表、平衡二叉树等数据结构。程序员使用容器时，需指明容器中存放的元素是什么类型。容器中可以存放基本类型数据，也可以存放类对象。对象或基本类型的变量被插入容器中时，实际插入的是对象或变量的一个复制品。容器通常支持如排序、查找等算法，这些算法在比较元素是否相等时通常用“==”运算符进行，比较大小时通常用“<”运算符进行，因此，被放入容器的对象所属类需要重载“==”和“<”运算符。STL 容器包括顺序容器和关联容器两大类。

顺序容器主要有三种：可变长动态数组 vector、双端队列 deque 和双向链表 list。它们之所以被称为顺序容器，是因为元素在容器中的位置同元素的值无关，即容器不进行排序，将元素插入容器时，插入在什么位置，元素就会位于什么位置。

关联容器有四种：set、multiset、map、multimap。set 为排好序的集合，不允许有相同元素。multiset 也是排好序的集合，不过允许有相同元素。map 是复合元素集合，每个元素都分为关键字和值两部分，容器的元素按关键字排序，关键字不允许重复。multimap 与 map 类似，关键字允许重复。其中 set 和 multiset 容器中元素的值不能被修改，因为元素被修改后，容器不会自动重新调整顺序，容器的有序性会被破坏，以后的查找等操作就会得到错误结果。如果要修改 set 和 multiset 容器中某个元素的值，正确的做法是先删除该元素，再插入新元素，同理，也不能修改 map 和 multimap 容器中元素的关键字。

所有容器都提供以下成员函数：

int size( )：返回容器对象中元素的个数。

bool empty( )：判断容器对象是否为空。

顺序容器和关联容器还提供以下成员函数：

begin( )：返回指向容器中第一个元素的迭代器。

end( )：返回指向容器中最后一个元素后面的位置的迭代器。

rbegin( )：返回指向容器中最后一个元素的反向迭代器。

rend( )：返回指向容器中第一个元素前面的位置的反向迭代器。

erase(...)：从容器中删除一个或几个元素。

clear( )：从容器中删除所有元素。

顺序容器还提供以下常用成员函数：

front( )：返回容器中第一个元素的引用。

back( )：返回容器中最后一个元素的引用。

push_back( )：在容器末尾增加新元素。

pop_back( )：删除容器末尾的元素。

insert(...)：插入一个或多个元素。

关联容器还提供以下成员函数：

find：查找某个值。

lower_bound：查找某个下界。

upper_bound：查找某个上界。

equal_range：同时查找上界和下界。

count：统计等于某个值的元素个数。

下面将分别介绍四个常用的容器 vector、list、multimap、map，要想了解更多 STL，请查阅 STL 手册，或查看 VS 提供的联机帮助。

1. 数组容器 vector

数组容器 vector 是可变长的动态数组，支持根据下标随机访问元素，所有 STL 算法都能对 vector 进行操作，要使用 vector，需要包含头文件<vector>。vector 容器用动态分配的数组来存放元素，用下标随机访问元素的时间是常数，在尾部添加元素的时间大多数情况下也是常数，总体来说速度较快。在中间插入或删除元素时，要移动多个元素，速度较慢，平均花费的时间和容器中的元素个数成正比。vector 有很多成员函数，常用函数如表 7-1 所示。

表 7-1　数组容器常用成员函数

函　数	功　能
vector( )	无参构造函数，容器初始化为空
vector(int n)	容器初始化为有 n 个元素
vector(int n, const T &val)	假定元素的类型是 T，此构造函数将容器初始化为有 n 个元素，每个元素的值都是 val
vector(iterator first, iterator last)	first 和 last 可以是其他容器的迭代器。一般来说，本构造函数初始化的结果就是将 vector 容器的内容变成与其他容器上的区间 [first, last)一致
void clear( )	删除所有元素
bool empty( )	判断容器是否为空
void pop_back( )	删除容器末尾的元素
void push_back(const T & val)	将 val 添加到容器末尾
int size( )	返回容器中元素的个数
T & front( )	返回容器中第一个元素的引用
T & back( )	返回容器中最后一个元素的引用
iterator insert(iterator i, const T & val)	将 val 插入迭代器 i 指向的位置，返回 i
iterator insert (iterator i, iterator first, iterator last)	将其他容器上的区间 [first, last) 中的元素插入迭代器 i 指向的位置
iterator erase(iterator i)	删除迭代器 i 指向的元素，返回值是被删元素后面的元素的迭代器
iterator erase(iterator first, iterator last)	删除容器中的区间 [first, last)
void swap(vector<T> & v)	将容器自身的内容和另一个同类型的容器 v 互换

vector 使用举例如下：

```
#include <iostream>
#include <vector>
using namespace std; //由于 vector 属于 std 库,需要使用 std 命名
int main( ){
```

```
    int i;
    vector<int> ai; //定义动态数组,刚定义的数值是空的
    for(i=0;i<100;i++){
        ai.push_back(i); //往数值中加入元素
    }
    ai[0]=999; //访问数组元素,可以读取,也可以改写,但元素必须存在
    cout<<ai.size()<<"\n"; //输出数组长度
    for(i=0;i< ai.size();i++){
        cout<< ai[i]<< " "; //输出数组元素
    }
}
```

在本例中，先定义了动态数值，然后往里面装元素，之后输出数组长度及各元素。通过本例可以看到，用容器 vector 定义的动态数组非常方便，不用先告诉容器数组的大小，也不用考虑内存分配等问题，只用往里面装数据就可以了。值得注意的是，用下标运算符“[ ]”访问元素的时候，一定要保证元素是存在的，不能读取和改写不存在的元素，即“[ ]”中的数必须小于容器的 size( )。

2. 列表容器 list

列表容器 list 是一个双向链表，要使用 list，需包含头文件<list>。双向链表的每个元素中都有一个向后指针和向前指针，如图 7-1 所示，list 容器不支持根据下标随机存取元素。

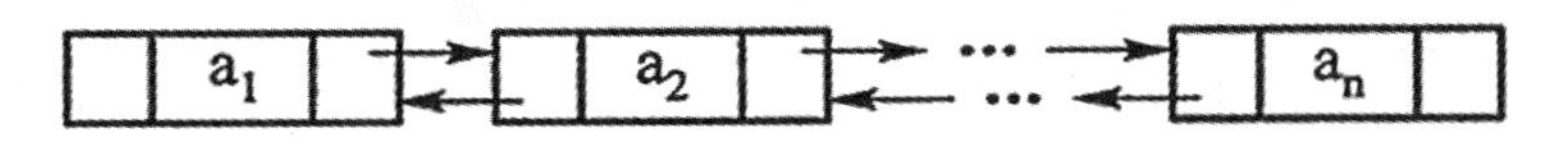

图 7-1 双向链表示意图

容器 list 除了顺序容器都有的成员函数外，独有成员函数如表 7-2 所示(此表不包含全部成员函数，且有些函数的参数较为复杂，表中只列出函数名)。

表 7-2 列表容器常用成员函数

函　　数	功　　能
void push_front(const T & val)	将 val 插入链表最前面
void pop_front( )	删除链表最前面的元素
void sort( )	将链表从小到大排序
void remove (const T & val)	删除和 val 相等的元素
remove_if	删除符合某种条件的元素
void unique( )	删除所有和前一个元素相等的元素

续表

函　　数	功　　能
void merge(list <T> & x)	将链表 x 合并进来并清空 x。要求链表自身和 x 都是有序的
void splice(iterator i, list <T> & x, iterator first, iterator last)	在位置 i 前面插入链表 x 中的区间 [first, last), 并在链表 x 中删除该区间。链表自身和链表 x 可以是同一个链表, 只要 i 不在 [first, last) 中即可

list 与 vector 相比, vector 的优点是支持下标随机访问, 支持排序、二分查找和堆算法, 缺点是在头部和中部的插入效率低, 需要挪动数据, 插入数据空间不够时需要增容, 增容时需要开辟新空间、拷贝数据和释放旧空间, 非常麻烦且效率低。为弥补 vector 的缺点, 特意设计了双向链表 list, 在任意位置插入都不需要挪动数据, 也不需要数组增容, 处理效率高。其缺点是不支持下标随机访问。

list 使用举例如下:

```
#include <iostream>
#include <list>
using namespace std; //由于 list 属于 std 库,需要使用 std 命名
int main( ){
    int i;
    list<int>lst; //定义列表,刚定义的列表是空的
    for(i=0;i<100;i++ ){
        lst.push_back(i); //往列表中加入元素
    }
    cout<lst.size( )<<"\n"; //输出列表长度
    list<int>::iterator it =lst.begin( ); //只能用迭代器遍历列表,正
向迭代
    while( it! = lst.end( ) ){
        cout<<*it<<" "; //输出数组元素
        ++it; //迭代器加 1,即指向后一个节点
    }
    list<int>:: reverse_iterator it = lst.rbegin( ); //反向迭代器
    while( it! = lst.rend( ) ){
        cout<<*it<<" "; //输出数组元素
        ++it; //迭代器加 1,即指向前一个节点
    }
    return 0;
}
```

本例先定义了双向列表, 然后加入数据, 之后分别用正向迭代器和反向迭代器对列表进行遍历。值得注意的是, 正向迭代器如果开始指向最后一个, 直接使用自减操作“--”,

也是实现从后到前的操作，与反向迭代器完全等价。

3. 关联容器 multimap 和 map

在学习关联容器之前，要先了解 STL 的 pair 类模板，因为关联容器的一些成员函数的返回值是 pair 对象，而且 map 和 multimap 容器中的元素都是 pair 对象，pair 类模板定义如下：

```
template <class_T1, class_T2>
struct pair{
    _T1 first;
    _T2 second;
    pair( ):first( ),second( ); //用无参构造函数初始化 first 和 second
    pair(const _T1 &__a,const _T2 &__b):first(__a),second(__b);
    template <class_U1, class_U2>
    pair(const pair <_U1, _U2> &__p):first(__p.first),second(__
p.second);
};
```

pair 类模板中的第三个构造函数是函数模板，参数必须是一个 pair 模板类对象的引用。STL 同时提供一个函数模板 make_ pair 生成 pair 对象，make_ pair 定义如下：

```
template <class T1, class T2>
pair<T1, T2 > make_pair(T1 x, T2 y){ return ( pair<T1, T2> (x, y)
);}
```

关联容器 multimap 和 pair 及每个元素都是 pair 模板类的对象，每个元素都包含两个成员，first 成员称为“关键字”，second 成员变量称为“值”。关联容器中的元素按关键字从小到大排序，元素之间用“<”运算符比较关键字大小。map 要求元素的关键字唯一，而 multimap 允许元素的关键字重复。特别注意不能直接修改关联容器中的关键字，因为关联容器中的元素是按关键字排序，当关键字被修改后，容器不会自动重新调整顺序，有序性被破坏，之后再进行的操作会得到错误结果。使用关联容器，包含头文件<map>。

关联容器 multimap 和 pair 的成员函数如表 7-3 所示。

表 7-3 关联容器的主要成员函数

函数	功能
iterator find(const Key & val);	在容器中查找关键字等于 val 的元素，返回其迭代器；如果找不到，返回 end( )
iterator insert (pair <Key, T> const &p);	将 pair 对象 p 插入容器中并返回其迭代器
void insert (iterator first, iterator last);	将区间 [first, last) 插入容器
int count(const Key & val);	统计有多少个元素的关键字与 val 相等

续表

函　数	功　能
iterator lower_bound(const Key & val);	查找一个最大的位置 it，使得 [begin( ), it) 中所有的元素的关键字都比 val 小
iterator upper_bound(const Key & val);	查找一个最小的位置 it，使得 [it, end( )) 中所有的元素的关键字都比 val 大
pair < iterator, iterator > equal_range (const Key & val);	同时求得 lower_bound 和 upper_bound
iterator erase(iterator it);	删除 it 指向的元素，返回其后面的元素的迭代器(Visual Studio 2010 中如此，但是在 C++ 标准和 Dev C++ 中，返回值不是这样)
iterator erase(iterator first, iterator last);	删除区间 [first, last)，返回 last(Visual Studio 2010 中如此，但是在 C++ 标准和 Dev C++ 中，返回值不是这样)

关联容器 multimap 和 map 中，find 和 count 等函数不用“==”运算符比较两个关键字是否相等，而是使用两次“<”运算符，即如果“a>b”为假，且“b>a”也为假，则认为它们相等。关联容器 map 提供了按关键字查找值的运算符“[ ]”成员函数，该函数的参数为 first 类型的对象 k，返回 k 元素的 second 引用。可以简单地理解为一个数据映射，给一个“关键字”，容器可以找到“关键字”对应的值。如果容器中没有元素的 first 值等于 k，则自动添加一个 first 值为 k 的元素，并无参构造 second 对象，相当于往容器中添加了一个新元素。这个功能有点像查英汉词典，给个英文单词，直接得到对应的汉语，不需要循环查找过程。关联容器 multimap 和 map 举例如下：

```
#include <iostream>
#include <map>
using namespace std;
int main( ){
    map<string,string> dictionary; //定义容器对象
     map.insert ( pair < string, string >( "china","中国") ); //用 insert 插入 pair 对象
    map[string("computer")]= string ("计算机");   //直接添加新元素
    map[string("math")]= string ("数学");   //直接添加新元素
    map[string("english")]= string ("英语"); //直接添加新元素
    map[string("remote sensing")]= string ("遥感"); //直接添加新元素
    map[string("photogrammetry")]= string ("摄影测量"); //直接添加新元素
    map[string("GIS")]= string ("地理信息"); //直接添加新元素
```

```
    map[string("map")] = string ("地图"); //直接添加新元素

    cout<< map[string("china")]; //直接输出对应的值"中国"
    cout<< map[string("GIS")]; //直接输出对应的值"地理信息"
    map[string("GIS")] = string ("地理信息系统"); //修改值
    cout<< map[string("GIS")]; //输出新值 "地理信息系统"
}
```

运行结果：

```
中国
地理信息
地理信息系统
```

7.3.2 STL 迭代器

迭代器(iterator)主要用于访问容器中的元素，迭代器是一个变量，相当于容器和操纵容器算法之间的中介。迭代器可以指向容器中的某个元素，通过迭代器就可以读写容器的元素。假设 p 是一个正向迭代器，则 p 支持以下操作：++p，--p，＊p 和 p[ ]。此外，两个正向迭代器可以互相赋值，还可以用“= =”和“！ =”运算符进行比较，从形式上看，迭代器和指针非常类似。

迭代器主要包括以下四种：

(1)正向迭代器，定义方法为：容器类名:: iterator 迭代器名。

(2)常量正向迭代器，定义方法为：容器类名:: const_ iterator 迭代器名。

(3)反向迭代器，定义方法为：容器类名:: reverse_ iterator 迭代器名。

(4)常量反向迭代器，定义方法为：容器类名:: const_ reverse_ iterator 迭代器名。

一般迭代器与常量迭代器的区别是，常量迭代器只能读取容器元素的内容，不能修改。反向迭代器和正向迭代器的区别是，正向迭代器进行“++”操作时，迭代器会指向容器中后一个元素，相当于反向迭代器进行“--”操作，正向迭代器进行“--”操作指向前一个元素，相当于反向迭代器进行“++”操作。特别注意的是正向迭代器和反向迭代器是两个类型，不能对迭代器进行相互赋值、比较等操作，但正向迭代器和反向迭代器取的元素是同一个，迭代器取值(“ ＊ ”操作)后可以对元素进行各种处理。

所有容器都有获取迭代器的函数，典型函数有 begin( )、end( )、rbegin( )、rend( ) 等。特别注意，有些迭代器不支持“<”操作，不能对两个迭代器比较大小，只可以比较是否相同，即迭代器仅支持“= =”和“!=”操作，例如列表容器 list 就是这样的，如定义“list<int> v; list<int>:: const_iterator i;”则“for(i=v. begin( ); i<v. end( ); ++i) cout<< ＊i;”是错误的，因为错误地使用了“i<v. end( )”，只能这样使用：“for(i=v. begin( ); i! =v. end( ); ++i) cout<< ＊i;”。

迭代器使用举例如下：

```
#include <iostream>
#include <vector>
```

```
#include <list>
using namespace std;
int main( ){
    vector<int> v(10); //v被初始化成有10个元素
    vector<int>::iterator i; //定义数组容器vector的迭代器
    for (i = v.begin( ); i ! = v.end ( ); ++i) //用"! ="比较两个迭代器
        cout << * i<<" ";
    for (i = v.begin( ); i < v.end ( );++i)   //数值容器支持"<"比较两个
迭代器
        cout << * i<<" ";
    for (i = v.begin( ); i < v.end ( );i+=2 ) //使用"+=整数"操作迭代器
        cout << * i<< " ";

    int a[5]={1,2,3,4,5};
    list<int>lst(a,a+5); //用a初始化列表
    list <int>::iterator p; //定义列表容器list的迭代器
    for (p = lst.begin( ); p ! = lst.end( ); ++p) //只能用"! ="比较列
表迭代器
        cout << *p <<" ";
    return 0;
}
```

7.3.3 STL算法

STL算法其实就是函数模板，STL提供了大量能在各种容器中使用的算法，如插入、删除、查找、排序等。算法通过迭代器来操纵容器中的元素。许多算法操作容器上的一个区间(也可以是整个容器)，通常需要两个参数：一个是区间起点元素的迭代器，另一个是区间终点元素的后面一个元素的迭代器。例如，排序和查找算法都需要这两个参数来指明待排序或待查找的区间，使用STL算法需要包含头文件<algorithm>和<numeric>。

最基本和常用的算法如下：

- copy：将一个容器的内容复制到另一个容器。
- remove：在容器中删除一个元素。
- random_shuffle：随机打乱容器中的元素。
- fill：用某个值填充容器。
- count_if：统计容器中符合某种条件的元素的个数。
- find：在容器中查找元素。
- sort：对容器进行排序。

1. 算法find的使用

算法find的功能是在迭代器first和last指定的容器区间，按顺序查找和给定对象相等

的元素。如果找到了，就返回该元素的迭代器；如果找不到，则返回 last 迭代器，find 模板的原型如下：

```
template <class InIt, class T>
InIt find(InIt first, InIt last, const T& val);
```

需要注意的是，查找区间[first, last)是左闭右开的区间，即 last 指向的元素其实不在此区间内。find 模板使用运算符“==”判断元素是否相等，[first, last)区间的对象需要重载运算符“==”。find 应用举例如下：

```
#include <iostream>
#include <vector>
using namespace std;
int main( ){
    vector<int> vi; int i;
    for( i=0;i<100;i++ ){ vi.push_back(i); }
    vector<int>::iterator fi = find(v.begin( ),vi.end( ),33 );
    if ( fi! = vi.end( ) ) cout<< * fi;
    else cout<< "not found";
    return 0;
}
```

运行结果：

```
33
```

2. 算法 sort 的使用

算法 sort 的功能是对迭代器 first 和 last 指定的容器区间进行从小到大的排序，sort 函数默认使用运算符“<”比较两个元素的大小，同时也支持指定比较所使用的回调函数，sort 模板的原型如下：

```
template<class _RandIt>
void sort(_RandIt first, _RandIt last);
void sort(_RandIt first, _RandIt last,less<int>( ) );
```

算法 sort 的排序区间[first, last)是左闭右开的区间，即 last 指向的元素其实不在此区间内。定义中的 less 函数是进行比较的回调函数，其形式为：

```
bool less_xx(class &t1, class &t2){…}
```

函数的两个参数是需要比较的两个元素，若元素 t1<t2 返回 true，否则返回 false。算法 sort 的应用举例如下：

```
#include <iostream>
#include <vector>
#include <time.h>
#include <stdlib.h>
using namespace std;
int main( ){
```

```
    vector<int> vi; int i;
    srand(time(NULL));
    for(i=0;i<100;i++){ vi.push_back(rand( )); }
    sort( vi.begin( ),vi.end( ) );
    for( i=0;i<100;i++ ){ cout<<vi[i]<< " "; }
    return 0;
}
```

本例先产生一个随机数组，然后调用 sort 函数，基于默认的“<”比较进行排序，最后输出结果。

7.4　习题

(1)什么是模板？什么是函数模板？什么是类模板？用模板有什么好处？

(2)什么是模板的类型参数与非类型参数？有什么区别？

(3)举例说明 C++在匹配模板参数的过程中可能会遇到的问题，有哪些解决方法？

(4)简述类模板的实例化过程。

(5)设计一个函数模板，实现两数的交换，并用 int、float、char 等类型的数据进行测试。

(6)设计一个函数模板，能够从 int、char、float、double、long、char * 等类型的数组中找出最大值元素。

(7)设计一个选择排序的函数模板。

(8)建立两个 int 类型的向量 vector，利用 merge 算法将其合并，再用 sort 算法对合并后的向量排序。

(9)用 map 设计一个实现英汉字典功能的程序。

第 8 章　文件与异常

计算机的主要功能是处理信息。为有效地对信息进行保存，需要使用硬盘、光盘、U盘等设备；为了管理各种信息，计算机采用文件对数据进行组织，比如常见的 Word 文档、txt 文件、电影文件、音乐文件、程序文件等。文件是计算机对数据的一种组织形式。数据、文件和文件系统与我们日常生活中的文字、书本和图书馆的关系非常类似。数据就如文字，数据如果不经过组织，就是一些杂乱无章的二进制串，无法表示具体事物，完全没法使用。因此我们通过文件，将数据按一定的顺序组织起来，让数据可以表达现实世界中的事物的信息。需要表达的事物种类繁多，就会有各种各样的文件，通常采用与图书馆分类书籍类似的方式对文件进行管理，这种组织模式就是文件系统。

异常指程序在执行期间发生的未考虑到的问题。尽管程序设计过程非常仔细和周到，但总会出现未考虑的情况，此时称程序出现异常。使用 C++设计的程序，在程序结构中提供了一种捕捉异常接口，当程序出现异常时，软件触发此接口，便于软件设计者应急处理，至少可以记录错误信息，用于以后改进。

8.1　文件与流

从数据存储的角度来说，所有的文件本质上都是一样的，都是由一个个字节组成的，归根结底都是 0 和 1 的比特串。不同的文件呈现出不同的形态，这主要是文件的创建者和解释者(使用文件的软件)约定好了文件格式。

所谓格式，就是关于文件中每一部分的内容代表什么含义的一种约定，因此文件格式有千万种，无法一一描述。从文件中每个字节的编码方式出发，可以将文件分为文本文件和二进制文件。文本文件的每个字节都是一个 ASCII 码可见的字符，可以用 Windows“记事本”打开，且能看出是一段有意义的文字。二进制文件的每个字节直接使用其二进制编码保存，如果用 Windows“记事本”打开，只能看到一片乱码。文本文件与二进制文件都可以表达一切信息，不过文本描述比较浪费空间而二进制文件较为节省空间。

我们将数据存入文件或将数据从文件读出来的过程，与水从一个地方流动到另一个地方有点类似，因此，在 C++中将数据的输入输出过程称为“流(stream)”。在 C++的标准类库中，将数据输入输出的类统称为“流类”。例如，常用的输入语句中的 cin 是流类 istream 的对象，而输出语句 cout 是流类 ostream 的对象。使用流类需包含头文件<iostream>。C++的标准类库中，文件流类主要包括 fstream，ifstream 和 ofstream，使用文件流类需包含头文件<fstream>，这三个类的详细描述如表 8-1 所示。

表 8-1　文件流类

文件流类	详细描述
ofstream	表示输出文件流，用于创建文件，并向文件写入数据
ifstream	表示输入文件流，用于从文件读取数据，文件必须存在
fstream	表示通用文件流，同时具有 ofstream 和 ifstream 两种功能，它可以创建文件，向文件写入信息，从文件读取信息

C++的标准类库的流类家族以及它们之间的继承关系如图 8-1 所示。

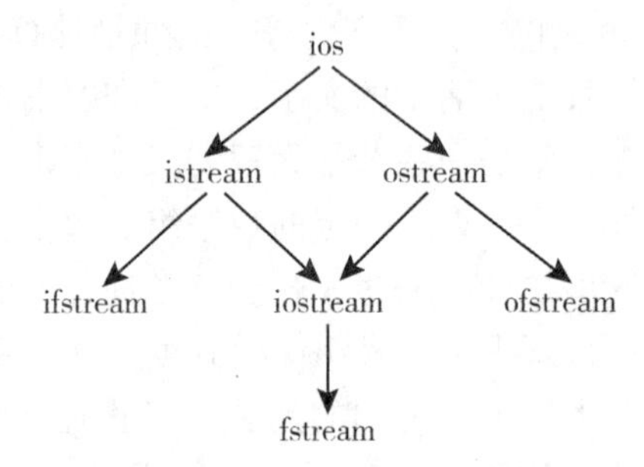

图 8-1　C++标准类库的流类关系

ifstream 类和 fstream 类是从 istream 类派生而来的，因此 ifstream 类拥有 istream 类的全部成员函数。同样地，ofstream 类和 fstream 类也拥有 ostream 类的全部成员函数。这三个类中有一些十分熟悉的成员函数可以使用，如 get、peek、ignore、getline、operator <<、operator >>等。

8.2　文件处理

使用 C++的文件流类对文件进行处理，与使用标准 C 函数访问文件没有本质差别，C++的文件流类底层还是标准 C 函数访问文件，因此可以继续使用 C 函数对文件进行处理。不过 C++采用类对文件处理进行了封装，在逻辑上更清晰，同时还提供了更多的接口，特别是提供了与 cin、cout 一致的输出数据到文件运算符“<<”和从文件读入运算符“>>”，支持自动适配数据类型，初学者比较容易上手。

基于 C++的文件流对文件进行访问与标准 C 一致，核心包含三步，即：①打开文件；②读写数据；③关闭文件。顺序不能反，必须先打开文件，然后才可以读写，最后关闭文件。由于文件流类对象在析构函数中会自动关闭文件，因此在实际使用中，即使没有关闭文件也不会像标准 C 那样丢失数据，不过还是提醒大家，文件用完后，应该及时关闭文件，以免其他程序无法访问文件。

8.2.1　打开文件

文件流类有两种方式打开文件，第一种是用带参数的构造函数打开文件，函数原型为：

```
文件流类名::文件流类名(const char * szFileName, int mode );
```

第二种是用成员函数名为 open 的函数打开文件，函数原型为：

```
void open(const char * szFileName, int mode)
```

第一个参数是文件全路径名称字符串，第二个参数是文件的打开模式。文件打开模式代表了文件的使用方式，使用一些定义好的标记进行区别，标记可以单独使用，也可以组合使用，标记的定义如表 8-2 所示。

表 8-2 文件流打开标记定义

标记	适用对象	作　用
ios:: in	ifstream fstream	打开文件用于读取数据。如果文件不存在，则打开出错
ios:: out	ofstream fstream	打开文件用于写入数据。如果文件不存在，则新建该文件；如果文件原来就存在，则打开时清除原来的内容
ios:: app	ofstream fstream	打开文件，用于在其尾部添加数据。如果文件不存在，则新建该文件
ios:: ate	ifstream	打开一个已有的文件，并将文件读写指针指向文件末尾(读写指针的概念后面解释)。如果文件不存在，则打开出错
ios:: trunc	ofstream	单独使用时与 ios:: out 相同
ios:: binary	ifstream ofstream fstream	以二进制方式打开文件。若不指定此模式，则以文本模式打开
ios:: in | ios:: out	fstream	打开已存在的文件，既可读取其内容，也可向其写入数据。文件刚打开时，原有内容保持不变。如果文件不存在，则打开出错
ios:: in | ios:: out	ofstream	打开已存在的文件，可以向其写入数据。文件刚打开时，原有内容保持不变。如果文件不存在，则打开出错
ios:: in | ios:: out | ios:: trunc	fstream	打开文件，既可读取其内容，也可向其写入数据。如果文件本来就存在，则打开时清除原来的内容；如果文件不存在，则新建该文件

8.2.2 读写文件

文件流类对文件的读写与 C 语言一样，分为文本文件读写和二进制文件的读写，对于文本文件可以像 cin、cout 一样，直接使用“<<”和“>>”对文件进行读写，不过需要将 cin 和 cout 替换为对应的输入、输出文件流对象名称。文本文件的读写举例如下：

```
#include <iostream>
#include <ifstream >
```

```
#include <ofstream >
using namespace std;
int main( ){
    ifstream ifs( "d:/in.txt", ios::in );
    ofstream ofs(( "d:/out.txt", ios::out );
    int a,b,c;
    ifs>>a>b>>c;
    ofs<<a<<" "<<b<<" "<<c;
}
```

本例中使用了从一个文件读入数据，写到输出文件中。为了让程序能运行，需要在 D：盘的根目录中建立文件“d：/in. txt”，并在记事本中写入三个整数。程序运行结束后在 D：盘根目录中将会出现“d：/out. txt” 文件，用记事本打开会看到里面的整数与“d：/in. txt”文件中的一样。

文件流类读写二进制文件，不能直接用“<<”和“>>”，而是采用与标准 C 类似的函数 read 和 write，它们的函数原型分别为：

```
文件流类 & write(char * buffer, int count);
文件流类 & read(char * buffer, int count);
```

以上是两个二进制读写函数，第一个参数是内存中的数据地址，第二个参数是数据内存大小，注意以字节为单位。write 函数将内存中 buffer 所指向的 count 个字节的内容写入文件，而 read 函数刚好相反，将文件中 count 个字节的数据读入 buffer 所指向的内存空间。无论是 write 还是 read，文件读写执行后，文件的当前读写位置就更新到读写后的位置，这就像播放视频，永远往前播放，如果要回看必须倒回来，读写文件也是，读写过了就到下个位置，如果要读写已经读写过的位置，必须执行重新定位的操作。文件流类在文件中进行重新定位的操作函数是 seek，其函数原型为：

```
ofstream& seekp (int offset, int mode);
ifstream& seekg (int offset, int mode);
```

针对读写两个类 ofstream 和 ifstream 定义了不同的函数，输出流 ofstream 对应 seekp 函数(可以记忆为 seekput)，输入流 ifstream 对应 seekg 函数(可以记忆为 seekget)，两个函数的参数和功能是一样的。第一个参数 offset 是距起点的偏移量，以字节为单位。第二个参数 mode 是起点标识。起点标识包括文件开头(ios:：beg)、文件结尾(ios:：end)和当前正在读写的位置(ios:：cur)三个位置。通过 offset 和 mode 结合就可以定位到文件的任意位置，而且可以有多种定位方式，因为“ios:：beg +offset”与“ios:：end－offset”是同一个位置。

除了重新定位，文件流类也提供报告当前读写位置的函数，函数原型为：

```
int tellp ( );
int tellg ( );
```

两个函数也分别对应 ofstream 和 ifstream，tellp 对应输出流 ofstream(可以记忆为 tellput)，tellg 对应输入流 ifstream(可以记忆为 tellget)，tell 函数报告当前读写位置到文件头的距离，以字节为单位。tell 函数可以用于求文件大小，只要先定位到文件尾，然后执行 tell 函数，返回的就是文件大小。

文件流重新定位函数对文本文件或是二进制文件都可以进行，但通常情况下对文本文件重新定位没有意义，因为文本文件的信息是字符，其含义不是通过位置确定的，而是通过文字的含义进行定位。例如一个 double 数据，我们只有通过观察数字、小数点以及空格才能定位出 double 的数值，文件位置对数据含义没有帮助。

二进制文件的读写举例如下：

```
int main( ){
    int i, a[256],b[256];
    for( i=0;i<256;i++ ) a[i]=i;
    ofsteam ofs(( "d:/tstb.dat", ios::out );
    ofs.writr( a,sizeof(int)*256 ); //写出数据到文件,单位是字节
    ofs.close( );
    ifstream ifs( "d:/tstb.dat", ios::in );
    ifs.read( b,sizeof(int)*256 ); //读入数据到内存,单位是字节
    for( i=0;i<256;i++ ) cout<<b[i]<< " ";
    return 0;
}
```

本例先定义了 a，b 两个静态数组，并给 a 数组赋值为 0 到 255，然后用输出流将整个数组写入文件“d：/tstb. dat”中，关闭文件后，用输入流打开文件，并将文件数据读入数组 b 中，然后用 cout 输出。程序运行结果是屏幕上输出了数组 b 的内容 0 到 255。

8.2.3 关闭文件

文件读写完成后，就需要及时关闭文件。一方面可以及时保存数据，另一方面也给其他需要读写数据的程序让出空间。文件在系统中通常是独占的，一个程序打开了文件后，其他程序是无法打开该文件的。关闭文件的函数原型为：

```
void close( );
```

三个文件流类都使用 close( ) 函数关闭文件。函数无参数，直接调用即可。

8.2.4 CFile 类的使用

针对 Windows 系统中的文件操作，微软的 MFC 类库中封装的文件类 CFile 可实现对文件的访问。CFile 类与 fstream 流非常类似，提供了打开文件、读写文件和关闭文件的函数，CFile 类的主要成员如下：

1) 构造函数

CFile 类有两个构造函数，函数原型定义为：

CFile( )::CFile( );

CFile( )::CFile (HANDLE hFile);

第一个是无参数构造，第二个需要给文件句柄。文件句柄通过 WindowsAPI 函数

CreateFile 获得。CreateFile 函数是 Windows 打开文件函数，相关参数请查看 Windows SDK 帮助文档。

2）打开文件函数 Open( )

CFile 类使用 Open( )函数打开文件，函数原型为：

virtual BOOL CFile ( )：：Open (LPCTSTR lpFileName， UINT nOpenFlags，CFileException ＊ pError = NULL)；

该函数执行成功则返回非 0 值，不成功则返回 0。函数的第一个参数是文件完整的路径名，第二个参数是读写标识，详细读写标识如表 8-3 所示。

表 8-3　CFile 类读写标识含义表

标　识	含　义
CFile：：modeCreate	创建新文件，如果文件存在，则长度变为 0
CFile：：modeNoTruncate	该属性和 modeCreate 联合使用，可以达到如下效果：如果文件存在，则不会将文件的长度置为 0，如果不存在，则会由 modeCreate 属性来创建一个新文件
CFile：：modeRead	以只读方式打开文件
CFile：：modeWrite	以写方式打开文件
CFile：：modeReadWrite	以读、写方式打开文件
CFile：：modeNoInherit	阻止文件被子进程继承
CFile：：shareDenyNone	不禁止其他进程读写访问文件，但如果文件已经被其他进程以兼容模式打开，则创建文件失败
CFile：：shareDenyRead	打开文件，禁止其他进程读此文件，如果文件已经被其他进程以兼容模式打开，或被其他进程读，则 create 失败
CFile：：shareDenyWrite	打开文件，禁止其他进程写此文件，如果文件已经被其他进程以兼容模式打开，或被其他进程写，则 create 失败
CFile：：shareExclusive	以独占模式打开文件，禁止其他进程对文件的读写，如果文件已经被其他模式打开读写(即使是当前进程)，则构造失败
CFile：：shareCompat	此模式在 32 位 MFC 中无效，此模式在使用 CFile：：Open 时被映射为 CFile：：ShareExclusive
CFile：：typeText	对回车、换行键设置特殊进程(仅用于派生类)
CFile：：typeBinary	设置二进制模式(仅用于派生类)

打开文件函数的第三个参数是异常处理类对象指针，用于给打开文件函数提供出现异常时调用的对象指针，通常不用这个参数。

3）关闭文件函数 Close( )

CFile 类使用 Close( )或者 Abort( )函数关闭打开的文件，函数原型为：

virtual void CFile( ):: Close( );

virtual void CFile( ):: Abort( );

两个函数功能类似，差异为：如果出现异常，Close( )函数会抛出异常和错误，而Abort( )函数忽略错误，不抛出异常。

4)读写文件函数 Read( )和 Write( )

CFile 类使用 Read( )读取数据，使用 Write( )写数据，函数原型为：

virtual UINT CFile( ):: Read(void * lpbuf, UINT nCount);

virtual void CFile( ):: Write(const void *lpbuf, UINT nCount);

以上两个函数的第一个参数是内存中的数据地址，第二个参数是数据内存大小，注意以字节为单位。Read( )函数返回读到内存中的字节数，如果到文件尾部，则返回的字节长度会小于等于 nCount 的值。Write( )函数将缓冲区当前位置开始的 nCount 长度的内容，写入文件当前读写位置的内容中，以替换原来的内容，函数返回实际写入文件的字节数。

5)文件读写位置定位函数 Seek( )

CFile 类使用 Seek( )重新定位当前读写位置，函数原型为：

virtual LONG CFile( ):: Seek(LONG lOff , UINT nFrom);

函数的第一个参数是距离参考位置的偏移字节数，第二个参数是参考位置，可以取文件开始位置"CFile:: begin"、文件结尾位置"CFile:: end"和文件当前位置"CFile:: current"。通过两个参数的结合，可以定位到文件任意位置。

6)获取文件当前读写位置函数 GetPosition( )

CFile 类使用 GetPosition( )获取当前读写位置，函数原型为：

virtual DWORD CFile( ):: GetPosition( ) const;

函数返回当前读写位置距离文件开始位置的字节数。

7)其他函数

CFile 类除了提供常用访问文件函数外，还提供了一些非常实用的函数，详细情况如表 8-4 所示。

表 8-4 CFile 类的其他成员函数

函数名	功能
SeekToBegin( )	将文件读写位置定位到文件开始处
SeekToEnd( )	将文件读写位置定位到文件末尾处
GetLength( )	获取文件长度，以字节为单位
GetStatus( )	获得指定文件的状态信息，包括创建时间、文件长度等
SetStatus( )	修改指定文件的状态信息，包括创建时间等
Rename( )	将已经存在的文件更名为新的未存在的文件名
Remove( )	删除已经存在的一个文件

8.3　异常处理

程序运行时常会遇到一些错误，例如除数为 0、负数取对数、数组下标越界等，这些错误如果不能发现并加以处理，很可能会导致程序崩溃。C++的异常(Exception)机制就可以让我们捕获并处理这些错误，然后让程序沿着一条不会出错的路径继续执行，或者结束程序。异常机制让我们在出错退出前可以做一些必要的工作，例如将内存中的数据写入文件、关闭打开的文件、输出出错时候有关参数的值等。C++的异常处理机制主要涉及 try、catch、throw 三个关键字，本节将一一讲解。

8.3.1　try/catch 捕获异常

程序的错误大致可以分为三种，分别是语法错误、逻辑错误和运行时错误。

(1)语法错误在编译和链接阶段就能发现，只有 100%符合语法规则的代码才能生成可执行程序。语法错误是最容易发现、最容易定位、最容易排除的错误，程序员最不需要担心的就是这种错误。

(2)逻辑错误即我们编写的代码思路有问题，不能够达到最终目标，这种错误可以通过调试来解决。

(3)运行时错误是指程序在运行期间发生的错误，例如除数为 0、内存分配失败、数组越界、文件不存在等。C++的异常机制就是为解决运行时错误而引入的。

运行时错误如果放任不管，系统就会执行默认操作，终止程序运行进入崩溃(crash)状态。通常情况下，程序崩溃前会报告错误，这个过程称抛出异常。C++提供的异常机制，让我们能够捕获运行时的错误，给程序一次“起死回生”的机会，或者至少告诉用户发生了什么再终止程序。捕获异常的语法为：

```
try{
    //可能抛出异常的语句
}catch(exceptionType variable){
    //处理异常的语句
}
```

try 和 catch 都是 C++中的关键字，后跟语句块{ }不能省略。try 中包含可能会抛出异常的语句，一旦有异常抛出就会被后面的 catch 捕获。如果 try 语句块没有检测到异常(没有异常抛出)，那么不会执行 catch 中的语句。catch 关键字后面的 exceptionType variable 指明了当前 catch 可以处理的异常类型和具体出错信息，如果希望捕获所有异常可以在括号内填三个点“...”。try 和 catch 使用举例如下：

```
int main( ){
    int i, a[8];
    char *p;
    try{
        a[8]=9;
```

```
        p = new char[-5];
    }catch(…){
        cout<<"捕获到异常发生";
    }
}
```

程序运行输出:

捕获到异常发生

本例中我们在 try{}代码段里错误地使用了数组第 9 个元素，用负数分配内存，显然这两个错误会引发运行错误，抛出异常。

8.3.2 throw 抛出异常

在 C++中，使用 throw 关键字来显式抛出异常，它的用法为:

throw exceptionData;

exceptionData 可以包含任意信息，内容由程序员决定，可以是 int、float、bool 等基本类型，也可以是指针、数组、字符串、结构体、类等聚合类型，exceptionData 信息内容的传递对象是 catch 函数，异常发生后，使用 try/catch 语句即可捕获到 exceptionData 信息。使用 throw 抛出异常的语法主要用于调试算法，通过抛出异常可以发现程序中的问题，便于优化算法，下面是使用 throw 的例子:

```
#include <iostream>
using namespace std;
void myStrcpy(char *to, char *from){
  if (from == NULL) { throw "源 buf 出错"; }
  if (to == NULL) { throw "目的 buf 出错"; }
  while (*from != '\0') { *to++ = *from++; }
   *to = '\0';
}
int main( ){
  chars[ ] = "12345";
  chard[16] = { 0 };
  try{
    myStrcpy(d, s);
  }catch (char *e) {
    cout << "捕获到异常 1:" <<e<< endl;
  }
  try{
    myStrcpy( d,NULL );
  }catch (char *e) {
    cout << "捕获到异常 2:" <<e<< endl;
  }
```

```
    return 0;
}
```

8.3.3　exception 类

使用 try/catch 捕获异常时，catch( )的参数是 exception 对象的引用，类 exception 称为异常类，是对所有异常的概括。所有异常理论上应该都由 exception 类派生。exception 类定义了异常的标准接口，重载后可以对异常事件进行详细描述。exception 类的声明如下：

```
class exception{
public:
    exception ( ) throw( );    //构造函数
    exception (const exception&) throw( );    //拷贝构造函数
    exception& operator= (const exception&) throw( ); //运算符重载
    virtual ~exception( ) throw( );    //虚析构函数
    virtual const char * what( ) const throw( ); //虚函数
};
```

exception 类的 what( )函数返回一个能识别的字符串，正如它的名字“what”一样，可以粗略地说明这是什么异常。不过 C++标准并没有规定这个字符串的格式，各个编译器的实现不同，what( )的返回值仅供参考。

8.4　习题

(1)C++预定义了哪几个输入/输出流对象？简述其作用。

(2)什么是顺序文件和随机文件？简述在 C++程序中建立文件的过程。

(3)文本文件与二进制文件有什么不同？读写文本文件的过程中用到了哪些函数？二进制文件又用到了哪些函数？

(4)什么是异常？C++为什么要引入异常处理机制？

(5)简述 try-throw-catch 异常处理的过程。

(6)什么是异常类？

(7)从文本格式文件中用文件流 fstream 对象 fin，读入 double 类型数据到变量 a，下列语句正确的是______

A. fin. read(&a, 8)　　　　B. fin. read(a, 8)

C. fin<<a　　　　　　　　D. fin>>a

(8)设计一个实现文件复制功能的函数。

(9)设计一个函数实现：在计算机的给定文件中是否含有“机密”字眼。提示：中文一个字占两个字符，因此要比较多个字符。函数的声明为 BOOL IsSecretFile(char * filename);

(10)设计一个只能容纳 10 个元素的队列，如果入队元素超出了队列容量或者从已空队列取元素，就抛出异常。

第9章 Windows 编程与 MFC

Windows 是一种基于图形界面的多任务操作系统。为了帮助开发 Windows 应用程序，Windows 提供了大量的内建函数以方便地使用弹出菜单、滚动条、对话框、图标和其他一些友好的用户界面，这些函数被称为应用程序编程接口(Application Programming Interface, API)。直接采用 API 开发 Windows 应用程序代码量比较大，通常需要采用辅助开发包。近年来出现了大量开发 Windows 图形界面的工具，例如支持跨平台的 Qt、基于.net 的 Winform、基于 Web 的 Webview、直接使用 Windows 窗体和 MFC 类库。

尽管 Qt 支持跨平台，然而其入门还是比较困难的，需要熟悉界面与算法的合理划分，还需要熟悉各种控件的使用。至于 Winform、Webview 和 Windows 窗体等都需要额外的知识才能使用。综合来看，微软公司提供的微软基础类库(Microsoft Foundation Classes, MFC)实现了对大部分 Win32 API 的面向对象封装，可以让初学者极为简单地创建桌面应用程序。在学习者学会 Windows 应用程序的基本原理后，可以考虑学习 Qt，实现跨平台开发。

9.1 Windows 程序设计基础

Windows 是一个应用于微机上的基于图形用户界面的操作系统。它为应用程序提供了一个由一致的图形用户界面构成的多任务环境。由于应用程序之间的界面是一致的，因而对于用户来说，Windows 应用程序相对于其他应用程序更容易学习和使用。Windows 的这种用户界面一致性，使不同功能的软件包具有类似的用户界面，Windows 环境中的每一个窗口都包含了相同的基本特性，这些基本特性在应用程序中是一致的，用户可以很容易地适应新的应用程序。

微软公司早在 1983 年就开始了 Windows 操作系统第一版的研制工作，并于 1985 年发布了 Windows 的 1.1 版。Windows 经过不断升级换代，现在已经具备诸多网络功能，成为最主流的微机操作系统。早期进行 Windows 程序设计是一件痛苦异常的事情，那时候还没有现在这些设计精美的应用程序开发工具。在今天，即便是一个对 Windows 程序内部运行机制一无所知的初学者，只需要不到一天的学习，就可以使用如 Visual Basic 之类的程序开发工具创建出功能完整的 Windows 应用程序来。从某种角度说，Windows 应用程序不是编出来的，而是由程序员画出来的。但是要知道，一个出色的 Windows 应用程序不仅在于在屏幕上绘出程序的各个窗口和在窗口中恰当地安排每一个控件，更重要的是知道 Windows 和 Windows 应用程序的运行机制，以及它们之间以何种方式来进行通信。

与控制台程序独占计算机所有资源不同，Windows 的多任务环境允许用户在同一时刻运行多个应用程序或同一个应用程序的多个实例。当然每一个瞬间仅有一个程序能够处于激活状态接收用户的输入，同一时间只能有一个应用程序处于激活状态，但是，可以有任意个数的并行运行任务。例如我们在打开文字处理软件 Notepad 键入纯文本的同时，还可以用播放器播放歌曲。在这样的一个操作系统中，不可能像过去的控制台程序那样，由一个应用程序独占计算机，等待用户用键盘输入数据后执行单一计算。在多任务环境中，Windows 时刻监视着用户的一举一动，并分析用户的动作与哪一个应用程序相关，然后，将用户的动作以消息的形式发送给该应用程序，应用程序时刻等待着消息的到来，一旦发现它的消息队列中有未处理的消息，就获取并分析该消息，最后，应用程序根据消息所包含的内容采取适当的动作来响应用户所做的操作。

可见，Windows 是一个事件驱动的操作系统，简单理解就是系统将外界对系统的操作全部归纳为事件，并把所有事件定义为消息，每个应用程序都必须接收和处理系统消息。Windows 为每一个应用程序，确切地说是每一个线程维护相应的消息队列。应用程序的任务就是不停地从它的消息队列中获取消息，分析和处理消息，直到接到一条叫作 WM_QUIT 的消息为止，这个过程通常是由一种叫作消息循环的程序结构来实现的。Windows 能向应用程序发送的消息多达数百种，但是，对于一般的应用程序来说，只有其中的一部分有意义。如果你的应用程序只使用鼠标，那么如 WM_KEYUP、WM_KEYDOWN 和 WM_CHAR 等消息就没有任何意义，也就是说，在应用程序中事实上不需要处理这些事件，对于这些事件，只需要交给 Windows 作默认的处理即可。因此，在应用程序中，我们需要处理的事件只是所有事件中的一小部分。事件驱动围绕着消息的产生与处理展开，所有程序都将以消息的产生开始，直到消息结束时结束。

基于事件驱动及对应消息处理，Windows 应用程序需要提供一个窗口来实现对事件的响应，同时还通过一个消息循环让应用程序一直运行。这样，Windows 应用程序的主函数如下：

```
int WinMain(    //主函数名称,与 main( )完全等价
    HINSTANCE hInstance,
    HINSTANCE hPrevInstance,
    LPSTR lpCmdLine,
    int nCmdShow )
{
    //第一部分,注册窗口
    WCHAR * cls_Name = L"My Class";    //窗口类别名称
    WNDCLASS wc = {0};    //定义窗口类别结构体变量
    wc.hbrBackground = (HBRUSH)COLOR_WINDOW;
    wc.lpfnWndProc =MyWindowProc; //指定用于处理消息的窗口函数
    wc.lpszClassName = cls_Name;
    wc.hInstance = hInstance;
    RegisterClass(&wc);    //注册窗口类别
    //第二部分,创建窗口
```

```
    HWND hwnd = CreateWindow(    //创建窗口
        cls_Name, L"MyApp", WS_OVERLAPPEDWINDOW,
        38, 20,480,250,NULL,NULL,hInstance, NULL);
    if(hwnd == NULL) return 0;
    ShowWindow(hwnd, SW_SHOW); //让窗口显示
    UpdateWindow(hwnd);   //刷新窗口
     //第三部分,开始消息循环
    MSG msg;
    while(GetMessage(&msg, NULL, 0, 0))   //开始消息循环
    {
        TranslateMessage(&msg);
        DispatchMessage(&msg);
    }
    return 0;
}
```

Windows 应用程序的主函数名称统一为 WinMain( )，作用与 main( )函数一样，程序启动后传入运行参数，参数 hInstance 和 hPrevInstance 是本程序和上级程序的实例标识(系统给每个程序编的号码)，参数 lpCmdLine 表示程序运行时输入的命令行，参数 nCmdShow 表示程序启动后是否可见。Windows 主函数主要包含三部分，分别是注册窗口、创建窗口和消息循环。所有消息的处理是在“窗口函数”中实现的，窗口函数需要单独编写，窗口函数通常为：

```
LRESULT  CALLBACK  MyWndProc ( HWND hWnd, UINT message, WPARAM
wParam,LPARAM lParam){
    switch(message){
        case WM_QUIT:
            …
            break;
    case WM_MOUSEMOVE:
            …
            break;
        case …
    }
    return DefWindowProc (hwnd, message, wParam, lParam);
}
```

窗口函数形式就是一个 switch 语句，需要给所有消息编写处理代码，如果没有给某个消息编写代码，程序就没有处理此消息的能力，自然就不会理会这个消息，对用户来说就是程序对某个操作没有反应。最后一句中的 DefWindowProc( )是调用了系统函数，这个函数可以让系统帮忙按默认方式处理标准消息，例如移动窗口、最小化窗口、最大化窗口

等，这样可以减轻编写代码的工作量。

Windows 系统为应用程序开发提供了大量的系统函数，开发者可以通过这些函数实现 Windows 程序的功能。这些函数通称为 WindowsAPI，包含所有 API 的开发包称为 WindowsSDK，SDK 和 API 是开发 Windows 应用程序不可缺少的基础。

9.1.1　窗口的组成

在基于 Windows 的图形应用程序中，窗口是屏幕的矩形区域，应用程序显示输出并接收用户的输入，因此，基于图形化应用程序的任务之一是维护窗口。所有窗口共享屏幕，一次只能有一个窗口接收用户的输入。用户可以使用鼠标、键盘或其他输入设备与此窗口和拥有它的应用程序进行交互。

每个基于 Windows 的图形应用程序都会创建至少一个窗口并称其为主窗口，该窗口充当用户和应用程序之间的主接口。大多数应用程序还直接或间接地创建其他窗口来辅助主窗口完成任务。每个窗口在显示输出和从用户接收输入方面都起到一些作用。启动应用程序时，系统还会将任务栏按钮与应用程序关联。应用程序窗口包括标题栏、菜单栏、窗口菜单（以前称为系统菜单）、最小化按钮、最大化按钮、还原按钮、关闭按钮、大小调整边框、客户区、水平滚动条和垂直滚动条等元素。应用程序窗口通常包含所有这些组件，图 9-1 显示了典型应用程序窗口的这些组件。

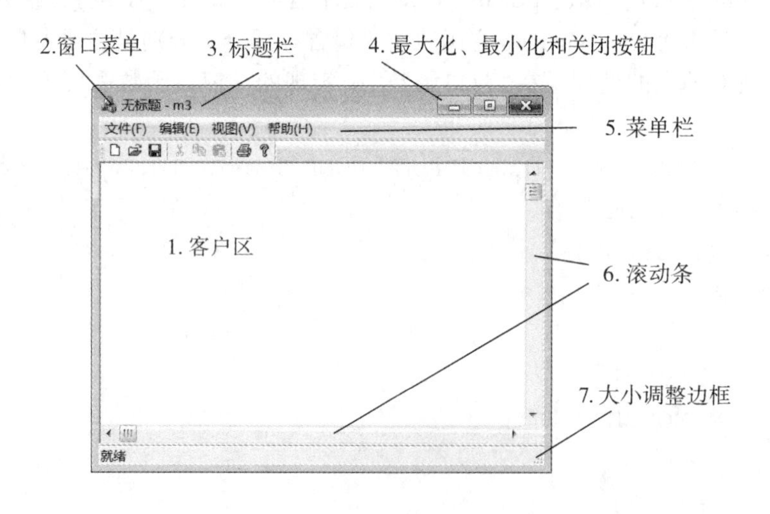

图 9-1　典型应用程序窗口

1. 客户区

客户区又称工作区，是应用程序显示输出（如文本或图形）窗口的一部分。例如，桌面发布应用程序在客户区中显示文档的主要内容。应用程序必须提供窗口过程函数，用于处理窗口的输入并将结果显示到客户区中。

2. 窗口菜单

窗口菜单位于左上角程序图标处，包含一组标准菜单项，可设置窗口的大小或位置、关闭应用程序等，窗口菜单主要与系统相关，由系统创建和管理。

3. 标题栏

标题栏位于窗口的顶部，显示的文本信息用于标注程序，一般是应用程序名字，这便于知道哪个应用程序正在运行。标题栏的颜色反映一个窗口是否是一个活动窗口，标题栏允许用户使用鼠标或其他指针设备移动窗口。

4. 最大化、最小化和关闭按钮

最大化、最小化和关闭按钮用于快捷控制窗口大小和关闭窗口。选择最小化按钮时，系统会将窗口缩小并定位在任务栏按钮上，单击其任务栏按钮可还原其以前的大小和位置。

5. 菜单栏

菜单栏列出应用程序支持的命令，单击菜单栏上的项通常会打开一个弹出菜单，其项对应于给定类别中的任务。

6. 滚动条

应用程序可以显示一个垂直滚动条和一个水平滚动条。垂直滚动条在应用程序窗口的右边，水平滚动条显示在窗口的底部。移动滑块可使客户区输出快速更新到任意位置。

7. 大小调整边框

大小调整边框是窗口外围的周围区域，用于鼠标或其他指向设备调整窗口的大小。

除应用窗口外，Windows 程序也提供对话框界面与用户交互。对话框通常包含一个简单的窗口和多个控件。控件是应用程序用于从用户获取特定信息的小窗口，例如要打开文件的名称等。应用程序还使用控件来获取控制应用程序所需的信息，控件始终与对话框结合使用。典型的对话框界面如图 9-2 所示。

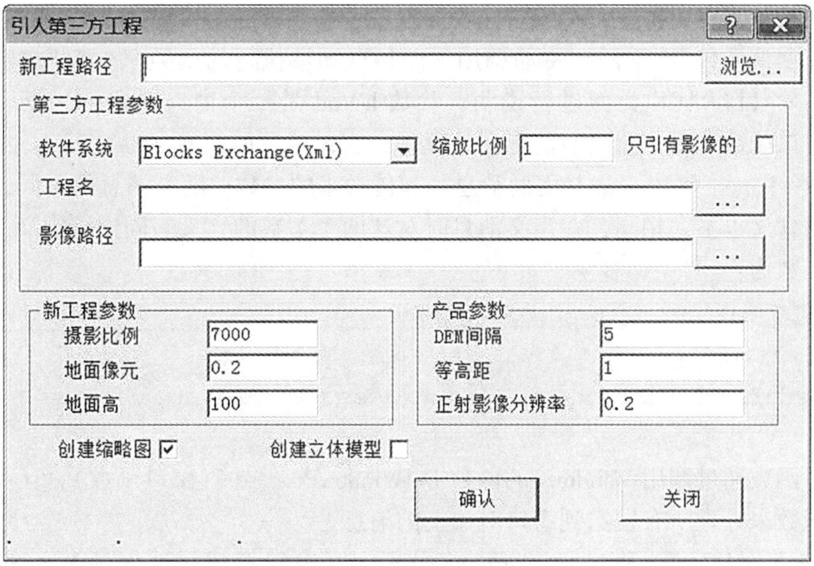

图 9-2　典型的对话框界面

9.1.2　窗口的使用

Windows 程序使用窗口前需先注册类别，窗口类别用结构体 WNDCLASS 进行描述，结构体 WNDCLASS 的说明如下：

```
typedef struct tagWNDCLASS {
    DWORD style;                  /* 窗口风格 * /
    WNDPROC * lpfnWndProc;        /* 窗口函数 * /
    int cbClsExtra;               /* 类变量占用的存储空间 * /
    int cbWndExtra;               /* 实例变量占用的存储空间 * /
    HINSTANCE hinstance;          /* 定义该类的应用程序实例的句柄 * /
    HICON hicon;                  /* 图标对象的句柄 * /
    HCURSOR hCursor;              /* 光标对象的句柄 * /
    HBRUSH hbrBackground;         /* 用于擦除用户区的刷子对象的句柄 * /
    LPCSTR lpszMenuName;          /* 标识选单对象的字符串 * /
    LPCSTR lpszClassName;         /* 标识该类名字的字符串 * /
} WNDCLASS;
```

WNDCLASS 类型有 10 个成员，它描述了该类的窗口对象所具有的公共特征和方法。在程序中可以定义任意多的窗口类，每个类的窗口对象可以具有不同的特征。lpszClassName 是类的名称，在创建窗口对象时用于标识该窗口对象属于哪个类。lpfnWndProc 是指向函数的一个指针，所指向的函数应具有下述函数原型：

```
LRESULT  CALLBACK  WndProc ( HWND hWnd, UINT message, WPARAM
wParam,LPARAM lParam);
```

该函数被称为窗口函数，其中定义了处理发送到该类的窗口对象的消息的方法。窗口函数是一个回调函数(即不需要主动调用，而是自动被执行的函数)，因此在定义窗口函数时要使用 CALLLBACK 类型进行说明。参数 hWnd 是一个窗口对象的句柄。通过该句柄，一个窗口函数可以检测出当前正在处理哪个窗口对象的消息。参数 message 是消息标识符，参数 wParam 和 lParam 是随同消息一起传送来的参数，随着消息的不同，这两个参数所表示的含义也不太相同，在定义消息时对这两个参数的含义一同进行定义。一个最简单的窗口函数为：

```
LRESULT CALLBACK  WndProc(HWND hwnd, UNIT message, WPARAM wParam,
LPARAM lParam) {
    return DefWindowProc (hwnd, message, wParam, lParam);
}
```

该窗口函数通过调用 Windows 的函数 DefWindowProc(缺省窗口函数)，让 Windows 的缺省窗口函数来处理所有发送到窗口对象上的消息。

成员 hIcon、hCursor 和 hbrBackground 分别定义窗口变成最小时所显示的图标对象的句柄，当光标进入该类的窗口对象的显示区域时所显示的光标对象的句柄，当需要擦除用户区域显示的消息时所使用的刷子对象的句柄(该刷子作用的结果形成窗口用户区的背景色)。

成员 style 规定窗口的风格，可以为 CS_HREDRAW、CS_VREDRAW、CS_BYTEALIGNCLIENT、CS_BYTEALIGNWINDOW、CS_NOCLOSE 等。

成员 lpszMenuName 指向一个以'\0'字符(称为空字符或 NULL 字符)结尾的字符串，用于标识该窗口类的所有对象所使用的缺省选单对象。

成员 hInstance 用于标识定义该窗口类的应用程序的实例句柄。每一个窗口类需要一个实例句柄来区分注册窗口类的应用程序或 DLL，该实例句柄用于确定类别，当注册窗口类的应用程序或 DLL 被终止时，窗口类被强制删除。

设置了 WNDCLASS 类型变量的各个成员之后，使用函数 RegisterClass 向 Windows 注册这个类，函数 RegisterClass 的原型为：

```
BOOL RegisterClass(LPWNDCLASS lpWndClass);
```

该函数只有一个参数，为 WNDCLASS 类型的变量指针，函数返回非零表示注册成功，否则注册失败。不能向 Windows 注册具有相同名字(lpszClassName 域指向相同的两个字符串)的两类窗口，否则第二次注册失败并被忽略。

在注册了窗口类之后，程序员使用函数 CreateWindow 创建窗口，得到窗口的一个实例(一个窗口对象)的句柄。一个窗口可以是一个重叠式窗口，或是一个弹出式窗口等，由 CreateWindow 函数指定。每一个子窗口都有一个父窗口，每一个隶属窗口都有一个拥有者，拥有者是另一个窗口。

CreateWindow 函数的原型为：

```
HWND CreateWindow( LPCSTR lpClassName, \类别名,该窗口所属的类别。
LPCSTR lpWindowName,      \窗口名称,即在标题栏中显示的文本。
DWORD dwStyle,            \该窗口的风格。
int x,                    \窗口左上角相对于屏幕左上角的初始 x 坐标。
int y,                    \窗口左上角相对于屏幕左上角的初始 y 坐标。
int nWidth,               \窗口的宽度。
int nHeight,              \窗口的高度。
HWND hWndParent,          \一个子窗口的父窗口的句柄,可以为 NULL。
HMENU hMenu,              \选单句柄,如果为 NULL,则使用类中定义的选单。
HINSTANCE hInstance,      \创建窗口对象的应用程序的实例句柄。
VOID FAR * lpParam        \创建窗口时指定的额外参数。
);
```

窗口名称：一个文本字符串，用于标识用户的窗口。主窗口、对话框或消息框通常在其标题栏中显示其窗口名称(如果存在)。控件可能会显示其窗口名称，具体取决于控件的类别。例如，按钮、编辑控件和静态控件在控件占用的矩形中显示其窗口名称，但是，列表框和组合框等控件不显示其窗口名称，若要在创建窗口后更改窗口名称，可使用 SetWindowText 函数修改。

窗口样式和扩展窗口样式：每个窗口都有一个或多个窗口样式。窗口样式是一个命名常量，用于定义窗口外观和行为中未由窗口类指定的方面。应用程序在创建窗口时通常会设置窗口样式。每个窗口可以选择一个或多个扩展窗口样式。扩展窗口样式是一个命名常量，用于定义窗口外观和行为中未由窗口类或其他窗口样式指定的方面。应用程序在窗口创建后可以使用 SetWindowLong 修改其窗口样式和扩展窗口样式。

位置：窗口的位置定义为窗口左上角的坐标。这些坐标(有时称为窗口坐标)始终位于屏幕的左上角，或者对于子窗口，则位于父窗口客户区的左上角。例如，将坐标为(10，10)的顶级窗口放置在屏幕左上角的右侧 10 像素，屏幕向下 10 像素。坐标为(10，10)的子窗口位于其父窗口客户区左上角的右侧 10 像素，父窗口下方 10 像素。

大小：窗口的大小 (宽度和高度) 以像素为单位。窗口的宽度或高度可以是零。如果应用程序将窗口的宽度和高度设置为零，则系统会将大小设置为默认的最小窗口大小。为了发现默认的最小窗口大小，应用程序将 GetSystemMetrics 函数与 SM _ CXMIN 和 SM _ CYMIN 标志一起使用。应用程序可以使用 AdjustWindowRect 和 AdjustWindowRectEx 函数根据工作区计算窗口所需大小，并将生成的大小值传递给 CreateWindow 函数。

窗口句柄：创建窗口后，创建函数返回唯一标识窗口的窗口句柄。窗口句柄具有 HWND 数据类型；声明保存窗口句柄的变量时，应用程序必须使用此类型。应用程序在其他函数中使用此句柄将操作引导到窗口。

父窗口或所有者窗口句柄：窗口可以具有父窗口，父窗口提供用于定位子窗口的坐标系。父窗口会影响窗口外观的各个方面，例如，将剪裁子窗口，以便子窗口的一部分不能出现在其父窗口的边框之外。没有父级或父级为桌面窗口的窗口称为顶级窗口。应用程序可以使用 EnumWindows 函数获取屏幕上每个顶级窗口的句柄。顶级窗口可以拥有或归另一个窗口所有。拥有的窗口始终出现在其所有者窗口的前面，在最小化其所有者窗口时隐藏，并且在其所有者窗口被销毁时销毁。

菜单句柄或 Child-Window 标识符：子窗口可以具有子窗口标识符，即与子窗口关联的唯一应用程序定义值。子窗口标识符在创建多个子窗口的应用程序时特别有用。创建子窗口时，应用程序指定子窗口的标识符。创建窗口后，应用程序可以使用 SetWindowLong 函数更改窗口的标识符，或者使用 GetWindowLong 函数检索标识符。每个窗口(子窗口除外)都可以有一个菜单。应用程序可以通过在注册窗口的类或创建窗口时提供菜单句柄来包括菜单。

一个窗口接收到的消息由该窗口的窗口函数进行处理，同一类的所有窗口对象共用同一个窗口函数，窗口函数决定着对象如何用内部方法对消息作出响应。例如，当用户操作屏幕上的一个窗口对象时(例如用户改变了屏幕上窗口对象的位置或大小)或发生其他事件时，该事件的消息被存于应用程序的消息队列中，消息循环首先从该队列中检索出该消息，然后将消息发送到某个对象上。发送过程由 Windows 来控制，Windows 根据消息结构中的 hWnd 域所指示的消息发送的目标对象，调用该对象所在类的窗口函数完成消息的发送工作。窗口函数根据消息的种类，选择执行一段代码(方法)，对消息进行处理，并通过 return 语句回送一个处理结果或状态。消息循环、Windows 和窗口函数协同配合，完成一条消息的发送和处理。在处理完一条消息之后，如果应用程序队列中还有其他消息，则继续进行上述处理过程，否则，应用程序在消息循环处理时进行等待。

9.1.3 事件驱动和消息响应

与基于控制台的应用程序不同，Windows 应用程序是事件驱动的，它们不执行显式函数调用(如 cin、scanf 等)获取输入，相反，它们等待系统将输入传递给它们。基于消息的事件驱动机制是一个通用模型，广泛应用于桌面软件开发、网络应用程序开发、前端开发等技术方向中。消息可以理解为外部操作事件，被转化为消息存放于队列中；通过消息循环，完成读消息、调用消息处理函数这个过程。消息循环是个死循环，只要应用不退出，就会一直进行下去。

Windows 系统将系统的所有事件都通过消息传递给应用程序的各个窗口。每个窗口都有一个称为“窗口过程”的函数，应用程序只要具有窗口，就会调用该函数。窗口过程处理结束后将控制权返回给系统。如果顶级窗口停止响应消息超过几秒钟，系统将认为该窗口未响应。在这种情况下，系统将隐藏窗口，并将其替换为具有相同的顺序、位置、大小和视觉对象属性的虚影窗口。

Windows 系统的消息用如下结构体进行定义：

```
typedef struct tagMSG{
    HWND hwnd;
    UINT message;
    WPARAM wParam;
    LPARAM lParam;
    DWORD time;
    POINT pt;
}MSG;
```

第一个成员变量 hwnd 表示消息所属的窗口；第二个成员变量 message 指定了消息的标识符；第三个、第四个成员变量 wParam 和 lParam，用于指定消息参数；最后两个成员变量分别表示消息投递到消息队列中的时间和鼠标的当前位置。

Windows 系统会为每个事件，包括系统改变、窗口绘制、输入事件(例如选择菜单、点击鼠标、移动鼠标或单击控件等)等生成一条消息，并将消息放入队列，让各个应用程序自己处理。系统使用四个参数将消息发送到窗口，一个窗口句柄、一个消息标识符和两个消息参数。窗口句柄标识消息所针对的窗口，系统使用它来确定由哪个窗口过程来接收消息。消息标识符是标识消息用途的命名常量。当窗口过程收到消息时，它使用消息标识符来确定如何处理消息。例如，消息标识符 WM_PAINT 告知窗口过程窗口的客户区已更改，必须重新绘制。两个消息参数指定在处理消息时使用的数据。消息参数的含义和值取决于消息。消息参数可以包含整数、打包的位标志、指向包含其他数据结构的指针，等等。当消息不使用消息参数时，它们通常设置为 NULL。

所有的 Windows 应用程序都需要用消息循环函数处理系统发送的消息，而且消息循环函数必须是死循环，否则应用程序就不会一直运行。消息循环函数的通用定义为：

```
BOOL bRet; MSG msg;
while ( (bRet = GetMessage( &msg, NULL, 0, 0 ) ) ! = 0 ) {
```

```
    if (bRet == -1) {
        //出现错误情况的处理,通常为结束程序
    }else{
        TranslateMessage(&msg);
        DispatchMessage(&msg);
    }
}
```

消息循环函数用 GetMessage 函数从系统的消息队列中检索消息，并将其复制到 MSG 结构变量中。它将返回一个非零值，除非遇到 WM_QUIT 消息。在单线程应用程序中，结束消息循环通常是关闭应用程序的第一步，应用程序可以通过使用 PostQuitMessage 函数来结束自身循环。GetMessage 的第二个参数是窗口句柄，如果指定窗口句柄，则只从队列中检索指定窗口的消息。TranslateMessage 函数的作用是将虚拟消息转换为正常消息放入系统消息队列，例如键盘消息就需要 TranslateMessage 进行转化。DispatchMessage 函数的作用是将消息分发到与消息结构中窗口句柄关联的窗口的过程，如果窗口句柄为 NULL，则 DispatchMessage 对消息不执行任何操作。

下面以鼠标点击为例说明消息响应处理的完整过程。

(1)用户点击鼠标；

(2)鼠标驱动产生鼠标点击消息，放入系统消息队列；

(3)系统消息转换为应用程序消息，放入应用程序队列；

(4)消息泵(即 GetMessage 函数)从应用程序消息队列中读取消息；

(5)消息派发及处理，将消息派发至对应窗口的对应消息处理函数。

Windows 应用程序不仅要处理消息，同时也可以产生消息。有两种方式产生消息，一种是发送消息，对应的函数为 SendMessage，另一种是发布消息，对应的函数为 PostMessage，两个函数的参数一样，功能类似，差异是 SendMessage 函数是阻塞式的，如果消息发送成功，则必须等到对方处理完消息才继续执行下一个语句。但 PostMessage 函数是无阻塞的，仅仅产生消息，并将消息放入队列，并不关心消息是否被接收和处理。

9.2　MFC 程序基础

9.2.1　MFC 的类

从 WinMain( )函数开始编写 Windows 程序的工作量非常大，为简化编写 Windows 应用程序的开发，微软公司提供了 MFC 开发库。MFC 是包含用来编写 Windows 应用程序的 C++类库，大约有 200 多个类，可以分成两种：一是 CObject 类的派生类，它们以层次结构的形式组织起来，几乎每个子层次结构都与一个具体的 Windows 实体对应；二是非 CObject 派生类，这些都是独立的类，如表示点的 CPoint 类，表示矩形的 CRect 类，等等。

MFC 的 CObject 类家族主要组成如图 9-3 所示。

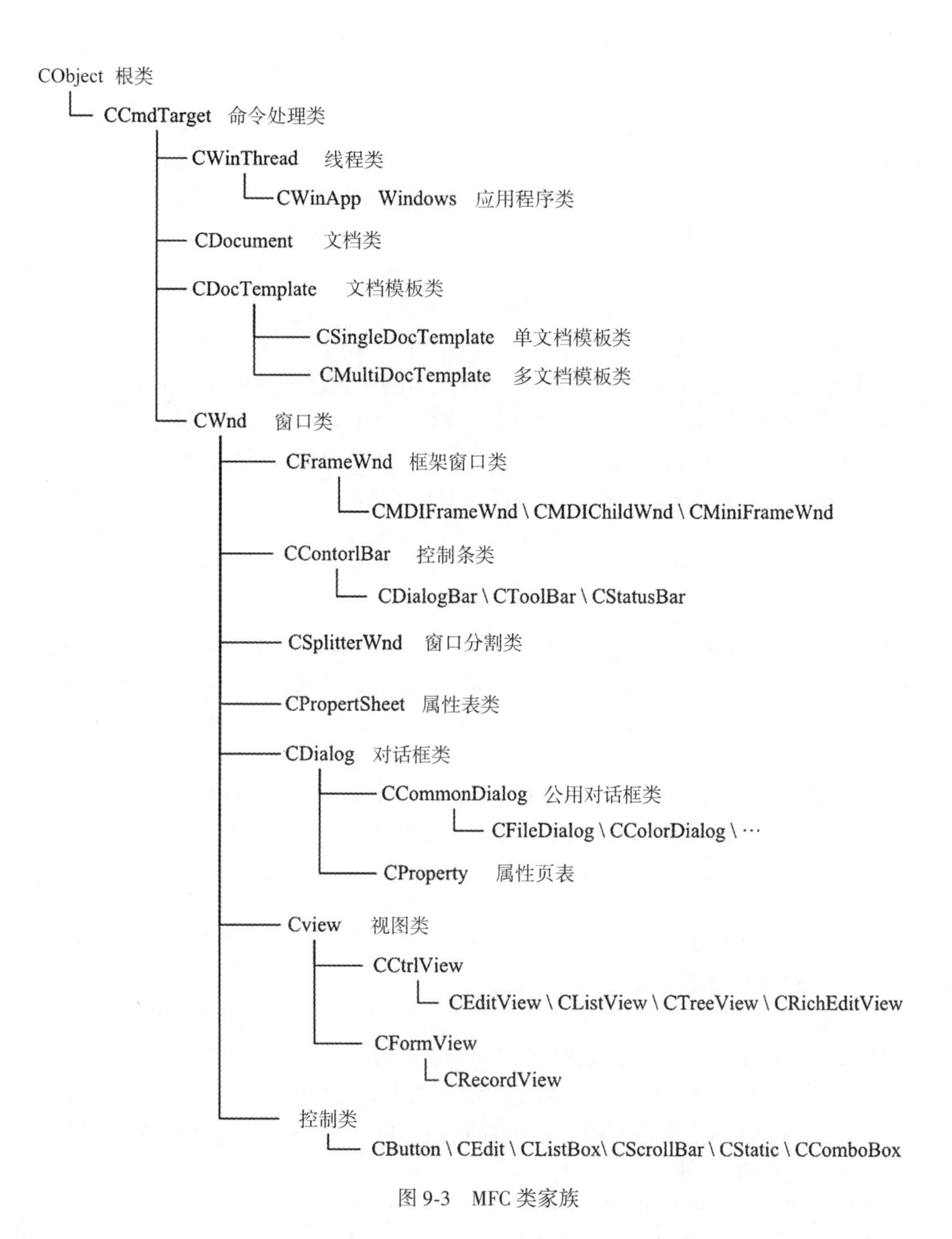

图 9-3 MFC 类家族

CObject 类：是 MFC 的绝大部分类的基类，该类完成动态空间的分配与回收，支持一般的对象诊断、运行类型标识和文档序列化等。对象诊断指利用成员函数 AssertValid 进行对象的有效性检查，利用成员函数 Dump 输出对象的数据成员的值，诊断信息以文本形式放入一个数据流中，用于调试器的输出窗口信息显示(只能用于 Debug 版的应用程序)。运行类型识别利用 GetRuntimeClass 返回一个相关联的指向 CRuntimeClass 结构的指针，它包含了一个类的运行信息，用函数 IsKindOf 可测试对象与给定类的关系。文档序列化通过与 CArchive 相结合实现，CObject 类为其派生类提供了序列化功能。要创建一个支持序列化的派生类，必须将 DECLARE_SERIAL 宏添加到类定义中，将 IMPLEMENT_SERIAL 添加到类的实现文件中。

CCmdTarget 类：指由 CObject 类直接派生，所有能实行消息映射 MFC 类的基类。将系统事件和窗口事件发送给响应这些事件的对象，完成消息发送、等待和调度等工作，实现应用程序对象之间的协调运行。功能包括：①消息发送，MFC 应用程序为每个 CCmdTarget 派生类创建一个称为消息映射表的静态数据结构，可将消息映射到对象所对应的消息处理函数上；②设置光标，程序正在进行某种操作时用 BeginWaitCursor( )将光标改为沙漏形状，完成后用 EndWaitCursor( )将光标改回到之前的形状；③支持自动化，CCmdTarget 类支持程序通过 COM 接口进行交互操作，可自动翻译 COM 接口。

CWinThread 类：由 CCmdTarget 类派生，主要工作是创建和处理消息循环。

CWinApp 类：由 CWinThread 类派生。CWinThread 类用来完成对线程的控制，包括线程的创建、运行、终止和挂起等。主要成员函数有 InitApplication( )、InitInstance( )和 Run( )等。MFC 应用程序中有且仅有一个 CWinApp 派生类的对象，代表程序运行的主线程，即应用程序本身。

CDocument 类：由 CCmdTarget 类派生，为用户文档的基类，表示应用程序在运行期间所用到的数据，通常与文件关联。CDocument 类建议把对数据的处理与界面处理分离，同时提供了一个与视图类交互的接口，常用的成员函数有建立新文档 OnNewDocument( )，打开文档 OnOpenDocument( )等。

CWnd 类：由 CCmdTarget 类直接派生，为通用的窗口类，用来提供 Windows 中所有的通用特性，是 MFC 中最基本的 GUI 对象。使用公共变量 m_hWnd 存放 API 函数调用的窗口句柄。CWnd 类和消息映射机制隐藏了窗口函数 WndProc，可重载 OnMessage 成员函数自己处理消息。

CView 类：继承自 CWnd 类，用于让用户通过窗口来访问文档以及负责文档内容的显示，在文档视图结构中是用户的主要操作区。

CFrameWnd 类：继承自 CWnd 类，已实现了标准的框架，主要用来掌管一个框架窗口，包括边界、标题栏、菜单、最大化按钮、最小化按钮和一个激活的视图。常用成员函数有：获取当前文档的指针 GetActiveDocument( )，获取当前视图的指针 GetActiveView( )，激活视图 SetActiveView( )，获得框架标题 GetTitle( )，设置框架标题 SetTitle( )，设置状态栏文本 SetMessageText( )等。

CMDIFrameWnd 类和 CMDIChildWnd 类：分别用来显示和管理多文档应用程序的主框架窗口和文档子窗口。CMiniFrameWnd 则是一种简化的框架窗口，没有最大化和最小化窗口按钮，也没有窗口系统菜单。

CDialog 类：继承自 CWnd 类，用来控制对话框窗口，是所有对话框的基类，常用成员函数有：返回 IDOK 并关闭对话框 OnOK( )，返回 IDCANCEL 并关闭对话框 OnCancel( )，显示模态对话框 DoModal( )，创建非模态对话框 Create( )等函数。

9.2.2　MFC 程序结构

MFC 对 Windows 应用程序进行了封装，不再需要编写 WinMain( )函数，而是通过 CWinApp 对象实现对主函数的支持。主函数调用 CWinApp 的 InitInstance 函数，在函数里需要创建应用程序主框架，并通过 ShowWindow 显示。MFC 应用程序的主要结构如图 9-4 所示。

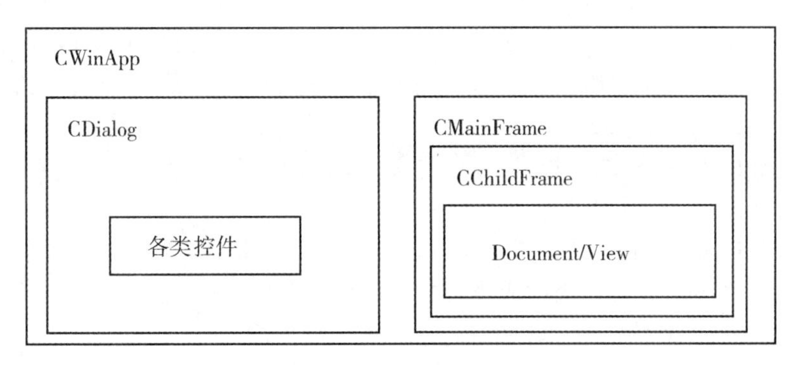

图 9-4　MFC 应用程序结构

所有 MFC 程序都由唯一的 CWinApp 实例组成，CWinApp 封装了主函数、消息循环等基本 Windows 程序框架。CWinApp 的 InitInstance 是入口函数，最先被执行，MFC 应用程序需要在 InitInstance 中完成程序界面的设置与显示。MFC 应用程序界面风格主要包括两类：对话框应用程序(CDialog)和一般框架应用程序(CMainFrame)。

对话框应用程序直接使用对话框 CDialog 类作为主界面，对话框内可以包含各种控件，在控件的消息响应函数中又可以添加各种风格的子界面，例如更多的对话框、其他窗口等。

一般框架应用程序使用主框架 CMainFrame 类作为主界面，在主框架下可以包含多个子框架，每个子框架里再包含一个文档视图结构 Document/View，构造多文档界面，也可以不包含子框架直接包含一个文档视图结构 Document/View，构造单文档界面。一般框架应用程序在界面消息响应函数中可以添加各种风格的子界面，例如对话框、各种子窗口等。

无论是对话框还是一般框架都可以添加菜单、工具条等标准 Windows 风格命令界面，并且可以给这些命令界面添加对应的事件消息处理函数，当最终用户操作这些界面时，直接执行对应的消息处理函数。

MFC 的所有事件通过消息映射将事件与对应处理函数关联到一起，只需要使用类向导，在 MFC 类中添加消息映射就可以为这个类添加事件与处理函数。

9.2.3　MFC 消息映射

在传统 Windows 程序中，没有消息映射的概念，而是使用明确的回调函数，所有的窗口都有消息处理函数。在消息处理函数中，通过 switch 语句去判断收到了何种消息，然后对这个消息进行处理。传统 Windows 程序设计将主动权交给编程人员，所有程序都要自己一句一句地完成，具有较大的自由度，但是工作量非常大。为此 MFC 提出了消息映射的概念，通过一个宏定义将消息映射到不同的类成员函数中，形成<消息，处理函数>对，这样当某个事件发生后，会自动执行对应的函数，给 Windows 程序设计带来非常大的便利。其不足之处就是添加事件和对应处理函数只能用 VS 开发环境的类向导进行，如果想要自己修改消息映射，必须要了解 MFC 的消息规则。

MFC 的消息映射机制包括一组消息映射宏，用于将一个 Windows 消息和其消息处理函数联系起来。MFC 应用程序框架提供了消息映射功能，所有从 CCmdTarget 类派生出来的类都能够拥有自己的消息映射。MFC 消息映射机制通过三个宏来实现，它们分别是：

```
DECLARE_MESSAGE_MAP( )
BEGIN_MESSAGE_MAP( MyClass, MybaseClass )
END_MESSAGE_MAP( )
```

其中，DECLARE_MESSAGE_MAP( )必须放在类定义中，表明这个类要使用消息映射，所有消息映射函数都是该类的成员函数，例如：

```
class Cmfc1Dlg : public CDialogEx
{
public:
  Cmfc1Dlg(CWnd * pParent = nullptr); //标准构造函数
#ifdef AFX_DESIGN_TIME
  enum { IDD = IDD_MFC1_DIALOG };
#endif
protected:
  virtual void DoDataExchange(CDataExchange * pDX); //DDX/DDV 支持
protected:
  HICON m_hIcon;
//生成的消息映射函数
  virtual BOOL OnInitDialog( );
  afx_msg void OnSysCommand(UINT nID, LPARAM lParam);
  afx_msg void OnPaint( );
  afx_msg HCURSOR OnQueryDragIcon( );
  DECLARE_MESSAGE_MAP( ) //消息映射宏
};
```

另外两个宏 BEGIN_MESSAGE_MAP( )和 END_MESSAGE_MAP( )，必须一起使用，是真正摆放“<消息，处理函数>对”的位置，例如：

```
BEGIN_MESSAGE_MAP(Cmfc1Dlg, CDialogEx)
  ON_WM_SYSCOMMAND( )
  ON_WM_PAINT( )
  ON_BN_CLICKED(IDC_BUTTON1, &Cmfc1Dlg::OnBnClickedButton1)
```

END_MESSAGE_MAP( )

本例中 BEGIN_MESSAGE_MAP( )和 END_MESSAGE_MAP( )之间添加了三对处理函数，前面两个是标准 Windows 消息处理，消息名称和函数名称直接简写为 ON_WM_SYSCOMMAND( )和 ON_WM_PAINT( )，第三个就是程序添加的，消息标识为 IDC_BUTTON1 对应的处理函数是 Cmfc1Dlg::OnBnClickedButton1( )。宏 BEGIN_MESSAGE_MAP 有两个参数，分别是当前派生类和当前类的父类。Windows 的所有事件，MFC 都采用了消息映射机制将其对应到类函数中，我们只需要使用 VS 的类向导将事件 ID 添加到类的消息映射中，VS 会自动添加事件处理函数，我们仅需要在处理函数中添加具体功能的代码即可。针对 Windows 标准消息，消息映射会将标准消息具有的参数放到函数参数中，我们只需要按照参数的含义进行使用即可实现相关功能，例如鼠标移动事件、鼠标按键事件等都是具有参数的，VS 向导添加的消息映射函数就会带参数，例如：

```
void CDPView::OnMouseMove(UINT nFlags, CPoint point){ //鼠标移动函数
    CView::OnMouseMove(nFlags, point);
}
void CDPView::OnLButtonDown(UINT nFlags, CPoint point){ //左键按下函数
    CView::OnLButtonDown(nFlags, point);
}
void CDPView::OnLButtonUp(UINT nFlags, CPoint point){ //左键弹起函数
    CView::OnLButtonUp(nFlags, point);
}
```

关于消息映射最需要注意的是，不同的 VS 开发环境对消息映射的支持不同，有些版本中提供了较好的编辑功能，可以在“类向导”中添加和删除消息映射，但更多的版本删除功能并不完善，根本没有删除相关代码，此时需要开发人员人工删除消息映射的代码。每个消息映射都有三处位置要处理：

(1)类定义里面的成员函数：在类的.h 头文件中。

(2)类实现里面的函数体：在类的.cpp 源文件中。

(3)消息映射对：在类的.cpp 源文件中的两个宏 BEGIN_MESSAGE_MAP( )和 END_MESSAGE_MAP( )之间。

通过“类向导”删除事件消息映射后，若编译继续提示出错，此时需要认真检查这三个位置，确保事件相关代码都已经被删除。

9.3 MFC 应用程序

MFC 应用程序是基于 MFC 的 Windows 可执行应用程序，它封装了 Windows 应用程序的初始化、运行和终止。基于 MFC 框架构建的应用程序必须具有一个且只有一个派生自

CWinApp 的类对象，创建窗口之前将构造此对象。CWinApp 类派生自 CWinThread，它表示应用程序执行的主线程(可能有一个或多个线程)。与 Windows 所有程序类似，框架应用程序本身具有 WinMain 函数，但无须编写 WinMain，它由类库提供，并且在应用程序启动时调用，之后，由调用应用程序对象的成员函数来初始化和运行该应用程序。

CWinApp 类提供了几个关键可重载的成员函数，主要包括：

1)应用程序初始化函数 InitInstance( )

MFC 对 WindowsAPI 进行了封装，提供给编程人员的第一个程序入口是 CWinApp 的 InitInstance( )，类似于控制台程序的 main( )。InitInstance( )是 CWinThread 的一个虚函数，在实例创建时首先被调用，应用程序总要重载这个虚函数进行系统设置，创建运行环境、创建主窗口等。

2)应用程序退出函数 ExitInstance( )

MFC 应用程序在 Run 成员函数的内部调用这个函数以退出应用程序的实例，这个函数只能在 Run 成员函数内部调用，不能在其他的任何地方调用，重载这个函数可以在应用程序退出的时候执行一些清除操作。

3)应用程序空闲函数 OnIdle( )

MFC 应用程序在空闲时调用 OnIdle( )函数，函数具有参数 lCount，函数每被调用一次，参数 lCount 增加 1，而每处理任何一条新消息，参数 lCount 就被复位为 0。可以使用参数 lCount 来确定应用程序不处理消息时空闲时间的相对长度。要想让程序只在空闲时处理某个操作，则可以重载这个成员函数。如果要接收更多的空闲处理时间，则让函数返回非零值，否则返回 0。

MFC 应用程序通常分为两种类型：对话框和一般框架应用程序。一般框架应用程序又包含标准 Windows 应用程序、基于窗体的应用程序、资源管理器样式的应用程序和 Web 浏览器样式的应用程序等。

创建 MFC 应用程序最简单的方法是使用 MFC 应用程序向导。

9.3.1　MFC 应用程序向导

应用程序向导可以简单地生成一个应用程序，在编译该应用程序时，该应用程序会实现 Windows 可执行文件(.exe)应用程序的基本功能。MFC 入门应用程序通常包含一系列 C++源文件(.cpp)和头文件(.h)、一个资源文件(.rc)和一个项目文件(.vcxproj)。

应用程序向导随着新建工程而启动，在 VS2022 中，其界面如图 9-5 所示。

应用程序向导描述正在创建的 MFC 应用程序的设置，默认情况下，向导创建一个项目的选项包括如下内容：

1)MFC 应用程序类型

包括：单个文档、多个文档、基于对话框、多个顶层文档，是否支持选项卡式多文档界面，是否使用文档/视图体系结构，是否使用复合文档支持，是否提供活动文档服务，是否提供活动文档容器，是否支持复合文件等。

2)应用界面样式

包括：标准 MFC、资源管理器、VS 样式、Office 样式，是否启用视觉样式切换功能，

图 9-5　应用程序向导

是否使用标准 Windows 界面功能，如系统菜单、状态栏、最大化框和最小化框、关于框、标准菜单栏和停靠工具栏以及子框架等。

3)资源语言及打包

包括：选择使用的界面语言、将 MFC 作为共享 DLL 还是静态库。

4)高级功能

包括：是否支持打印和打印预览、是否支持 ActiveX 控件、是否支持自动化、MAPI、Windows 套接字、是否支持数据库等。

5)生成的类

包括：视图类派生自 CView 类，应用程序类派生自 CWinAppEx 类，文档类派生自 CDocument 类、主框架类派生自 CMDIFrameWndEx、子框架类派生自 CMDIChildWndEx 类、对话框类派生自 CDialogEx 等。

若要更改这些默认设置，单击向导左列中的相应选项卡标题，并在显示的页面上更改，如图 9-6 所示就是选择了左边“用户界面功能”后出现的界面。

创建 MFC 应用程序项目后，VS 就帮助我们建立了基本的应用程序，不用写任何代码，程序都可以执行，执行后弹出设计的应用程序界面，支持所有常用 Windows 功能，例如移动窗口、关闭程序等。在此之后也要添加程序自己需要的功能，具体功能与实际要求有关，我们可以继续使用 VS 类向导将需要的对象或控件添加到应用程序中。

9.3.2　MFC 类向导

类向导主要用于创建新的 MFC 类，或将消息和消息处理函数添加到现有 MFC 类。类

图 9-6　应用向导的用户界面功能

向导的使用方式有多种，可以在工程的类视图中选择需要修改的类，然后点击鼠标右键，在弹出的菜单中选择“类向导”，如图 9-7 所示。

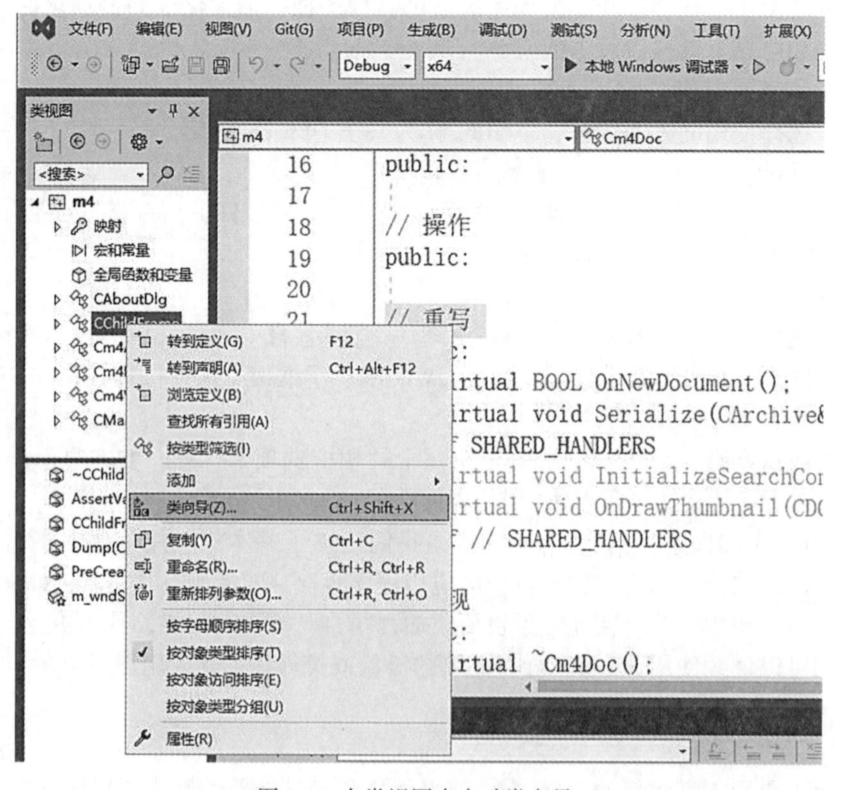

图 9-7　在类视图中启动类向导

也可以通过资源视图打开工程的资源，然后在具体资源(如对话框)上点击鼠标右键，在弹出的右键菜单中选择“类向导”，如图 9-8 所示。

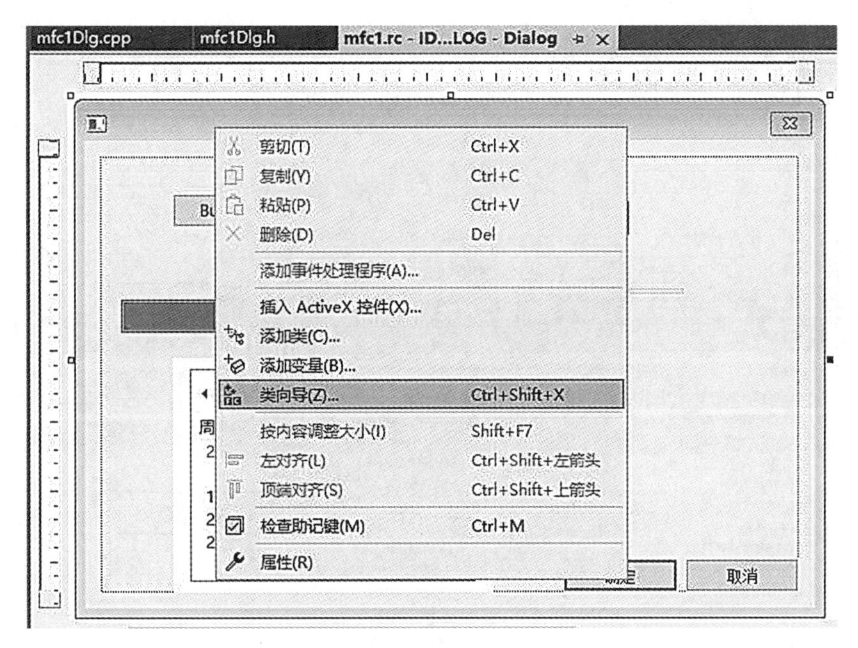

图 9-8　在资源视图中启动类向导

还可以直接在 VS 主菜单的项目菜单下选择“类向导”，如图 9-9 所示。

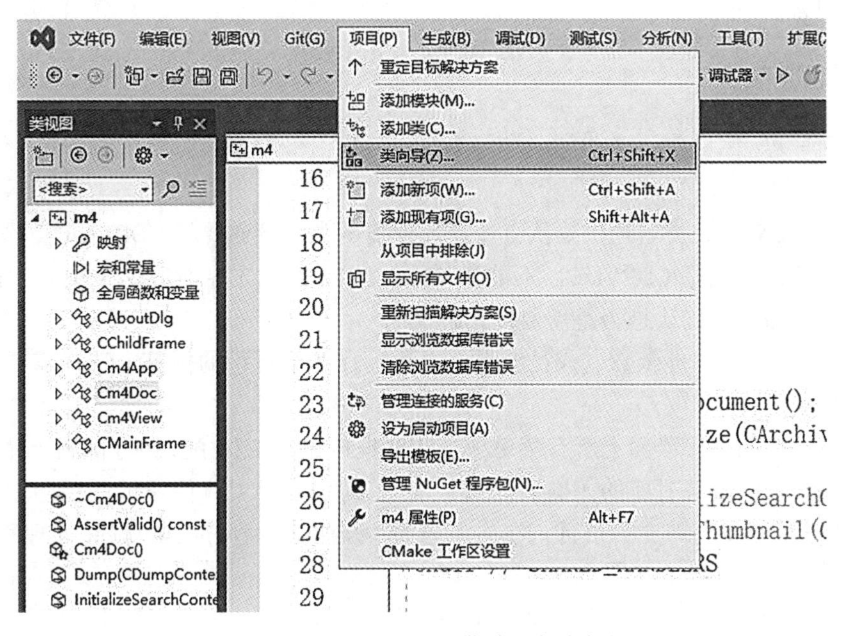

图 9-9　在 VS 主界面项目菜单中启动类向导

类向导功能的快捷键是“Shift+Alt+X”，同时按下这三个键也可以快速启动类向导，类向导启动后显示界面如图 9-10 所示。

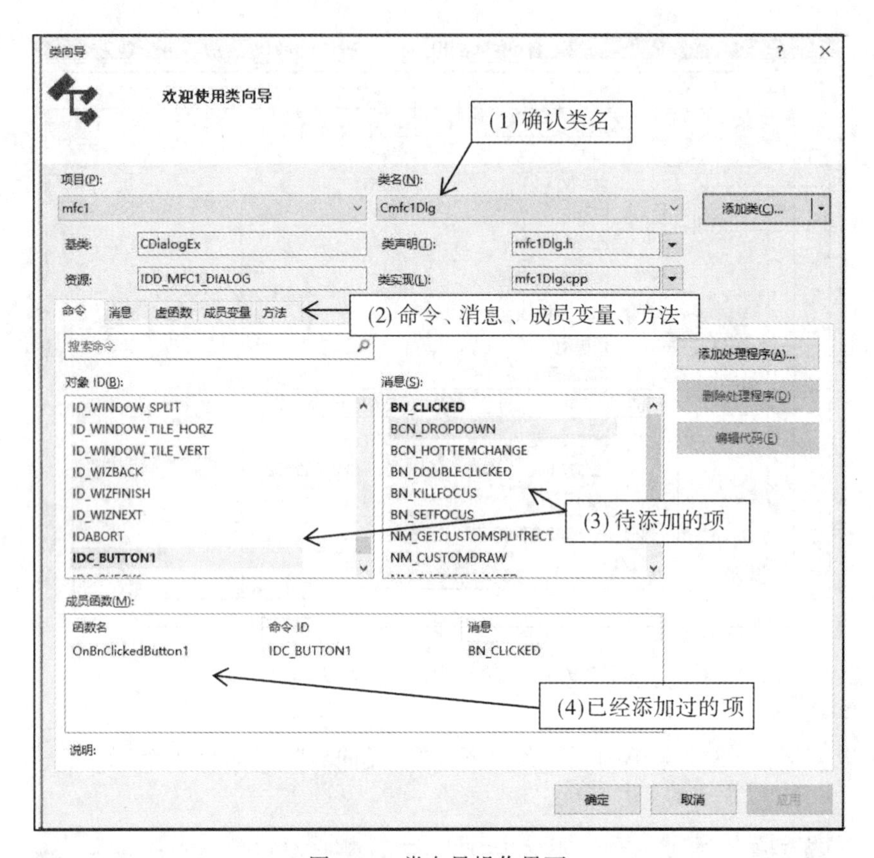

图 9-10 类向导操作界面

在类向导界面中需要注意的四个位置和选项已在图 9-10 中标出，它们的含义和功能如下：

(1)确认类名。在类名栏中要认真选择要操作的类，例如要给 CDPView 类添加消息函数，则类名这里必须是 CDPView，不能选错了。启动类向导界面后这个类名一般是上次操作的类名，一定要确认是否是需要操作的类名。

(2)命令、消息、虚函数、成员变量、方法。在箭头所指的标签上选择需要添加的成员类型，包括：

①命令。应用程序界面上所有菜单项、对话框按钮、工具条按钮等都属于命令，如果要添加或删除这些资源对应的函数，先选择命令，然后在“(3)待添加的项”或“(4)已经添加过的项”里面找到需要的条目，在右侧选择“添加处理程序”或“删除处理程序”进行修改。

②消息。所有系统给的操作，如鼠标消息、程序启动、程序结束、屏幕重新绘制、窗口变化等都属于消息，如果要添加或删除这些消息对应的函数，要先选择消息，然后在

“(3)待添加的项”或“(4)已经添加过的项”里面找到需要的条目，在右侧选择“添加处理程序”或“删除处理程序”进行修改。

③虚函数。此类所具有的虚函数都会在这里列出，需要重载就选择添加，需要删除已经重载的函数选择删除函数即可。

④成员变量。此类具有的成员变量，可以根据需要添加和删除。

⑤方法。此类具有的成员函数，可以根据需要添加和删除。

(3)待添加的项。里面列出可以添加的项目，如需要可添加。

(4)已经添加过的项。里面列出已经添加过的项目，如不需要可以删除。

在基于 MFC 开发应用程序时，类向导的使用频率非常高，各种界面的设计在 VS 中主要通过资源编辑进行，简单来讲就是将界面绘制出来，包括菜单、工具条、对话框、对话框控件都是绘制出来的。绘制好资源后就需要用类向导添加资源对应的处理函数。此外在类向导中最常遇到的问题是不知道处理函数属于命令、消息还是虚函数，此时只能在多个栏目里面找一下。

9.3.3 MFC 全局函数

为了方便 Windows 应用程序开发，MFC 还提供了一些全局函数，MFC 的全局函数在 MFC 应用程序中全局可用，在任何位置都可以直接调用，所有 MFC 的全局函数都是以 Afx 开头，常用的全局函数如下：

1)弹出消息框函数 AfxMessageBox( )

AfxMessageBox( )函数是最常用的 MFC 全局函数，作用是弹出一个消息对话框，对话框中间显示消息内容。使用非常简单，直接将字符串变量或者常字符串放入括号即可，例如“AfxMessageBox("程序出错了!");”。

2)获取主窗口函数 AfxGetMainWnd( )

AfxGetMainWnd( )函数用于获取应用程序主窗口指针，类型为 CWnd *，如果是框架程序，返回的是 CMainFrame 主窗口指针，如果是对话框程序，返回的是主对话框指针。通过主窗口指针可以给主窗口发消息，执行关闭程序等操作。

3)获取应用程序对象函数 AfxGetApp( )

AfxGetApp( )函数用于获取应用程序 CWinApp 对象的指针，获取应用程序指针后可以调用 CWinApp 的任意函数，例如获取命令行、读写注册表等。

4)获取应用程序实例唯一标识 AfxGetInstance( )

AfxGetInstance( )函数用于获取应用程序实例唯一标识，通过应用程序实例唯一标识可对应用程序进行控制，也可用于创建新窗口等。

5)查询错误代码对应文字描述函数 AfxFormatString1( )和 AfxFormatString2( )

AfxFormatString( )函数可以将程序处理中出现问题时留下的错误代码转换为错误信息的文字描述，可以提示用户，系统出现了什么问题。

6)输出调试提示信息函数 AfxOutPutDebugString( )

AfxOutPutDebugString( )函数用于在程序中加入调试信息输出到 VS 环境中，以便开发人员进行算法调试，例如输出变量的当前值，这些输出的信息只能在 VS 开发环境的

Output 窗口中显示，在程序对外发布后，这些信息不可见。

7)启动和结束新线程函数 AfxBeginThread( )和 AfxEndThread( )

AfxBeginThread( )函数用于启动一个新线程，Windows 系统不同于 DOS 系统，其支持多线程工作，也就是说可以同时执行多个函数，相互不受影响，每次使用 AfxBeginThread( )函数可以再启动一个函数，启动后函数就立即执行，与原先执行的函数没有关系，它们是并行关系。如果启动的任务执行结束需要用 AfxEndThread( )函数对任务进行占用资源的清理，AfxEndThread( )函数并不能中断启动的任务，只做清理工作。

9.3.4　MFC 字符串 CString

为了实现对字符串的处理，MFC 提供了 CString 类，封装了字符串处理的常用功能。可以说，只要是从事 MFC 开发，都会遇到使用 CString 的场合，因为字符串的使用比较普遍，CString 类提供了对字符串的便捷操作，给 MFC 开发人员带来了便捷和高效。CSting 与 std:: string 非常类似，多数功能是一样的，都提供了对字符串的赋值、比较、查找、分割、合并等功能。最大区别在于所有 MFC 的程序默认都使用 CString，而且一般不支持 std:: string，在使用 std:: string 字符串时要通过 c_str( )将其转换为 CString 才可以使用。CString 类提供的字符串处理功能主要如表 9-1 所示。

表 9-1　CString 类提供的字符串处理功能

功　能	实 现 方 式
类型转换	构造函数
清空	Empty( )
字符串长度	GetLength( )、IsEmpty( )
大小写转换	MakeLower( )、MakeUpper( )
字符串反向	MakeReverse( )
访问字符	操作符“[ ]”、GetAt( )、SetAt( )
对象连接	操作符“+”、Insert( )
字符串提取	Left( )、Right( )、Mid( )、TrimLeft( )、TrimRight( )
字符串查找	Find( )、ReverseFind( )、FindOneOf( )
字符串替换	Replace( )、Delete( )、Remove( )
数据格式化	Format( )
输入输出	操作符“cin>>”“cout<<”
对象比较	操作符“==”、“!=”、“>”、“<”、“>=”、“<=”、Compare( )、CompareNoCase( )

在 CString 提供的字符串处理功能中，数据格式化 Format 函数有点特别，它可以将基本数据类型(int、float、double 等)转换为字符串，其用法与 printf 函数一样，与 printf 函数

不同的是 Format 函数将打印结果保存在 CSting 对象中。Format 功能可用于在图形界面中进行数据打印输出。

9.4 习题

(1)简述面向过程的结构化程序与事件驱动程序的区别。

(2)什么是事件？什么是消息？什么是消息循环？

(3)窗口的基本组成有哪些？为什么窗口需要回调函数？它有什么作用？

(4)为什么用消息代替类之间的成员函数调用？

(5)Windows 的消息可分为哪几种类型？各有何特点？

(6)简述 Windows API 程序的基本结构及其执行流程。

(7)什么是 MFC，它有什么作用？

(8)MFC 类的基类是什么？支持哪些功能？MFC 的窗口基类是什么？

(9)什么是消息映射？它有什么作用？

(10)MFC 的应用程序向导有什么作用？类向导有什么作用？

第 10 章　对话框程序

在图形化应用程序中，对话框程序是一种最简单的程序，通过显示一个简单视窗，在图形界面中向用户显示信息，或者获得用户输入的信息。

10.1　对话框概述

对话框是一种特殊的视窗，用来在用户界面中与用户进行信息交换。之所以称之为“对话框”，是因为它们使计算机和用户之间构成了一个对话——或者是通知用户一些信息，或者是请求用户的输入，或者两者皆有。最简单的对话框是警告对话框，它显示一个信息，用来为一个操作提供警告和简单确认，也可能包括程序终止或崩溃提示。

对话框分为模态对话框和非模态对话框。当模态对话框显示时，程序会暂停执行等待对话框处理结果，直到关闭这个模态对话框之后，才能执行程序中的其他任务。平时遇到的对话框都是模态对话框。模态对话框的显示需要调用 CDialog 类的成员函数 DoModal( )，该函数在用户选择“确认”或“取消”按钮后返回，返回值为 IDOK 或者 IDCANCEL。

非模态对话框与模态对话框不同，非模态对话框显示时，程序不会等待对话框处理结果，而是继续执行，例如记事本中的查找对话框，打开该对话框后仍可以继续编辑，实现一边查找，一边修改文本的功能。非模态对话框的显示需用 CDialog 类的 Create 成员函数。

Windows 系统提供了很多直接可用的对话框。其中，最简单的是消息对话框，采用全局函数形式提供，消息对话框函数定义如下：

```
int AfxMessageBox( LPCTSTR lpszText,UINT nType=MB_OK,
            UINT nIDHelp=0 );
```

消息对话框的第一个参数是对话框中显示的文本字符串；第二个参数是对话框中的按钮风格，有多个风格可用；第三个参数是留给帮助文档的 ID。

除消息对话框外，Windows 系统提供了一些通用对话框，用户只需定义其对象，并调用显示函数就可以使用这类对话框。下面介绍几个常见的通用对话框。

1）文件对话框 CFileDialog

文件对话框 CFileDialog 类封装了 Windows 常用的文件对话框，提供了一种简单的文件打开和文件保存的对话框。CFileDialog 的使用与普通类一样，只需定义对象，就可以引用其函数。CFileDialog 构造函数需要传入参数，其原型为：

```
CFileDialog::CFileDialog ( BOOL bOpenFileDialog,
LPCTSTR lpszDefExt = NULL, LPCTSTR lpszFileName = NULL,
```

```
DWORD dwFlags = OFN_HIDEREADONLY |OFN_OVERWRITEPROMPT,
LPCTSTR lpszFilter = NULL,CWnd * pParentWnd = NULL);
```

其参数含义如表 10-1 所示。

表 10-1 CFileDialog 构造函数参数

参　数	含　义
bOpenFileDialog	TRUE 则显示打开文件，FALSE 则显示保存文件
lpszDefExt	指定默认的文件扩展名
lpszFileName	指定默认的文件名
dwFlags	指明一些特定风格
lpszFilter	指明可供选择的文件类型和相应的扩展名
pParentWnd	为父窗口指针

与所有对话框一样，显示文件对话框函数为 DoModal( )，当用户选择了 OK 按钮时，函数返回 IDOK，否则返回 IDCANCEL。

当对话框返回 IDOK 时，表明用户选好了文件，此时可以用 GePathName( )函数获取选定的全路径文件名；可以使用 GetFileExt( )函数获取选定文件的扩展名；可以使用 GetFileName( )函数获取选定文件的文件名；可以使用 GetFileTitle( )函数获取选定文件的标题。CFileDialog 对话框还支持指定在默认位置选文件，选择多个文件等诸多功能。更多信息请查看 VS 帮助文档。

CFileDialog 使用举例如下：

```
{
    …
    CFileDialog dlg(FALSE, _T("txt"),_T("test"),
    OFN_HIDEREADONLY |OFN_OVERWRITEPROMPT,
    _T("文本文件(*.txt)|*.txt |All File(*.*)|*.*||"));
    if ( dlg.DoModal( )= =IDOK ){
    CString str; str.Format( _T("你选中的文件是:")+dlg.GetPathName
( ) );
    AfxMessageBox(str);
    }
}
```

执行后，弹出界面如图 10-1 所示。

选中文件“test. txt”并选择“确定”后，弹出如图 10-2 所示界面。

2)颜色对话框 CColorDialog

颜色对话框用于在颜色表中选择一个颜色，构造函数都有默认值，可以无参数使用，定义颜色对话框 CColorDialog 对象后，使用 DoModal( )函数显示对话框，当用户选择了

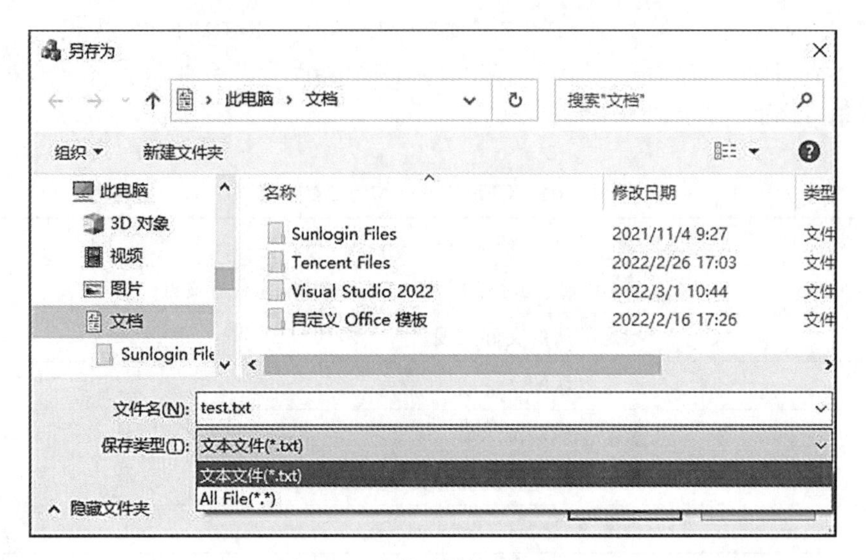

图 10-1　文件对话框运行界面

图 10-2　选中文件提示信息框

"OK"按钮时，函数返回 IDOK，否则返回 IDCANCEL。获取用户选择的颜色使用函数 GetColor( )，函数返回使用 COLORREF 定义的颜色。

CColorDialog 使用举例如下：

```
{
    …
    CColorDialog dlg;
    if ( dlg.DoModal( )= =IDOK ){
    CString str; str.Format ( _T ( "你选中的颜色值为:% u"), dlg.
GetColor ( ) );
    AfxMessageBox(str);
    }
}
```

执行后，弹出界面如图 10-3 所示。

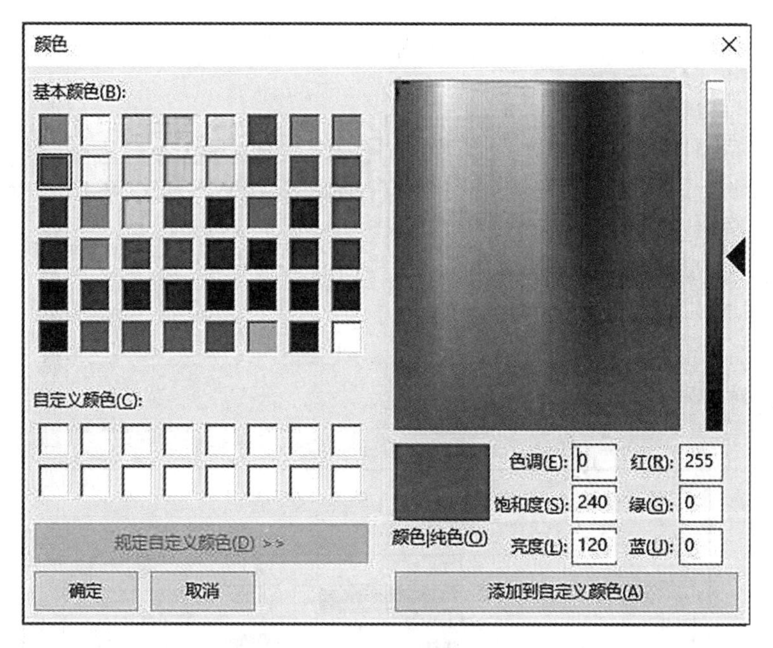

图 10-3 颜色对话框运行界面

选中“红色”并选择“确定”后，弹出如图 10-4 所示界面。

图 10-4 选中颜色提示信息框

(3)字体对话框 CFontDialog

字体对话框用于选择文本显示的字体，构造函数都有默认值，可以无参数使用，定义字体对话框 CFontDialog 对象后，使用 DoModal( )函数显示对话框，当用户选择了 OK 按钮时，函数返回 IDOK，否则返回 IDCANCEL。获取用户选择的字体名称用 GetFaceName( )函数，也可以获取字体大小(GetSize( )函数)、字体颜色(GetColor( )函数)、是否加粗(IsBold( )函数)、是否斜体(IsItalic( )函数)等各种字体特性。

CFontDialog 使用举例如下：

```
{
    …
    CFontDialog dlg;
    if ( dlg.DoModal( )= =IDOK ){
    CString str; str.Format( _T("你选中的字体为:")+dlg.GetFaceName
( ));
    AfxMessageBox(str);
    }
}
```

执行后，弹出界面如图 10-5 所示。

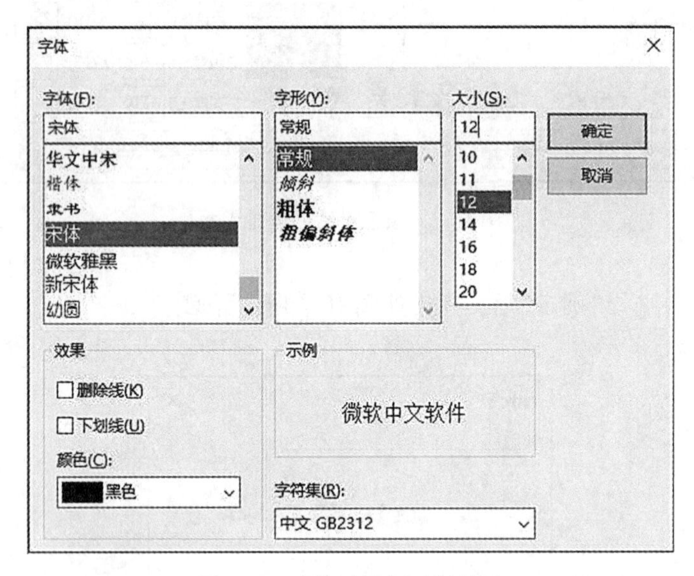

图 10-5 字体对话框运行界面

此外 Windows 提供的通用对话框类还有打印设置对话框 CPrintDialog、页面设置对话框 CPageSetupDialog、文本查找替换对话框 CFindReplaceDialog、目录选择对话框 CFolderPickerDialog 等。

除通用对话框外，应用程序可以开发满足自己需要的对话框，如果整个程序主界面就是一个对话框，这样的程序称为对话框应用程序，是最简单的 Windows 应用程序。

10.2 对话框应用程序

10.2.1 建立对话框应用程序

对话框应用程序是最简单的 Windows 应用程序，所有界面仅需要一个简单对话框。使用 MFC 应用程序向导可以非常方便地建立对话框应用程序，主要步骤包括“建立对话框工程”“编辑资源”和“添加代码”三步。下面以建立一个实现“两个数求和”的对话框应用程序为例进行介绍。

1)建立对话框工程

使用应用程序向导建立“基于对话框”应用程序，首先启动 VS2022，看到如图 10-6 所示界面。

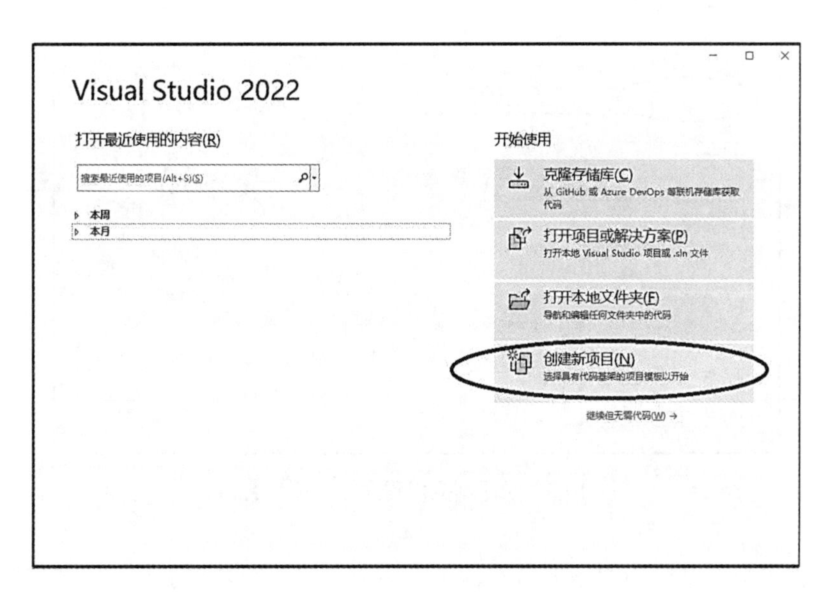

图 10-6　对话框应用程序新建工程

在对话框右边选择“创建新项目”，系统弹出项目模板界面，如图 10-7 所示。

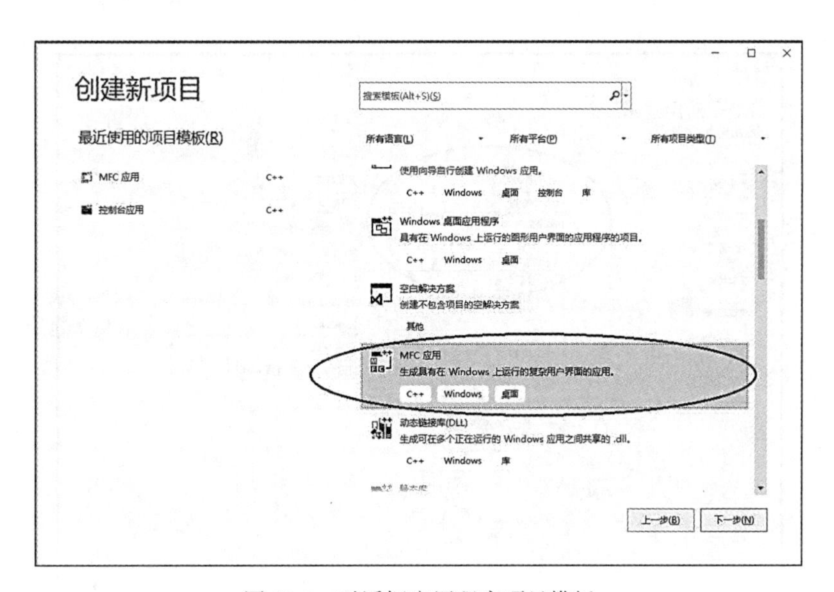

图 10-7　对话框应用程序项目模板

在界面中找到 MFC 应用，如果安装 VS 时没有选择 MFC，这里将找不到 MFC，则需要再次运行 VS 安装程序，选中其中的 MFC，补充安装好 MFC 应用开发环境。选择好 MFC 应用后，系统进入项目名称输入界面，如图 10-8 所示。

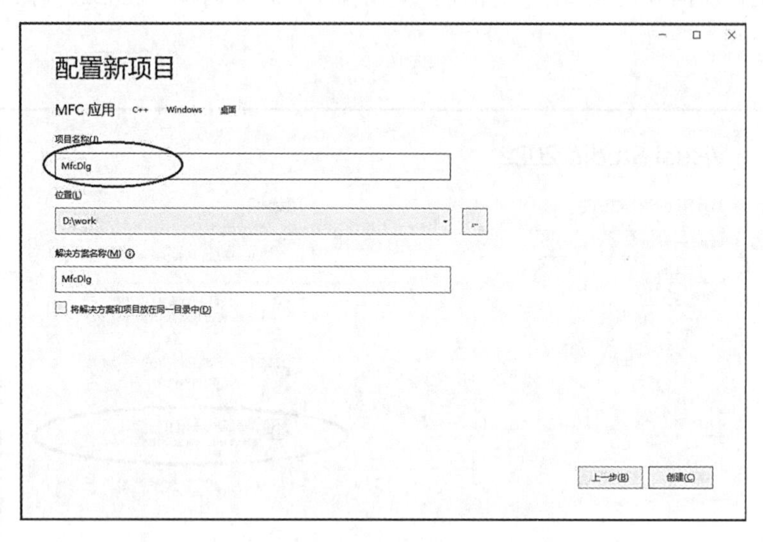

图 10-8　对话框应用程序输入项目名称

项目名称一般就是应用程序的名称，不要用中文，不要以数字开头，名称中间不要有空格，可以采用与量标识类似的规则输入项目名，这里以 MfcDlg 为例，同时还可以指定项目在计算机中的保存位置，一切指定好后，选择创建，系统弹出应用程序向导界面，如图 10-9 所示。

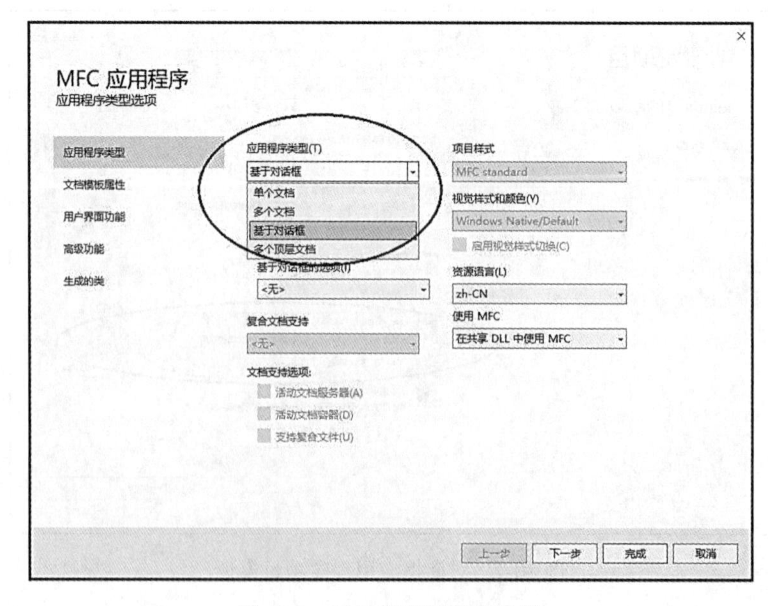

图 10-9　对话框应用程序类型

在应用程序向导界面中，选择应用程序类型为“基于对话框”。此外如果有需要，也可以指定应用程序相关的其他选项，如用户界面功能、高级功能、生成的类等。本例直接使用默认设置，不指定任何参数，直接选“完成”，出现如图 10-10 所示界面。

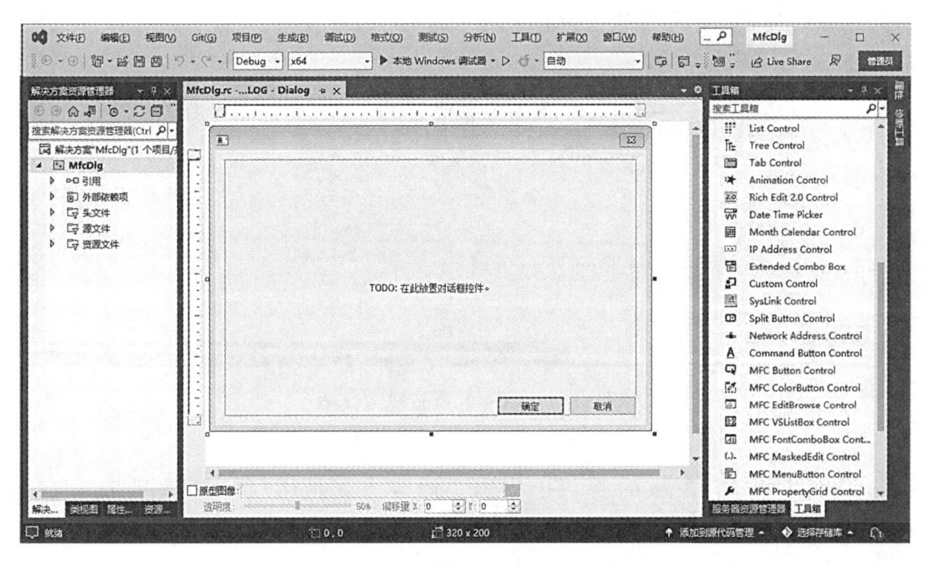

图 10-10　默认对话框应用程序

默认对话框应用程序建立后一般会自动打开对话框资源，就是界面中间显示的对话框图形，上面没有任何控件，中间有提示“在此放置对话框控件”，可以将此提示选中后按“Delete”键删除。界面中间看到的对话框图形的位置称为程序资源。界面左边是工程栏，工程栏下面是类别选项，通常包括解决方案、类视图、属性管理、资源视图等。界面右边是工具箱，里面是各种可用标准控件。程序资源、工程栏和工具箱如果被关闭，可以使用 VS 主菜单的视图菜单重新打开，视图菜单如图 10-11 所示，里面有各种界面的打开选项。

建好的默认对话框应用程序可以直接编译执行，执行结果是没有任何附加功能的对话框，支持用鼠标移动、关闭等标准功能。如果编译不成功，则应该是 VS 没有安装好，需要核查 VS 环境，改正没有安装好的地方。

2)编辑资源

采用 MFC 库开发对话框应用程序与其他开发 Windows 应用程序环境不同，所有的界面不是靠写代码完成，而是通过对程序资源进行编辑和设计实现的。对话框应用程序可用资源就是主界面右边的工具箱，工具箱中有非常多的各种可用界面控件，例如静态文本、编辑框、按钮、列表框、进度条、组合框、单选框、复选框，等等。开发人员根据需要将这些控件用鼠标拖放到合适的位置，并精细调整让整个界面友好和美观。

为说明控件的使用，本例拟放上三个编辑框控件和一个按钮控件，实现一个简单的加法处理，即在按下按钮控件后将前两个控件输入的数加起来，放入第三个控件并显示出来。在右侧工具栏中找到“Edit Control”编辑控件，并拖放三次到对话框上，找到“Static Text”静态控件，并拖放两次到对话框上，再找到“Button”按钮控件，并拖放到对话框上。

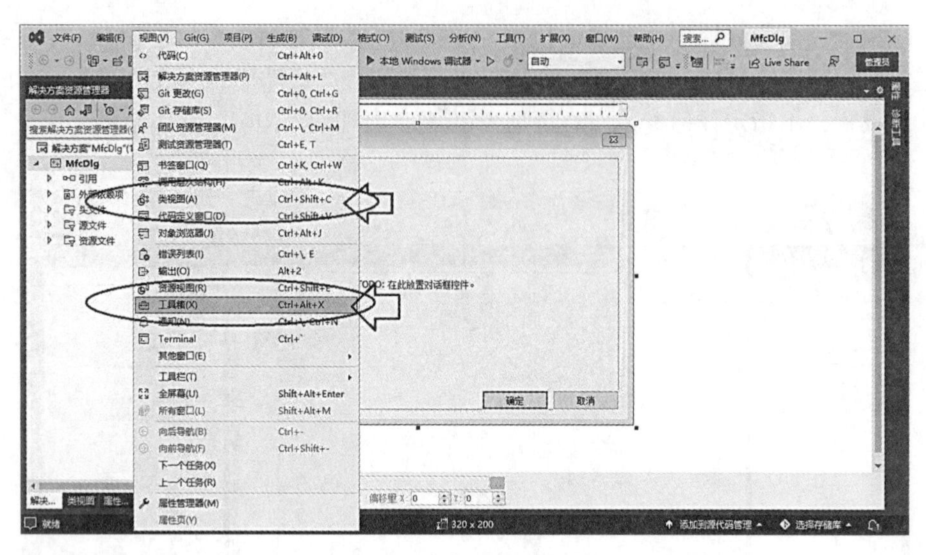

图 10-11　VS 主界面视图菜单

修改“Static Text”控件和“Button”控件的内容，修改方式是用鼠标选择控件，直接用键盘输入要改的结果，这里我们将第一个“Static Text”控件改为“+”，第二个“Static Text”控件改为“=”，“Button”控件改为“加法”，结果如图 10-12 所示。

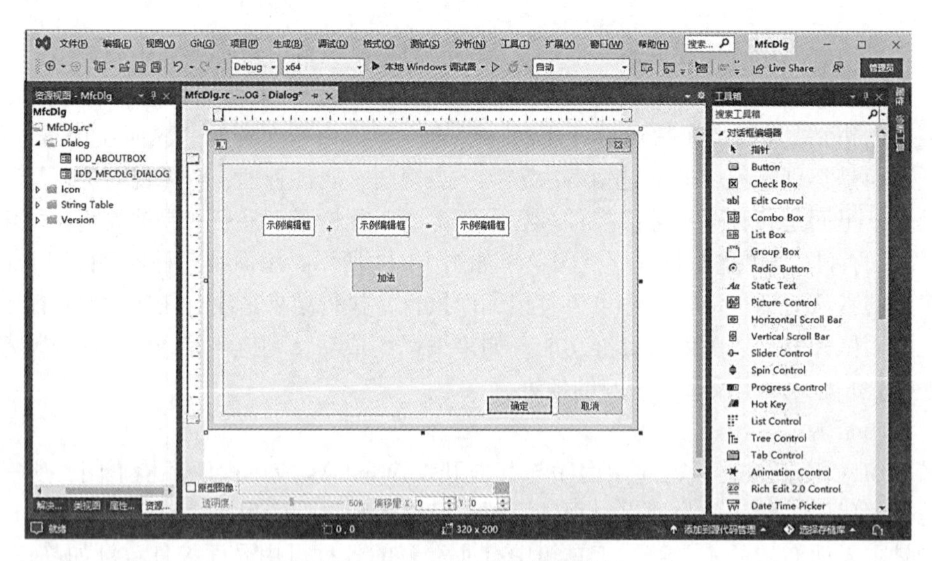

图 10-12　对话框放置控件结果

对放进来的任何控件都可以使用键盘“Delete”键进行删除，如果已经给控件添加了代码，一定要同步删除代码。

3）添加代码

与面向对象程序设计的类对应，MFC 的对话框就是一个类，控件就是对话框类的成员，包括两类：成员变量与成员函数。理论上所有控件都可以成为对话框类的成员变量和成员函数，但是更多的时候，我们不会这样做，而是根据控件的主要功能将其设计为对话框类的成员变量或者对话框类的成员函数。例如“Edit Control”编辑控件，看起来是代表一个值的控件，没有必要让其成为函数。同理“Button”按钮看起来是代表按一下的动作，适合设计为对话框成员函数。给控件设计变量或函数的基本流程为先选择控件，然后点击鼠标右键，在菜单中选择添加变量或者添加事件处理程序。本例将三个“Edit Control”控件添加为对话框类成员变量 m_A、m_B 和 m_C，类型为 int，具体操作如图 10-13 所示。

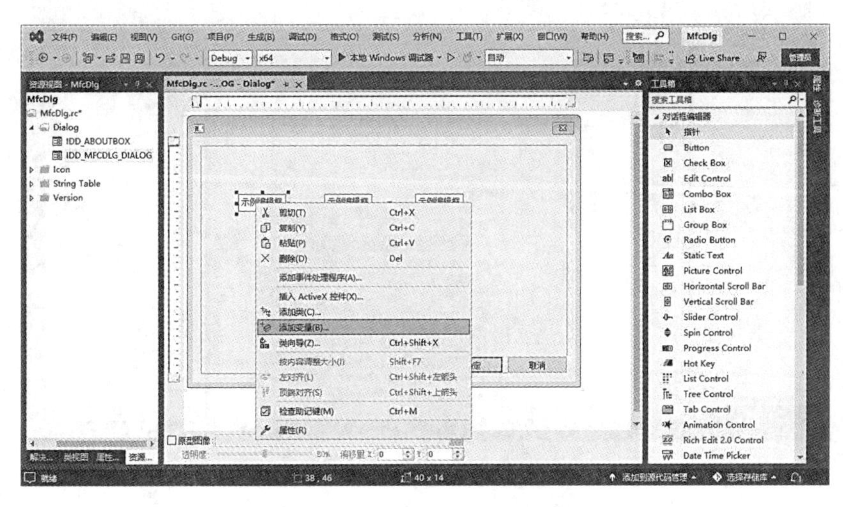

图 10-13　用右键将控件添加为变量

选择“添加变量”后，系统弹出设置成员属性对话框，如图 10-14 所示。

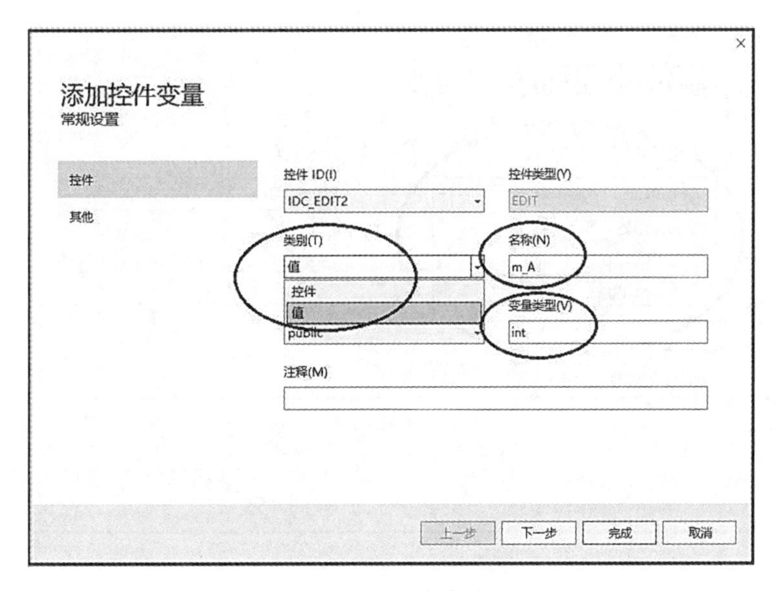

图 10-14　添加控件变量

添加成员变量时，有三个位置需要设置：在类别里一定要选择值；在名称里输入成员变量名称，一定要记住名称以便以后使用，本例输入“m_A”；在变量类型里输入成员变量的类型，本例输入“int”。用同样的方法给第二个、第三个“Edit Control”控件分别添加为变量 m_B 和 m_C。

接下来，将“Button”按钮添加为对话框成员函数，同样选择控件，点击右键，如图 10-15 所示。

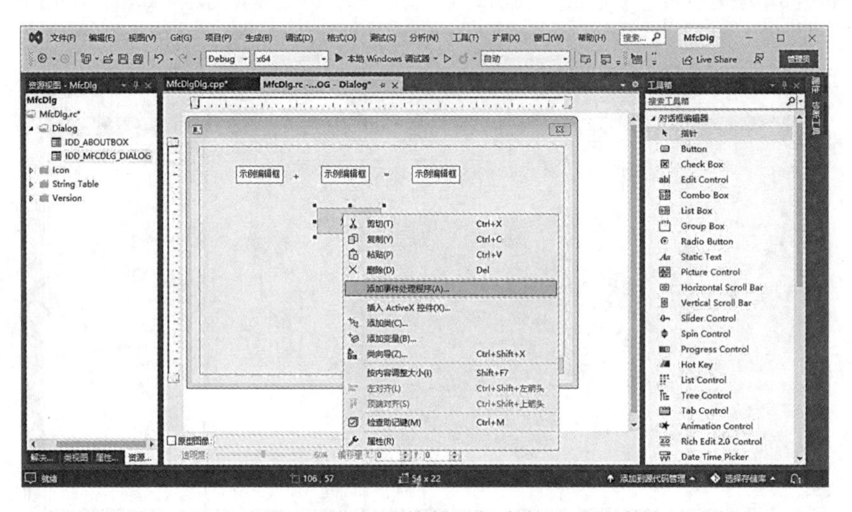

图 10-15　用右键给控件添加事件处理程序

选择“添加事件处理程序”后，系统弹出设置成员属性对话框，如图 10-16 所示。

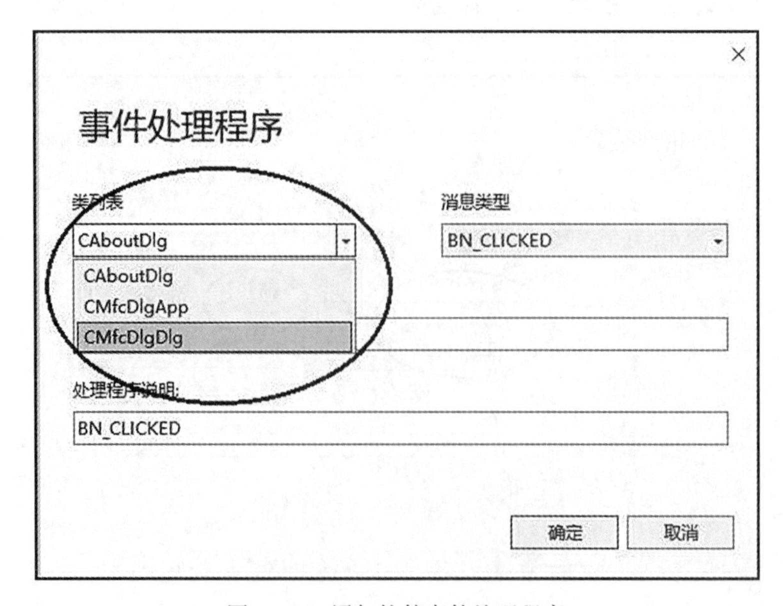

图 10-16　添加控件事件处理程序

添加事件处理程序时，应特别注意，好几个 VS 版本中类列表默认是错误的，不是正在操作的对话框类，而是最近使用的类，一定要人为选择正确的对话框类，本例中对话框类是“CMfcDlgDlg”。此外也可以修改函数名，本例不修改。此时如果已经添加过这个控件的事件，会提示“函数 XXX 已经存在”。给“Button”按钮控件添加事件还存在另外一种快捷方式，那就是直接用鼠标左键双击“Button”控件，此时会直接快速地给控件添加事件处理程序。

添加好事件处理程序后，VS 会自动打开对话框类的源代码文件，并直接定位到添加事件处理函数的位置，便于我们添加函数代码，如图 10-17 所示。

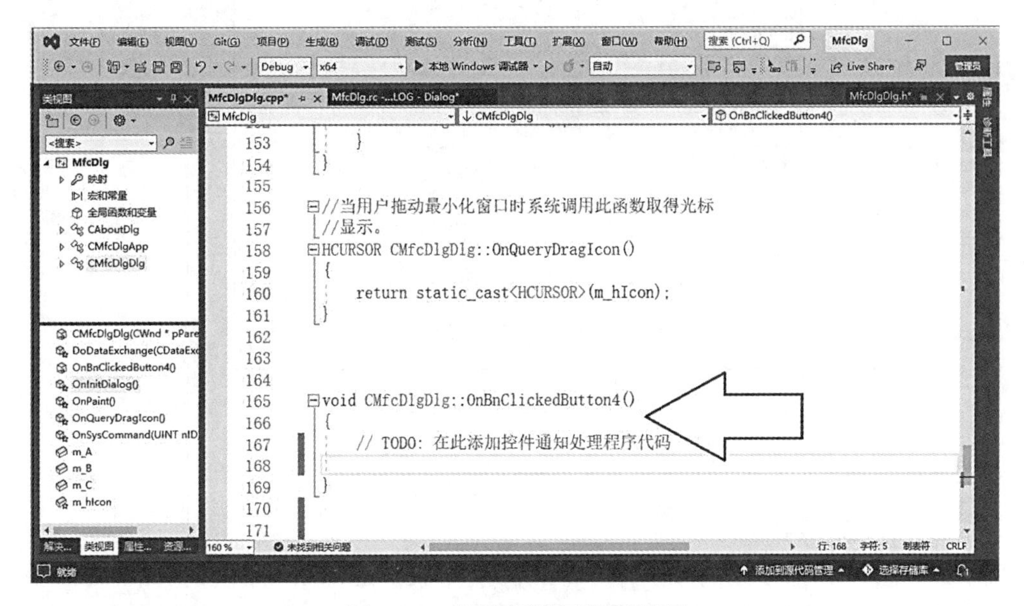

图 10-17　编写事件处理程序代码

至此，VS 能提供的辅助信息就这么多了，剩下的就需要我们根据实际需要在事件处理这个位置添加具体的执行代码。

本例中，我们希望将第一个“Edit Control”对应的对话框成员变量 m_A 和第一个“Edit Control”对应的对话框成员变量 m_B 加在一起并赋值给第三个“Edit Control”对应的对话框成员变量 m_C，具体执行代码是“m_C=m_A+m_B;”，但为了确保数据与变量之间的同步，还需要使用对话框的一个函数 UpdateData( )，这个函数的功能是让控件中输入的数值与成员变量对应。函数有一个参数，取值只有 TRUE 和 FALSE 两个。如果希望让输入值更新到变量则参数用 TRUE，如果让变量值显示到控件中则用参数 FALSE。这个有点像控制台输入输出语句中的 cin 和 cout，UpdateData(TRUE)类似 cin，而 UpdateData(FALSE)类似 cout。最终完整的处理代码如图 10-18 所示。

至此程序就全部写完了，可以执行看一下结果，选择运行程序，程序就会启动，在弹出的对话框中，在第一、第二这两个控件中分别输入两个数，然后按“加法”按钮，第三个编辑控件中就显示它们的求和结果，如图 10-19 所示。

```
165  void CMfcDlgDlg::OnBnClickedButton4()
166  {
167      // TODO: 在此添加控件通知处理程序代码
168      UpdateData(TRUE);
169      m_C = m_A + m_B;
170      UpdateData(FALSE);
171  }
```

图 10-18　事件处理程序完整代码

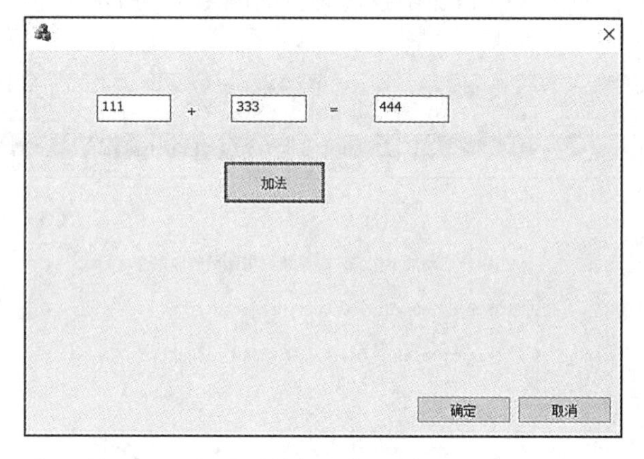

图 10-19　两个数求和的对话框应用程序

10.2.2　对话框应用程序组成

前面讲过，MFC 应用程序有一个 CWinApp 类对象，在 CWinApp 类的 InitInstance 函数中创建主窗口，让程序运行起来，用户输入与输出等与窗口相关的操作都在窗口类中实现。针对本例，打开工程栏的类视图，在里面可以看到三个类，如图 10-20 所示。

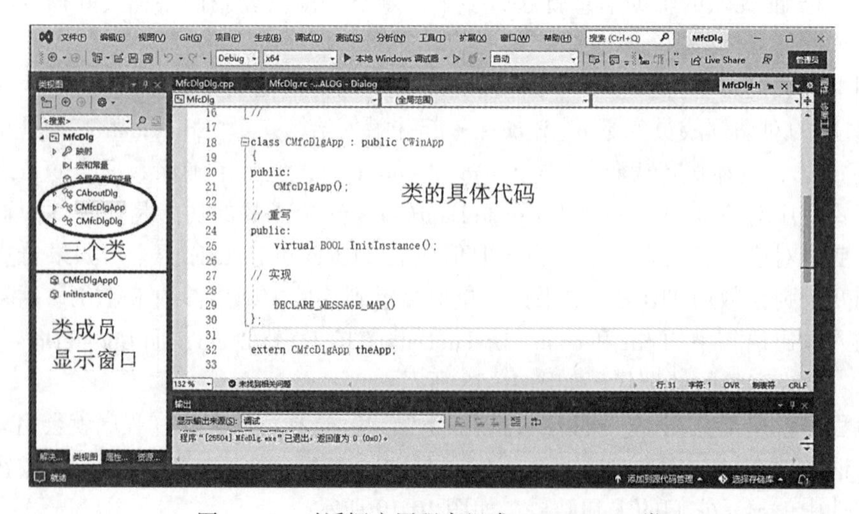

图 10-20　对话框应用程序组成 CMfcDlgApp 类

类视图中有三个类，分别为 CAboutDlg、CMfcDlgApp 和 CMfcDlgDlg，代表关于对话框、本程序应用程序类和本程序主对话框。类视图的下面是类成员显示窗口，里面显示选中类的成员变量和函数，用鼠标左键双击类名称 CMfcDlgApp，主窗口将直接打开这个类的具体代码，也可以直接双击类成员函数，主窗口将直接定位到类成员函数代码中。可以看到应用程序类 CMfcDlgApp 由 CWinApp 继承而来，符合 MFC 有一个 CWinApp 类的设计。双击 CMfcDlgApp 的 InitInstance( ) 函数，主窗口显示如图 10-21 所示。

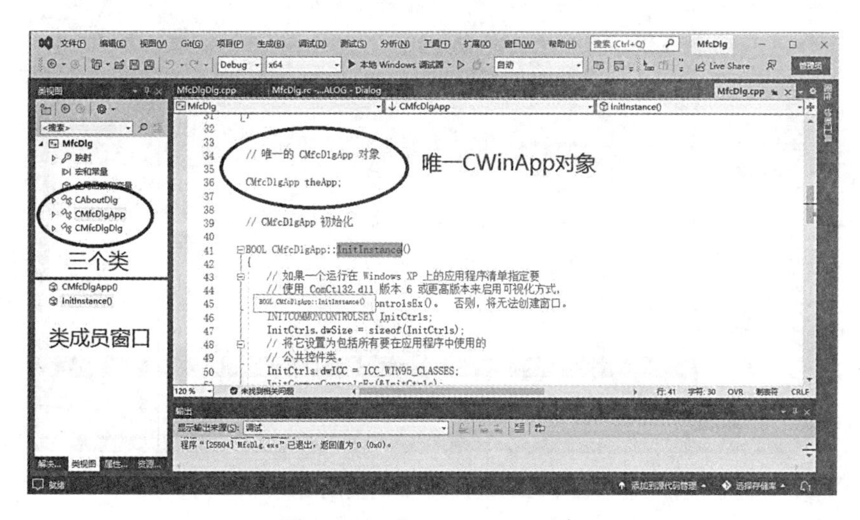

图 10-21　唯一 CWinApp 对象

在 InitInstance( ) 函数上面，可以找到全局对象 CMfcDlgDlg theApp 的声明，在 MFC 框架中，这是唯一的一个全局对象，整个程序其实就是这个对象。往下看 InitInstance( ) 函数的内容，可以看到如图 10-22 所示内容。

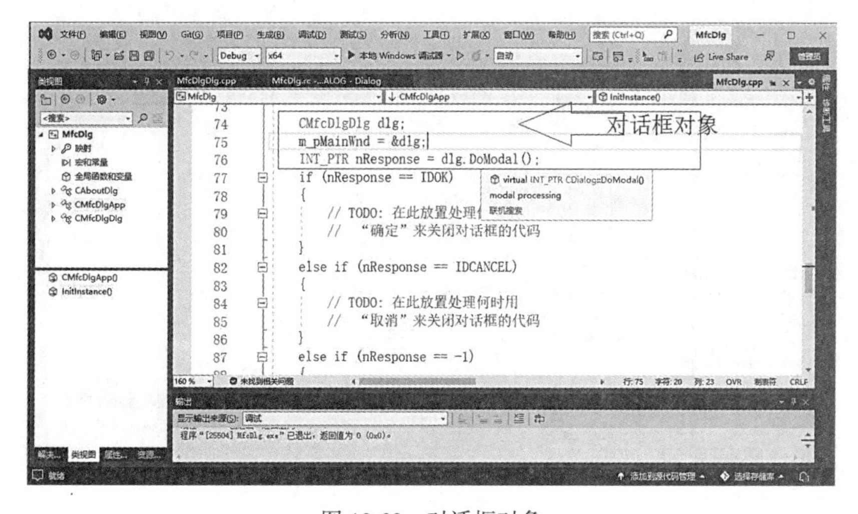

图 10-22　对话框对象

在 InitInstance( ) 函数中，MFC 框架完成了对话框对象的定义，并将对话框窗口指针赋值给 m_pMainWnd，让对话框窗口成为主窗口，之后调用 DoModal( ) 函数弹出模态对话框，也就是最终看到的界面。模态对话框结束后，应用程序也就结束了。

再来看对话框的具体实现类，在类视图中双击 CMfcDlgDlg 类，主窗口显示如图 10-23 所示界面。

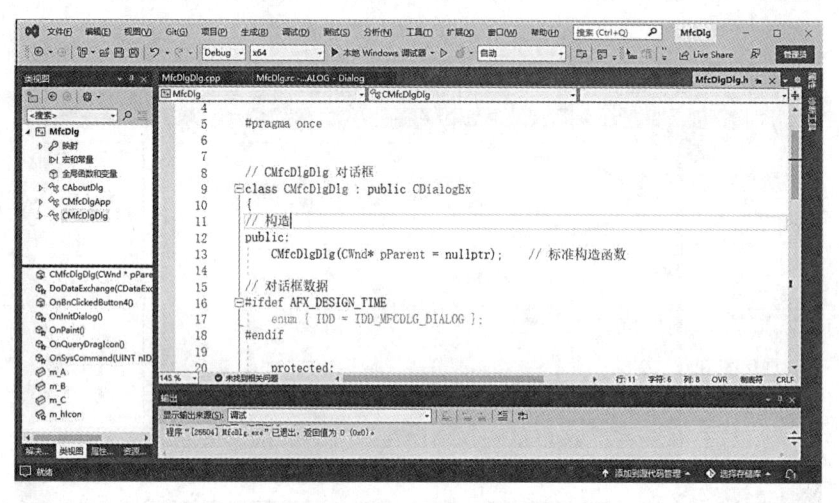

图 10-23　对话框类的实现代码

在对话框类代码中，可以看到本例对话框 CMfcDlgDlg 类由 CDialogEx 类派生而来，CDialogEx 类是 MFC 对话框的基类，最早为 CDialog，后来升级为 CDialogEx，其添加了一些成员函数，主体未变。往下看 CMfcDlgDlg 类的内容，会发现之前为控件添加的成员变量与函数，如图 10-24 所示。

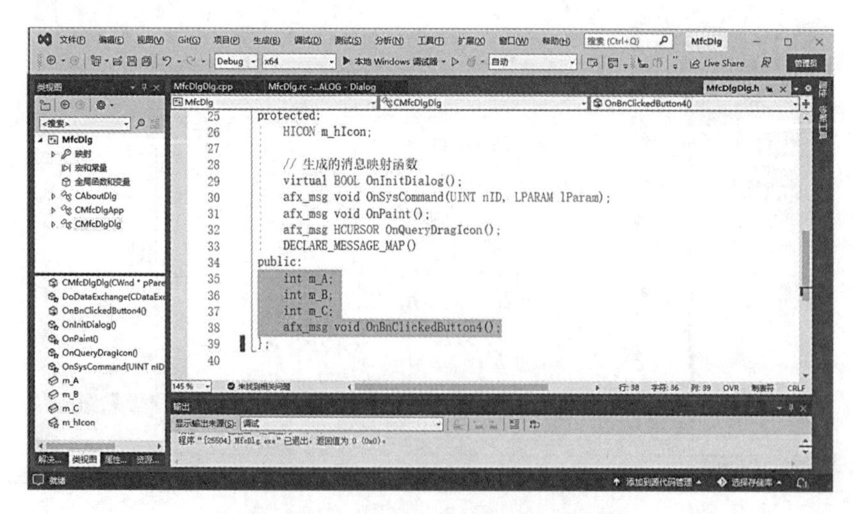

图 10-24　对话框控件对应的成员代码

如果在资源中删除了控件，有需要就可以到这个位置删除控件对应的代码。其实MFC 框架并不复杂，应用程序向导和类向导就是辅助我们将代码添加到类里面，没有类向导也是可以手工修改代码的。

再来看对话框类的实现代码，先在类成员函数中双击构造函数，主窗口显示如图10-25 所示。

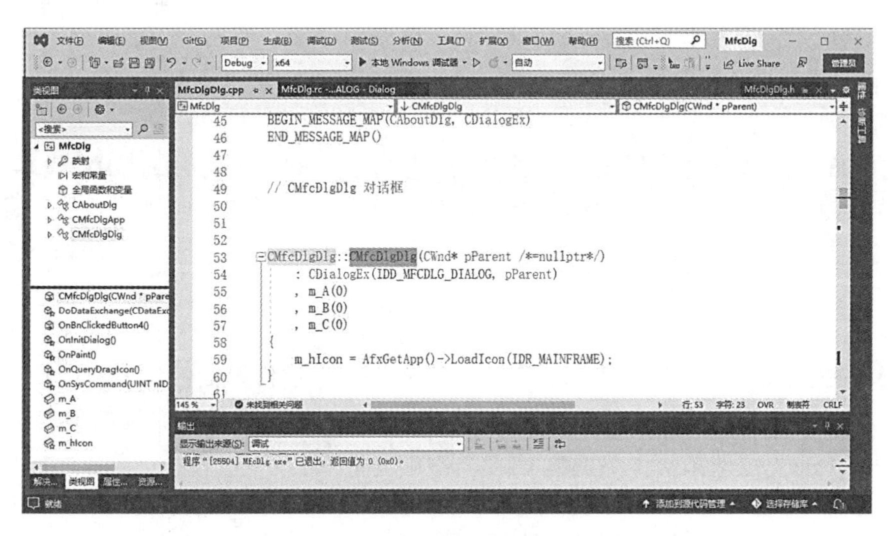

图 10-25　对话框类构造函数

在构造函数中可以看到，对话框类采用列表形式给成员变量 m_A、m_B 和 m_C 赋初值初始化，这个初值也是对话框刚显示时控件里面的值，如果想显示其他值，可以在这里修改。继续往下看，就会看到对话框消息映射的代码，如图 10-26 所示。

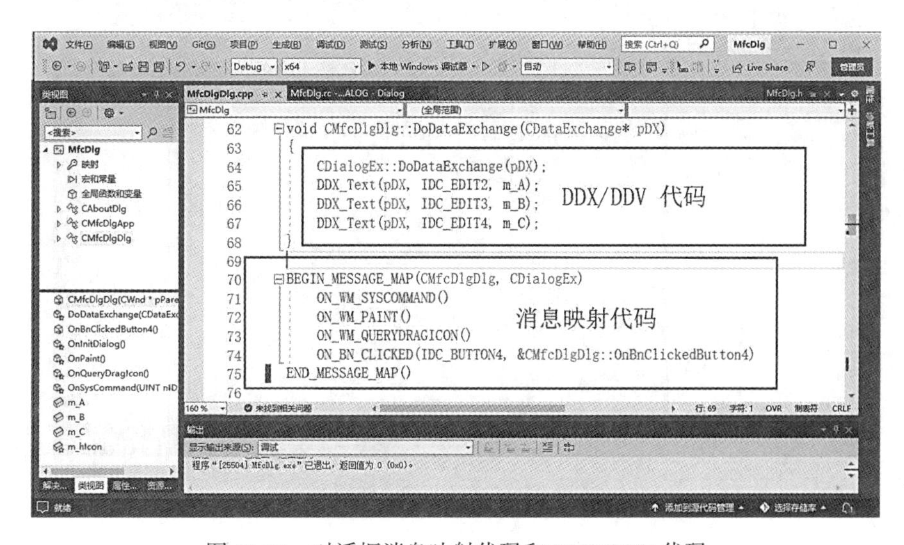

图 10-26　对话框消息映射代码和 DDX/DDV 代码

前面讲过，消息映射是 MFC 特有的、将事件消息与处理函数对应的关键所在。本例中的消息映射是鼠标点击“加法”按钮，按钮的资源 ID 是 IDC_BUTTON4，处理函数是 CMfcDlgDlg::OnBnClickedButton4( )，它们形成的映射对出现在消息映射宏的最后一行。

```
ON_BN_CLICKED(IDC_BUTTON4，&CMfcDlgDlg::OnBnClickedButton4)
```

位于 BEGIN_MESSAGE_MAP( ) 和 END_MESSAGE_MAP( ) 中间的都是消息映射，由 MFC 定义的标准消息无需指定消息和处理函数名称，只需要直接添上 MFC 定义的宏就可以，要了解宏名称需要查 MFC 的帮助文档。特别需要注意的是，如果删除了资源控件，VS 环境有时不能自动删除控件对应的消息映射代码，此时就需要人工到这个位置来删除消息映射代码。

图 10-26 中消息映射代码的上面就是对话框程序中知名的 DDX/DDV 代码，DDX/DDV 代码与消息映射代码非常类似，不过 DDX/DDV 代码不是对应成员函数，而是对应成员变量，其作用是将对话框类的成员变量与资源控件关联起来，基本语法如下：

```
DDX_XXX( pDX，控件 ID，成员变量名 )
DDV_XXX( pDX，成员变量名，变量最小值，变量最大值 )；
```

DDX 的主要用户关联控件和成员变量，DDV 用于对控件里面的输入值进行核实，当用户输入值不在最大值、最小值之间时，DDV 会提示用户重新输入合适的值。DDV 是可选项，可以不给成员变量设定取值范围，接受用户输入的一切内容。

与消息映射类似，如果删除了资源控件，VS 环境有时不能自动删除 DDX/DDV 代码，此时就需要人工到这个位置来删除控件对应的 DDX/DDV 代码。

下面来看看 CAboutDlg 类，这个类是 MFC 为所有应用程序自动生成的“关于”对话框，用于标识软件的作者、单位等版权信息。“关于”对话框 CAboutDlg 类也有对应的资源，例如本例中的资源，如图 10-27 所示。

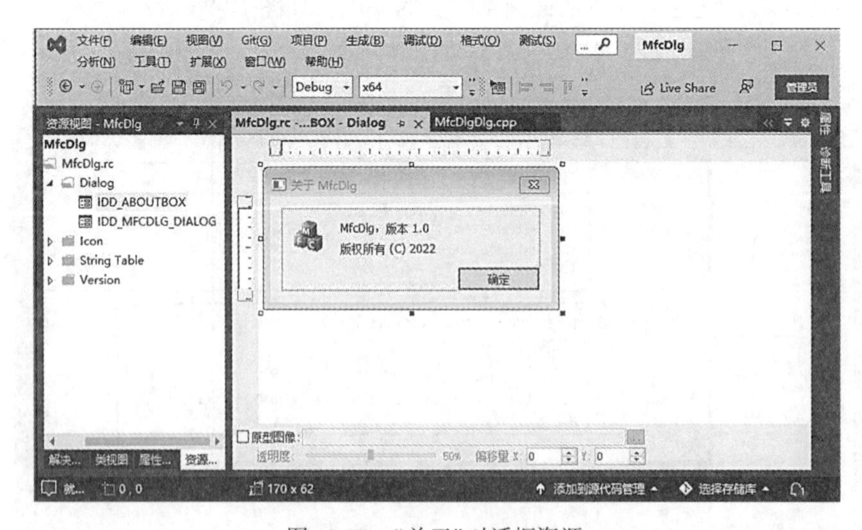

图 10-27　“关于”对话框资源

程序运行后，可以在窗口的系统菜单中找到“关于×××...”的菜单项，点击后会弹出关于对话框，如图 10-28 所示。

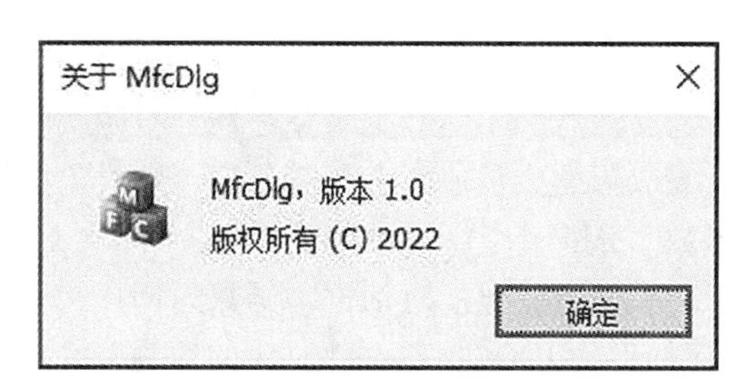

图 10-28 关于对话框运行情况

最后再说明 MFC 应用程序的资源问题。为方便开发 Windows 应用程序，MFC 将软件图形界面相关的开发内容都通过资源形式进行封装，资源主要包括应用程序的图标(Icon)、应用程序中使用的静态位图(Bitmap)、鼠标光标形状(Cursor)、各种菜单(Menu)、界面文字(String)、版本信息(Version)等。这些资源都可以在 VS 中进行设计，最终与应用程序一起发布给用户。

10.3 对话框类与标准控件

通过建立对话框应用程序，我们已经了解了对话框程序结构，也知道了如何添加控件，添加实现代码。在对话框程序中，最基础和最核心的东西就是对话框类，下面将详细介绍对话框类与常用标准控件。

10.3.1 对话框类 CDialog

MFC 通过 CDialog 类封装对话框的功能，CDialog 先从 CWnd 继承窗口类的功能，并添加了新的成员变量和函数来处理对话框，下面介绍对话框常用函数。

1)类构造函数 CDialog( )

CDialog 类有三个构造函数，定义为：

```
CDialog:: CDialog( );
CDialog:: (UINT nlDTemplate,CWnd * pParentWnd=NULL);
CDialog:: (LPCTSTR lpszTemplateName,CWnd * pParentWnd=NULL);
```

第一个是默认无参构造函数。第二个和第三个都用指定模板进行资源创建，第二个用模板 ID，第三个用模板名称。

2)创建无模态对话框函数 Create( )

CDialog 类提供了多个创建窗口的函数，其中最常用的是创建无模态对话框函数 Create( )，其原型为：

```
BOOL Create( UINT nIDTemplate, CWnd* pParentWnd = NULL );
```

Create 使用对话框资源创建无模态对话框，其第一个参数为资源 ID，第二个参数是对话框父窗口指针，默认为 NULL。例如，前面举例设计好的对话框 CMfcDlgDlg 以无模态方式弹出代码为：

```
CMfcDlgDlg *pDlg = new CMfcDlgDlg; //用 new 形式创建对象,以免析构
pDlg->Create(CMfcDlgDlg::IDD);   //显示对话框
```

使用无模态对话框一定要注意，不能让类对象在局部析构，也就是一定不能定义局部变量，而是要让定义的对象成为类成员或者全局变量，否则对象析构时会让对话框消失。

3)显示模态对话框函数 DoModal( )

DoModal( )函数用于以模态方式显示对话框，函数返回用户选择 OK 按钮或者 Cancel 按钮结束对话框。OK 对应的值为 IDOK，Cancel 对应的值为 IDCANCEL。由于模态对话框在关闭后可以被析构，因此可以定义对话框类的局部对象。例如，前面举例设计好的对话框 CMfcDlgDlg 以模态方式弹出代码为：

```
CMfcDlgDlg dlg;  dlg.DoModal( );
```

对于设计好了的对话框(包括资源和对应的类代码)，以模态或者非模态的方式显示都可以，它们没有本质区别。

4)对话框初始化函数 OnInitDialog( )

OnInitDialog( )函数对使用对话框非常重要，这个函数在对话框弹出前被调用，因此可以为对话框的显示做准备工作。例如让各个控件显示它们的默认值(或者处于某个默认状态)。在 OnInitDialog( )函数中设置了控件变量值后，一定要使用 UpdateData(FALSE)进行控件和变量同步，否则控件显示结果不会改变。

5)同步控件与变量函数 UpdateData( )

UpdateData( )函数的作用是让对话框控件上显示的值与变量同步。函数有一个参数，取值只有 TRUE 和 FALSE 之一。如果希望让控件上的值同步到变量，参数用 TRUE，如果希望让变量值同步到控件中则用参数 FALSE。这有点像控制台输入输出语句中的 cin 和 cout，UpdateData(TRUE)类似 cin，而 UpdateData(FALSE)类似 cout。

6)获取控件窗口指针函数 GetDlgItem( )

Windows 系统的所有控件本质都是小窗口，都是从 CWnd 继承来的，每个控件都是 CWnd 的派生类对象，因此可以获取控件的指针。通过指针也可以对控件执行控制操作，例如让其显示或隐藏、改变其中的文字，等等。GetDlgItem( )函数就是用来获取控件指针的，函数有一个参数是控件资源 ID，通过资源 ID 就可以控制控件。GetDlgItem( )的函数原型为：

```
CWnd* GetDlgItem(UINT nIDTemplate);
```

7)设置/获取控件文本函数 SetDlgItemText( )/GetDlgItemText( )

使用 SetDlgItemText( )/GetDlgItemText( )两个函数可以操作对话框控件中的文本信息，例如设置控件里的字符串、获取控件里的字符串等。这两个函数其实不是必须的，可以用 GetDlgItem( )函数获取控件指针，然后再用 SetWindowText( )函数和 GetWindowText( )函数来实现。

8)对话框绘制函数 OnPaint( )

对话框窗口一般不需要绘制，对话框里面一般都是控件，这些控件本身已经支持自我绘制了。但在有些特殊情况下，我们希望自己在对话框上绘制内容，例如使用 GDI 函数

画一些图案等。此时可以重载 OnPaint( )函数，自己绘制对话框上的内容。特别提醒，如果启用了自己绘制，则对话框上的控件都不会再显示。

9)确认/取消按钮函数 OnOK( )/OnCancel( )

对话框为最常用的两个按钮“OK”和“Cancel”提供了两个函数，可以直接调用这两个函数结束对话框，对话框结束时会将按钮 ID 返回。除了用这两个函数外，还可以直接使用 EndDialog( )函数结束对话框，EndDialog( )函数有一个参数，即对话框结束需要返回的 ID 值，通常可以用 IDOK、IDCANCEL 或自己定义的其他值。

10.3.2　标准控件

为了方便开发对话框程序，Windows 系统提供了很多标准控件，使用 MFC 开发程序时，这些控件被作为可用资源放在工具箱中。通过资源编辑器，可以将控件放置在对话框资源中。每个控件 MFC 都为其准备了对应的类，可用类向导生成代码，通过控件对象可对控件进行编程处理，例如显示控件、隐藏控件、让控件无效、禁止输入等，常用控件如表 10-2 所示。

表 10-2　MFC 提供的常用控件

控件	MFC 类	功能说明
按钮控件	CButton	可以产生单击事件
编辑控件	CEdit	文本输入框
静态控件	CStatic	用于标记其他控件的文本控件
组合框	CComboBox	编辑框和列表框的组合
列表控件	CListBox	显示带有字符串列表的控件
影像列表	CImageList	用于管理一组图标或位图
列表视图控件	CListCtrl	显示带有图标的文本列表
树形图控件	CTreeCtrl	显示树形列表项的属性视图控件
进度条控件	CProgressCtrl	指示操作过程进度的控件
月历	CMonthCalCtrl	显示日期信息的控件
日期选择框	CDateTimeCtrl	可以选择日期或时间值
控件工具栏	CRebarCtrl	包含子控件的工具栏
扩展编辑框	CRichEditCtrl	带有段落和字符格式的编辑框
滚动条	CScrollBar	对话框中用于滚动查看的滚动条
滑块控件	CSliderCtrl	用于定位选项位置的滑块控件
微调按钮	CSpinButtonCtrl	用于定量增加或定量减少的微调按钮
扩展组合框	CComboBoxEx	可以显示图片的组合框
标题控件	CHeaderCtrl	列头按钮，用于控制文本的显示

续表

控件	MFC 类	功 能 说 明
热键控件	CHotKeyCtrl	用户热键控件
状态栏控件	CStatusBarCtrl	显示状态信息的状态栏
工具栏	CToolBarCtrl	包含命令按钮的工具栏
工具提示	CToolTipCtrl	小的弹出对话框，用于描述工具栏按钮或其他工具功能的控件

使用控件主要有三步：第一步，创建控件。在资源视图中，将控件放置到对话框模板上，并设置控件的属性，在调用该对话框时，系统会自动按预先的设置为对话框创建控件。可以使用类向导为控件在对话框类中创建一个控件类的对象。第二步，设置控件属性。每个控件都有一个属性集，在放置好控件后，使用鼠标右键打开控件的属性对话框设置控件属性，控件属性非常丰富，常用属性如表 10-3 所示。第三步，给控件添加对象或处理函数。给有值控件添加对象或者添加处理函数。除静态控件外，其他控件都能发送消息，不同类的控件发送的消息不同，使用类向导为控件映射消息处理函数。

表 10-3　控件常用属性

属　　性	功 能 说 明
CAPTION	控件上的提示文字，如静态文字、按钮名称等
ID	控件唯一标识 ID，程序通过 ID 访问控件，只有 Static 控件 ID 可以重复，而其他类控件的 ID 应该唯一
Visible	控件在对话框打开时是否可见，默认 TRUE，可见
Disabled	控件在对话框打开时该控件是否不可用，默认 FALSE
Group	标记此控件与以后添加的同类控件属于一组
Tap stop	设置 TAB 键是否可以在该控件上驻留，默认 TRUE
Help ID	是否分配帮助 ID 给控件，默认 FALSE
Client edge	围绕控件有个下凹风格的边框，默认 FALSE
Modal frame	是否用三维突出效果，默认 FALSE
Transparent	多个层叠控件是否透明，默认 FALSE
Accept files	控件接受拖放文件操作，如果拖动一个文件到此控件上，控件收到 WM_DROPFILES 消息，默认 FALSE
Align text	指定控件中文本的对齐方式，取值有 Right 右对齐，Left 左对齐，Center 居中，默认 Left
Notify	当控件被选中或双击时，通知父窗口，默认 FALSE

续表

属　　性	功 能 说 明
Sunken	在控件周围显示凹下边框，默认 FALSE
Border	围绕控件显示边框，默认 FALSE
Icon	控件使用图标作标识
Bitmap	控件使用位图作标识
Multiline	编辑控件支持多行文本，默认 FALSE
Number	编辑控件只能输入数字，默认 FALSE
Horizontal scroll	在多行编辑控件中提供一个水平滚动条
Auto HScroll	在编辑框的最右边输入字符时，文本自动进行滚动
Vertical scroll	在多行编辑控件中提供一个垂直滚动条
Auto VScroll	在多行编辑控件中，在最后一行按回车键时，文本自动向下滚动
Password	在编辑控件中输入字符时，不显示输入的文本，而是相同个数的 * 字符
Want return	允许在多行编辑控件中按 Enter 键换行
Border	显示控件边界，默认 TRUE
Uppercase	将输入内容转化为大写字符，默认 FALSE
Lowercase	将输入内容转化为小写字符，默认 FALSE
Read-only	禁止用户在编辑控件中输入或修改内容
Selection	控件内项目是否可以选中
Sort	控件内容是否按字母顺序排序
Multi-column	列表框支持多列

下面简单介绍几个常用控件。

1)静态文本控件 CStatic

静态文本主要用来提示软件功能、执行操作等，不接受用户输入，不发消息。动态文本通常不变，如要修改，可通过编辑控件来实现。静态文本控件主要包括 Static Text 控件和 Group Box 控件。Static Text 控件用来标识文字，Group Box 控件通常用来分割不同组别的控件。

2)编辑控件 CEdit

编辑控件用于获取输入数据，例如，在对话框内输入文字或数字。编辑控件分为单行编辑控件和多行编辑控件。单行编辑控件只能输入单行文本，多行文本编辑控件可输入多行文本，多行文本就需要使用滚动条。编辑控件提供内置编辑能力，可以使用多行编辑控件来创建一个简单的文本编辑器。编辑控件支持复制粘贴命令，可发送 WM_NOTIFY 消息给对话框，告诉对话框窗口编辑控件的动作，编辑控件能处理的消息类别如表 10-4 所示。

表 10-4　编辑控件能处理的消息

消息	事　件
EN_ CHANGE	输入框中的文本被修改
EN_ ERRSPACE	输入的文本串超过了输入框的显示范围
EN_ HSCROLL	按下水平滚动条
EN_ KILLFOCUS	输入框失去焦点，也就是焦点转移到其他对象
EN_ MAXTEXT	输入的文本串超过了设定的最大输入长度
EN_ VSCROLL	按下垂直滚动条
EN_ SETFOCUS	输入框获得输入焦点
EN_ UPDATE	更新显示内容

通常可以给编辑控件映射对话框成员变量，通过对话框的数据交换机制，获取用户输入或把结果输出到编辑框。

3)命令按钮控件 CButton

命令按钮控件用于响应鼠标点击按钮消息，对话框模板默认配置两个按钮“确认”和“取消”，在对话框基类中定义了消息处理函数 OnOK( )和 OnCancel( )。它们是虚函数，可以重载。根据需要可为对话框添加任意按钮，通过 Caption 属性修改按钮上的文字，双击按钮或使用类向导可为按钮添加处理函数。

4)单选按钮控件 RadioButton

使用单选按钮实现在一组选项中选择唯一选项，在组中选择一个选项时，其他选项自动变成未选中状态。一组单选按钮只对应于一个 int 类型变量，属性设置对一组单选按钮的设置非常重要，只有第一个控件选中 Group 属性，表示一组控件的开始，其他控件则不能设置 Group 属性，同一组控件的 Tab Order 必须连续。

5)复选按钮控件 CheckBox

使用复选按钮实现在一组选项中选择多个选项，各个选项之间状态互不相关。每个复选框按钮对应于一个 BOOL 变量，值 TRUE 表示选中复选框，值 FALSE 表示未选中复选框。

6)组合框控件 CComboBox

组合框控件是把编辑框和列表框控件组合起来的一类控件。组合框既能像使用编辑控件那样直接输入数据，也能像使用列表框那样从多个选项中选择某一项。组合框控件有三种类型：①简单组合框(Simple)，显示一个编辑控件和列表框，该列表框总是可见的。②下拉式组合框(Dropdown)，隐藏列表框，直到用户打开它，支持用户输入。③下拉式列表框(DropList)，与下拉式组合框相似，只有被用户打开时，才显示列表框，只能在列表框中选择选项，不允许输入。

7)列表框控件 CListBox

列表框控件用于显示多个数据项的处理。列表框中包含一些列表字符串或其他数据元素。列表框包括单选列表框和多选列表框，单选列表框只允许用户一次选择一个选项，而多选列表框则可以一次选择多个选项。列表框按数组方式组织选择项，每个选择项包含一个下标值和一个显示值。下标值从 0 开始，显示值是一个 CString 型的字符串，列表框支持 Sort 属性对字符串排序。列表框控件 CListBox 类提供了两个函数装载数据项，即 CListBox:: AddString(LPCTSTR LpszItem)和 CListBox:: InsertString(int nlndex, LPCTSTR Lpszltem)。Sort 有效时，AddString 按字符串排序顺序插入新的数据项，Sort 无效时，AddString 在选择项序列的最后插入新数据项。InsertString 操作不受 Sort 属性的影响，在指定下标位置插入新的选择项，其他选择项后移一位。Sort 有效时，列表框控件可关联两种类型成员变量，CString 类型表示数据项值，int 类型表示数据项的下标。Sort 无效时，只能关联 CString 类型的成员变量。列表框常用函数包括 CListBox:: SetCurSel( )设置选中项，CListBox:: SelectString( )删除数据项，CListBox:: GetCursel( )获取当前选中项等。

10.3.3　数据交换和校验 DDX/DDV

MFC 类库为了方便将表示输入输出的控件与变量直接关联，提供了数据交换和校验机制 DDX/DDV，具体实现是 CDialog:: DoDataExchange( )函数。DDX/DDV 采用与消息映射类似的方法，将控件 ID 与变量进行关联，具体语法如下：

```
DDX_XXX( pDX, 控件 ID, 成员变量名)
DDV_XXX( pDX, 成员变量名, 变量最小值, 变量最大值);
```

DDX 主要用于关联控件和成员变量，DDV 用于对控件里面的输入值进行核实，当用户输入值不在最大值最小值之间时，DDV 会提示用户重新输入合适的值。DDV 是可选项，可以不给成员变量设定取值范围，接受用户输入的一切内容。

DDX/DDV 负责数据在控件中的进出，当对话框首次出现时，每个控件窗口自动用相应的成员变量的值进行初始化。当用户通过单击“OK”按钮，或通过按“Enter”键关闭对话框的时候，该控件无论是包含哪一个值或文本，都将被复制回该变量。对话框数据验证可以确保值落在规定的限制之内。交换和验证机制都是由 MFC 框架提供的。如果输入到一个控件的值落到了指定的限制之外，那么，该控件的验证函数将显示一个消息框，以通知用户控件出了问题。当消息框被关闭的时候，出问题的控件将具有一个焦点，提示用户重新输入数据。除非所有的数据验证函数都满足了，否则，用户不能够通过单击“OK”按钮来关闭对话框。

10.4　使用一般对话框

前面讲过对话框应用程序，已经知道如何新建对话框应用程序。对话框应用程序其实已经包含了一般对话框的使用过程，只是由于应用程序向导已经进行了具体过程的设置和对话框对象定义与对话框显示。这次我们将单独介绍在应用程序中如何从零开始使用对话框。对话框的使用分三步：首先，建立对话框资源和对话框类。然后，添加控件，关联变量和处理函数。最后，在应用程序中需要使用对话框的位置包含对话框头文件，定义对话框类对象，用模态或非模态方式显示对话框。

10.4.1　创建资源与对话框类

在 VS 主界面中，打开工程的资源视图，展开应用程序的所有资源，找到里面的“Dialog”项，点击鼠标右键，在右键菜单中选择“插入 Dialog”项，如图 10-29 所示。

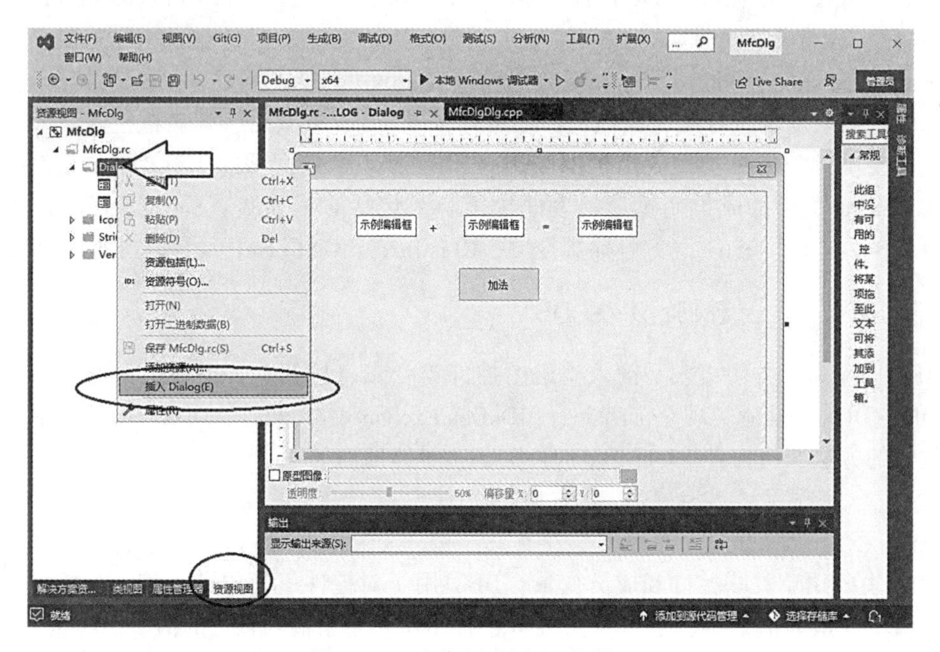

图 10-29　在资源中插入对话框

系统自动生成了新的对话框资源，并给新的对话框设定 ID 为“IDD_DIALOG *”，其中“ * ”通常是个数字，取决于插入的对话框个数，可以根据实际需要和方便记忆修改对话框 ID，对话框 ID 将被写入生成的类对象中，如果已经为对话框资源生成了类代码，要修改对话框 ID，就需要人工在对话框类代码中同步修改。本例中，我们不打算修改对话框 ID。

与对话框应用程序不同，只有对话框资源是不够的，需要为对话框资源生成类代码。具体操作是用鼠标右键点击对话框资源，在弹出的菜单中选择“添加类”选项，如图 10-30 所示。

系统弹出添加 MFC 类界面，界面中的类名是必填项，也可以指定新生成类的基类和“.h”“.cpp”文件名等，如图 10-31 所示。

本例中输入类名“CTestDlg”，对应的头文件是“CTestDlg.h”，类实现文件为“CTestDlg.cpp”，基类用默认的“CDialogEx”，选择“确认”后，生成类代码如图 10-32 所示。

至此就完成了对话框资源的创建和对应类代码的生成，以后就可以基于生成的资源和类代码，开展具体功能的设计，主要是添加控件和对应处理代码。

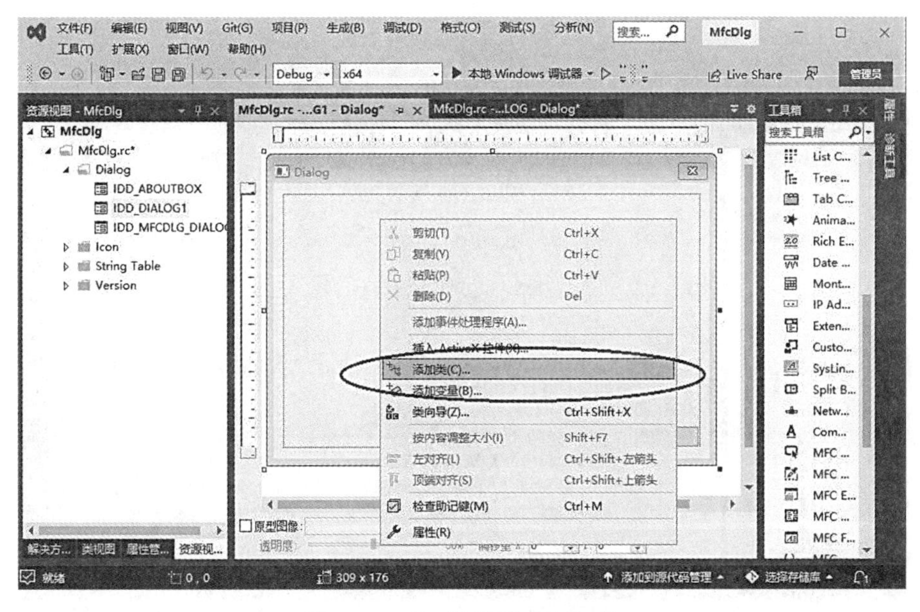

图 10-30　给对话框资源添加类

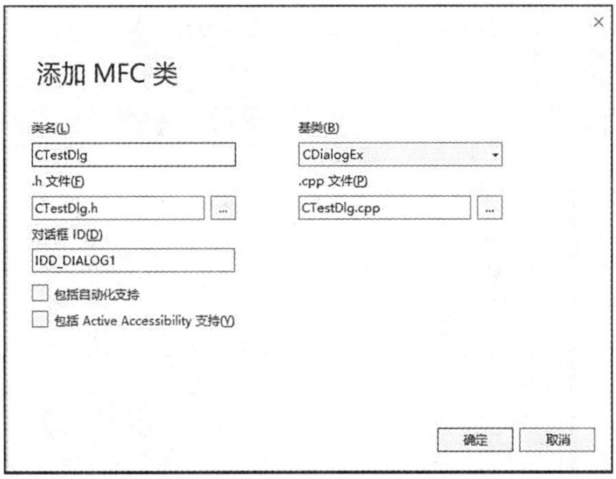

添加 MFC 类

类名(L)　CTestDlg

基类(B)　CDialogEx

.h 文件(F)　CTestDlg.h

.cpp 文件(P)　CTestDlg.cpp

对话框 ID(D)　IDD_DIALOG1

包括自动化支持

包括 Active Accessibility 支持(V)

确定　取消

图 10-31　添加 MFC 类输入类名

10.4.2 添加控件及关联变量

有了对话框资源和对话框类代码后，添加控件和控件对应实现代码的过程与在对话框应用程序中的操作是一样的。本例拟在对话框里添加 ListCtrl 控件，控件中列出一些空间点的三维坐标 X、Y、Z，ListCtrl 控件下有三个编辑 Edit 控件，分别对应 X、Y、Z 的值，实现对 X、Y、Z 的修改，同时还有三个按钮 Button 控件，分别是添加、删除和修改，如图 10-33 所示。

具体操作是在工具箱中找到对应控件并摆放在对应位置，将 ListCtrl 控件属性的"视

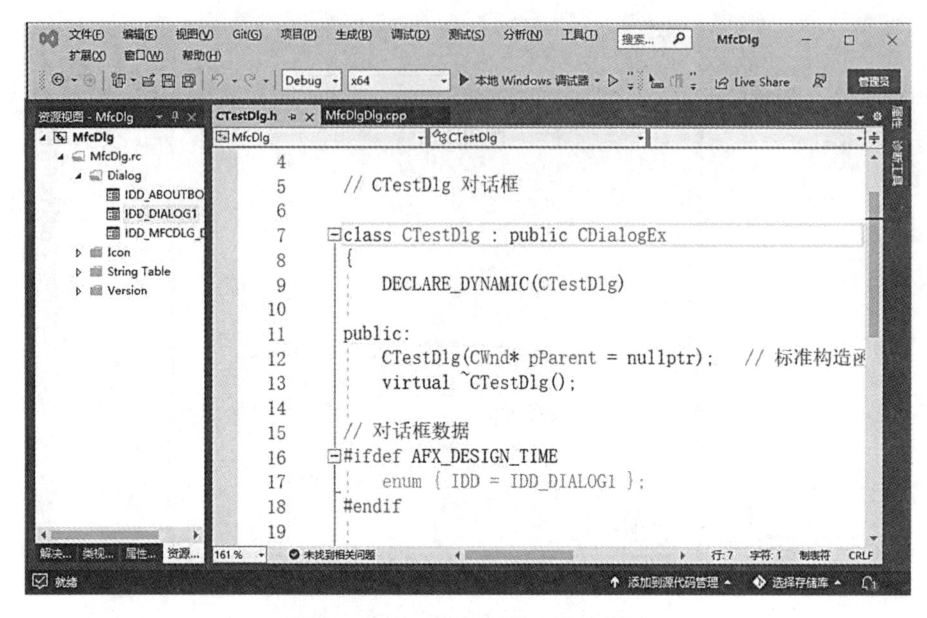

图 10-32　为对话框资源生成类代码

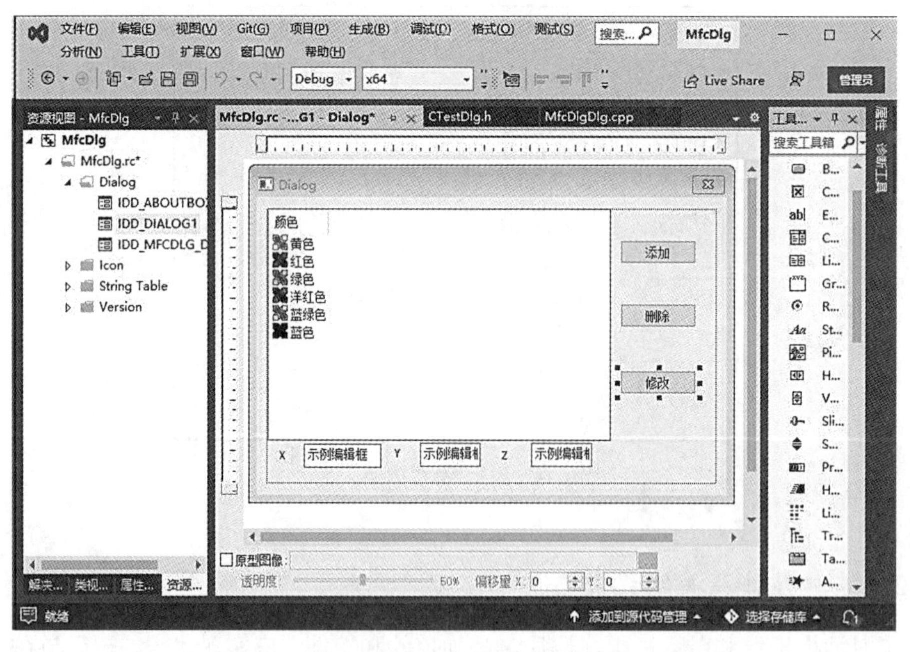

图 10-33　ListCtrl 控件、Edit 控件和 Button 控件

图”属性选择为 Report。给三个编辑控件添加变量，分别为 m_X、m_Y 和 m_Z，变量类型为 double。给 ListCtrl 控件添加变量 m_listCtrl，类型为 CListCtrl，如图 10-34 所示。

给三个按钮分别添加三个处理函数，为方便代码理解，将函数分别命名为 OnAdd( )、

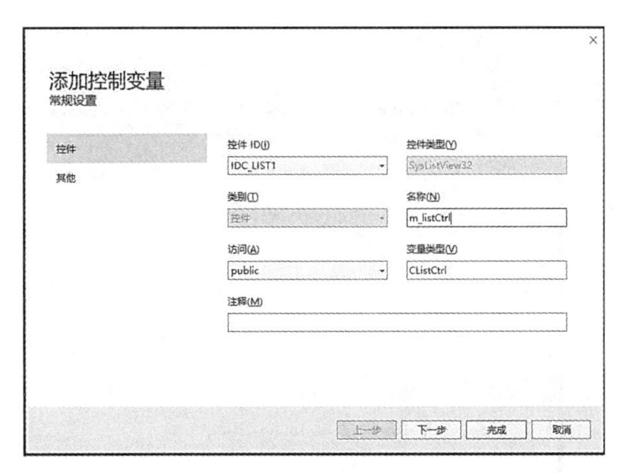

图 10-34　给 ListCtrl 控件添加变量 m_ listCtrl

OnDel( )和 OnUpd( )，添加结果如图 10-35 所示。特别提醒，添加处理函数时一定要重新选择对话框类“CTestDlg”，默认“CAboutDlg”是错误的。

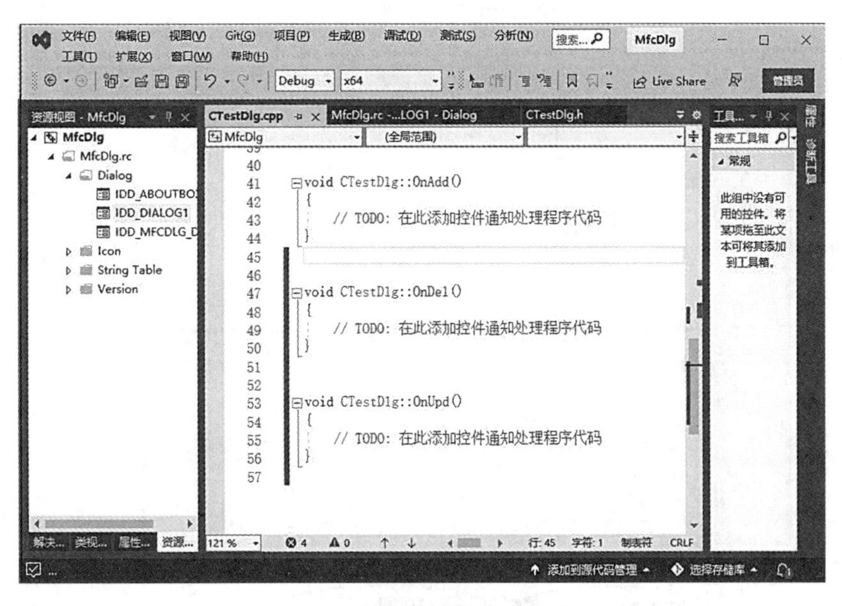

图 10-35　给按钮添加三个函数

然后分别给这三个按钮按照功能，添加按钮功能的实现代码，三个按钮功能的实现代码如图 10-36 所示 。

为了让 ListCtrl 控件界面美观合理，需要修改其属性，包括最上面设置为表头，列表内有三列表头，分别为 X、Y、Z，每列宽度为列表控件的 1/3 等。由于 ListCtrl 控件在对话框显示出来后就可见，因此其属性设置应该在对话框显示出来前完成，需要重载 OnInitDialog( )函数，并添加相关代码。具体做法为，在工程类视图中找到 CTestDlg 类，

```
void CTestDlg::OnAdd()
{
    UpdateData(TRUE);
    CString str; str.Format(_T("%lf"), m_X);
    int item = m_listCtrl.InsertItem(m_listCtrl.GetItemCount(), str );
    str.Format(_T("%lf"), m_Y);
    m_listCtrl.SetItemText(item, 1, str);
    str.Format(_T("%lf"), m_Z);
    m_listCtrl.SetItemText(item, 2, str);
    UpdateData(FALSE);
}
void CTestDlg::OnDel()
{
    POSITION pos = m_listCtrl.GetFirstSelectedItemPosition();
    while (pos != NULL) {
        m_listCtrl.DeleteItem(m_listCtrl.GetNextSelectedItem(pos));
        pos = m_listCtrl.GetFirstSelectedItemPosition();
    }
}
void CTestDlg::OnUpd()
{
    UpdateData(TRUE);
    POSITION pos = m_listCtrl.GetFirstSelectedItemPosition();
    if (pos != NULL) {
        int item = m_listCtrl.GetNextSelectedItem(pos);
        CString str; str.Format(_T("%lf"), m_X);
        m_listCtrl.SetItemText(item, 0, str);
        str.Format(_T("%lf"), m_Y);
        m_listCtrl.SetItemText(item, 1, str);
        str.Format(_T("%lf"), m_Z);
        m_listCtrl.SetItemText(item, 2, str);
    }
```

图 10-36　三个按钮功能的实现代码

点击鼠标右键，在弹出的菜单中选择“类向导”，系统弹出 CTestDlg 类的类向导设置界面，如图 10-37 所示。

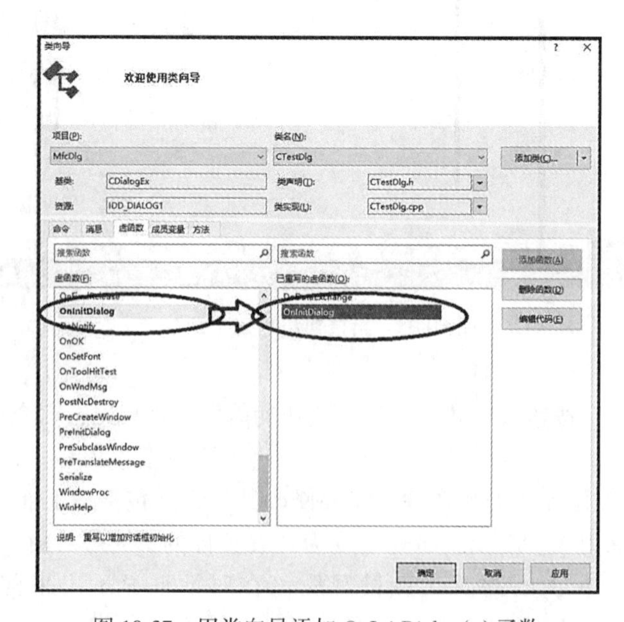

图 10-37　用类向导添加 OnInitDialog( )函数

然后在对话框的 OnInitDialog( ) 函数中，通过 ListCtrl 控件的类对象 m_listCtrl 给控件设置属性，具体代码如图 10-38 所示。

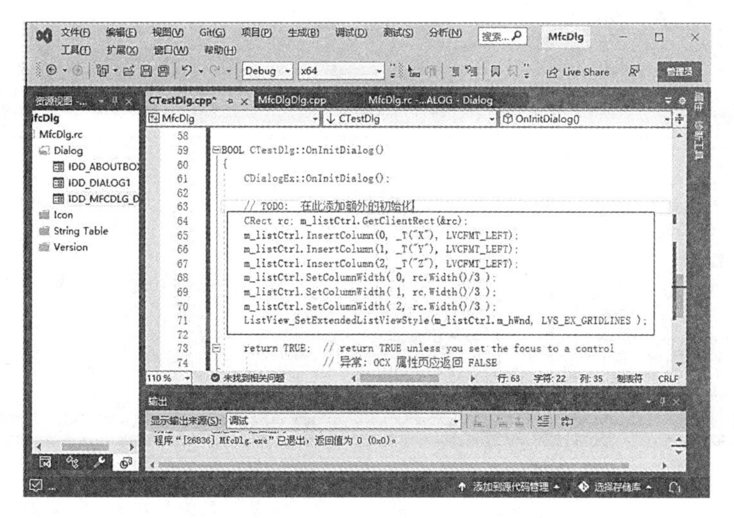

图 10-38　为 ListCtrl 控件设置属性

至此，对话框类 CTestDlg 的相关设计全部完成，类的实现代码、控件功能的实现代码也全部完成，下面就可以在需要使用对话框的位置定义对象并显示对话框了。

10.4.3　定义对象弹出对话框

使用设计好的对话框类，无论是自己设计的还是系统提供的，过程和步骤都一样，首先包含对话框类头文件，然后定义对象，最后使用模态或者非模态方式弹出对话框。本例中，我们拟在最先完成的对话框应用程序中添加一个按钮函数，在按钮功能函数中使用刚刚设计的对话框类，添加按钮如图 10-39 所示。

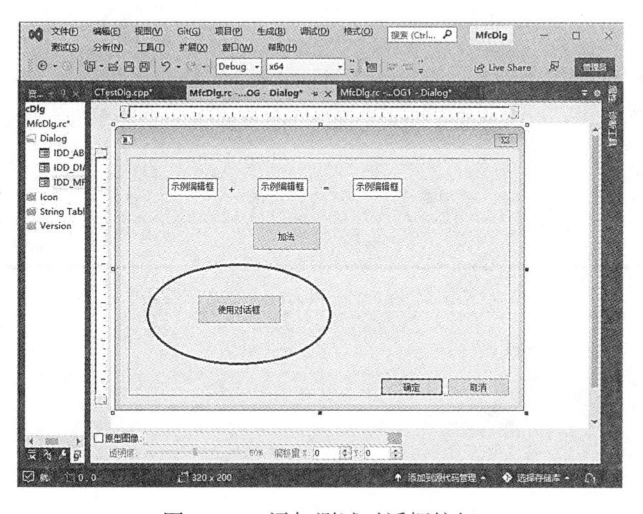

图 10-39　添加测试对话框按钮

在按钮处理函数中添加使用对话框的代码，如图 10-40 所示。

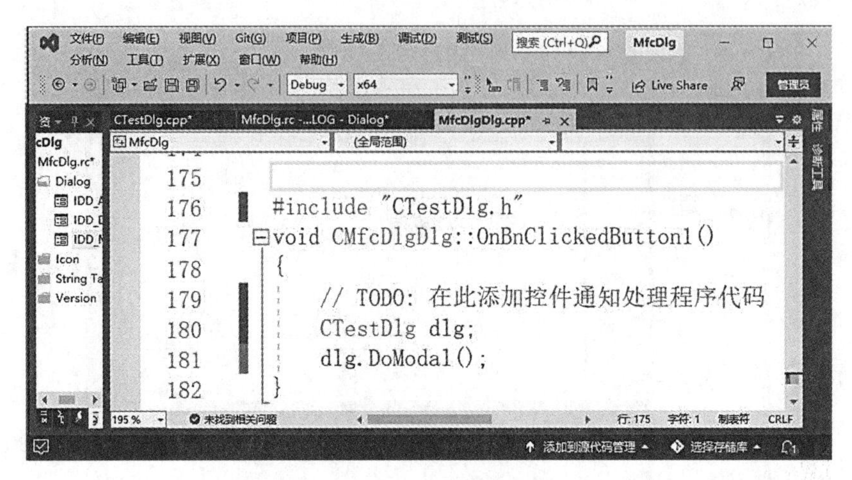

图 10-40　使用对话框的代码

添加好代码后，就可以调试执行整个应用程序了。在对话框应用程序中，点击新添加的按钮，系统将弹出刚刚设计好的对话框，在编辑控件中输入值后，点击“添加”按钮可将数据添加到 ListCtrl 控件，选中 ListCtrl 控件某项后点击“删除”按钮可删除此项，还可以点击“修改”按钮修改 ListCtrl 控件内的项目，最终界面如图 10-41 所示。

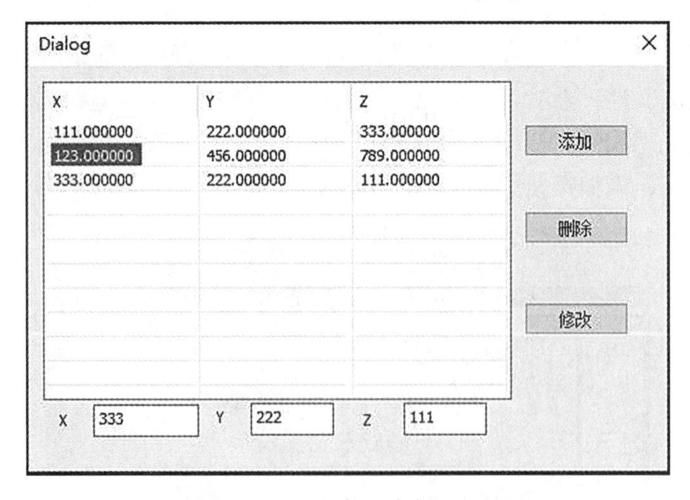

图 10-41　对话框使用案例运行结果

10.5　习题

(1)什么是对话框程序？它有什么特点？

(2)简述 MFC 对话框程序建立的过程。

(3)什么是模态对话框？什么是非模态对话框？它们的区别是什么？

(4)显示模态对话框的函数是什么？它的返回值是如何定义的？

(5)显示消息对话框的函数是什么？有哪些参数？如何使用？

(6)对话框控件分哪两大类？它们有什么差异？

(7)简述控件的使用过程。

(8)简述使用一般对话框的过程。

(9)设计一个对话框程序，要求实现两个数的加、减、乘、除运算。

第11章　绘图应用程序

编写实现绘图程序比较快捷的方法是基于应用程序框架，应用程序框架是相对对话框应用程序的一种称法。Windows 系统最大的成功就是为所有图形界面程序提供了统一操作，所有 Windows 图形界面程序都具有窗口，窗口属性非常类似，都具有标题、边框、大小控制、菜单工具栏等。用户可以很快地适应各种应用软件的基本界面。在 Windows 应用程序开发方面，微软提供了强大的 MFC 库，能让开发人员不费吹灰之力就建立起简单的应用程序界面，界面已经具备 Windows 窗口的各种功能，只需要在此基础上进行定制、完善和补充，就能实现软件的具体功能。

MFC 对 Windows 应用程序开发的支持主要通过应用程序框架(Application Framework)来实现。应用程序框架是一个完整的程序模型，它具备了标准应用软件所需的基本功能(如文件存取、打印预览等)，以及这些功能的使用接口。应用程序框架不仅限于 MFC，还有 Borland 的 OWL(Object Window Library)、IBM 的 OCL(Open Class Library)以及 Digia 的 Qt Creator 等。从界面美观和新颖角度出发，目前最流行的是 Qt 应用程序框架，除美观新颖外还支持跨平台编译，一次开发后可以同时在 Windows、Unix、Linuc、OS 甚至 Android 平台上运行，但是 Qt 的入门比 MFC 稍微复杂一点点，设计图形界面需要较多的代码工作量。

11.1　基于应用程序框架编程

相对对话框应用程序，框架应用程序拥有比较复杂的结构，最外面为主框架窗口，主框架通常包含多个控件，如菜单、工具条、状态条等，同时也可以包含一个视图或多个子框架视图。通过应用程序向导可以创建应用程序框架，下面将以实现类似 Windows 记事本功能的"文本编辑应用程序 MfcTxt"为例进行介绍。首先启动 VS2022，出现如图 11-1 所示界面。

在对话框右边选择"创建新项目"，系统弹出项目模板界面，如图 11-2 所示。

在界面中找到 MFC 应用，如果安装 VS 时没有选择 MFC，这里将找不到 MFC，需要再次运行 VS 安装程序，选中其中的 MFC 补充安装好 MFC 应用开发环境。选择好 MFC 应用后，系统进入项目名称输入界面，如图 11-3 所示。

项目名称就是应用程序的名称，命名不要用中文，不要以数字开头，名称中间不要有空格，可以采用与变量标识类似的规则输入项目名，这里以 MfcTxt 为例，同时还可以指定项目在计算机中的保存位置，一切指定好以后，选择"创建"，系统弹出应用程序向导界面，如图 11-4 所示。

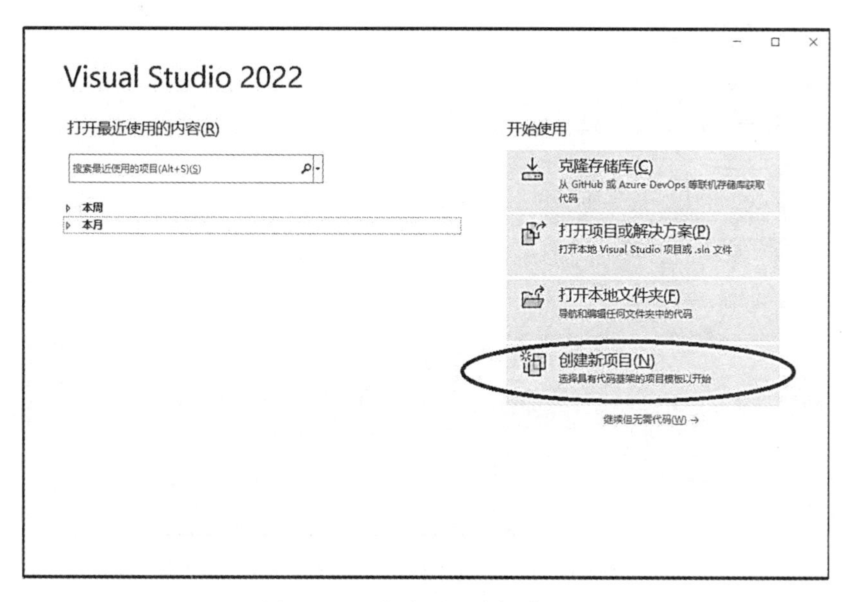

图 11-1　一般应用程序新建工程

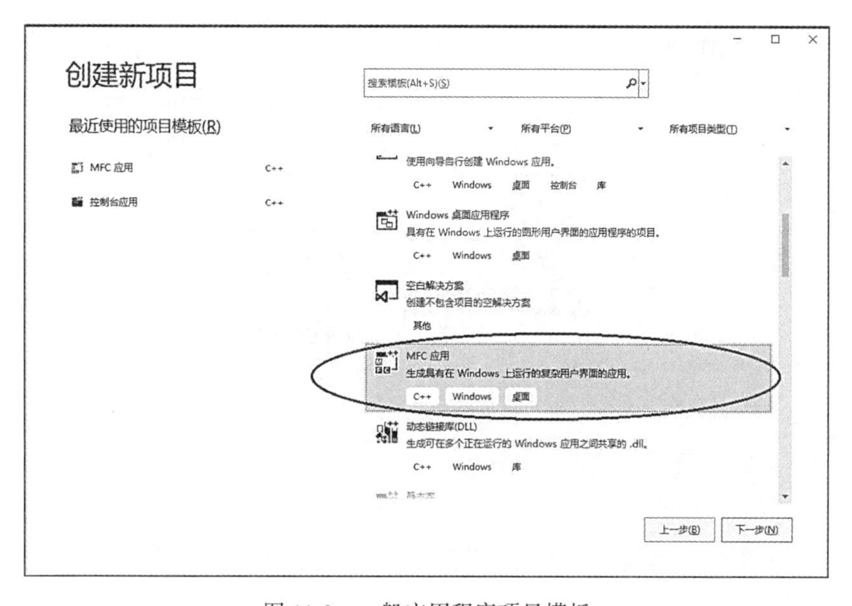

图 11-2　一般应用程序项目模板

在应用程序向导界面中，可用的应用程序类型有“单个文档”“多个文档”“基于对话框”和“多个顶层文档”四个。“单个文档”的含义是应用程序一次只能打开一个文件进行处理，例如 Windows 记事本程序。“多个文档”的含义是应用程序一次可以打开多个文件进行处理，所有打开文件的子窗口都在一个大窗口内，例如 VS。“基于对话框”就是对话框应用程序，前面已经详细讲过。“多个顶层文档”与“多个文档”的风格一样，不过“多个顶

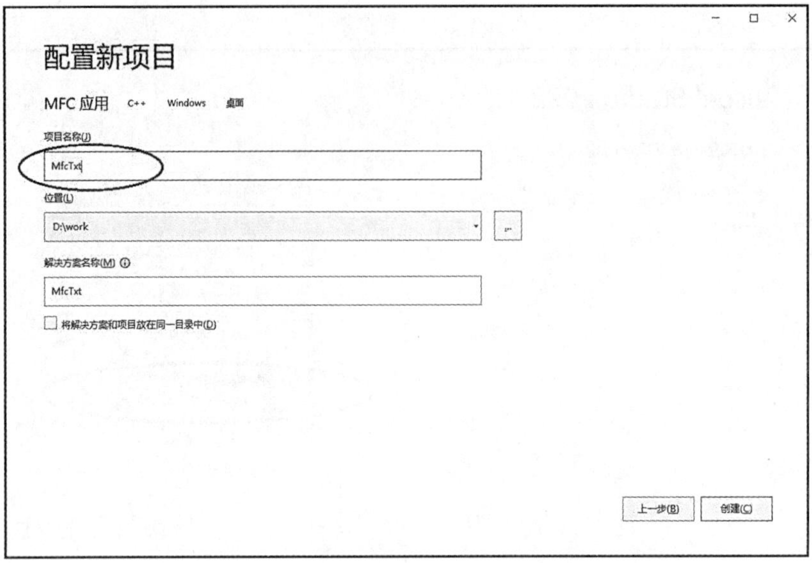

图 11-3　一般应用程序输入项目名称

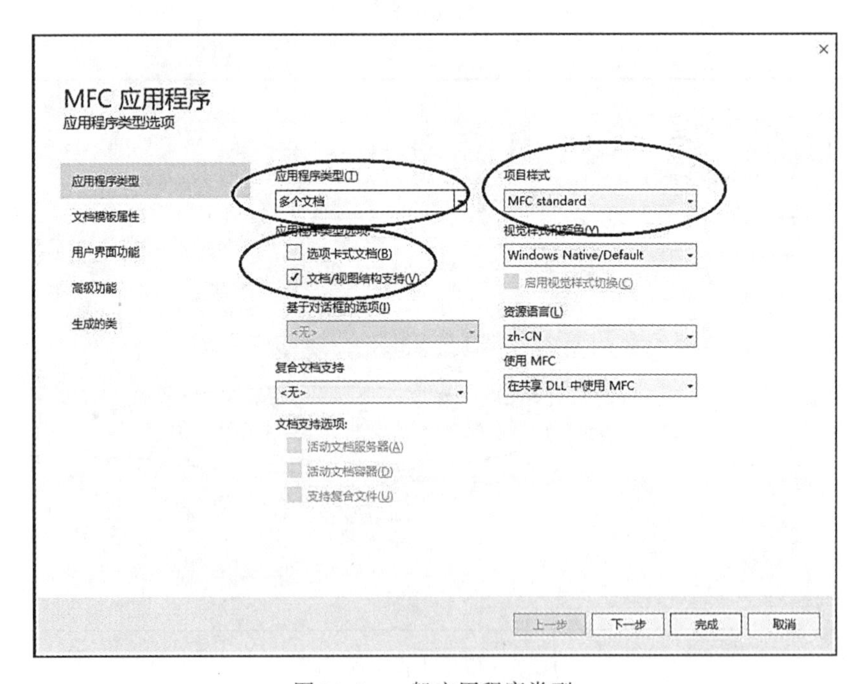

图 11-4　一般应用程序类型

层文档”的界面像 Word 一样，每打开的一个文件都拥有一个独立窗口，没有被更大的窗口包住。除“基于对话框”外其他三个应用程序类型本质是一样的，本例选择“多个文档”。此外在右边的项目样式中选择“MFC standard”，“MFC standard”是最简单的界面样式，我们从最简单的开始学习，学会一种后再使用其他样式。设置好后，点击“下一步”，进入文档模板属性设置，如图 11-5 所示。

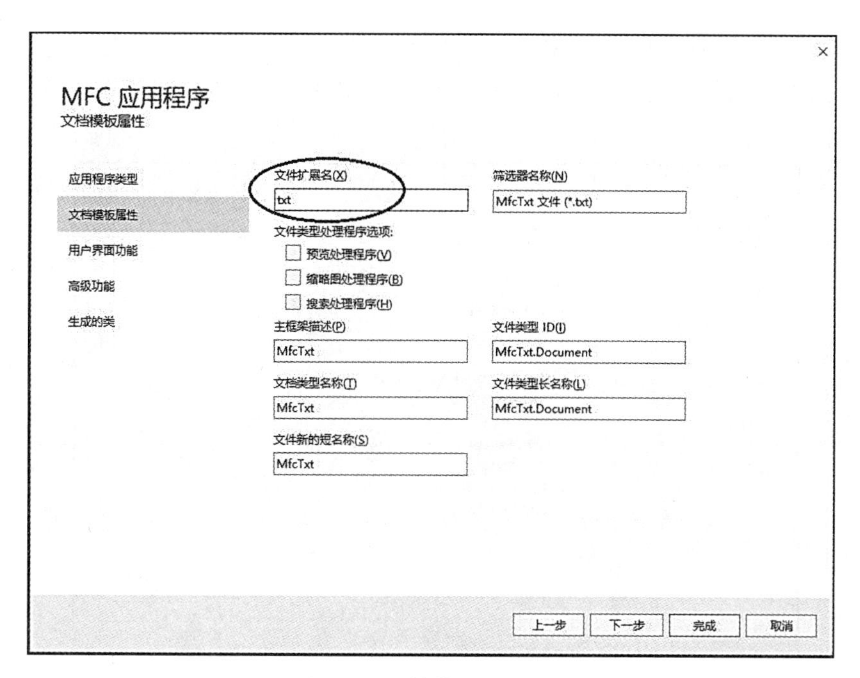

图 11-5　文档模板属性设置

这个界面可以设置应用程序处理的文件类型，例如 Word 软件处理类型“docx”，VS 处理类型“cpp”等。本例要处理文本文件，文件类型是“txt”，在文件扩展名里输入 txt，其他项目可以不修改，然后点击“下一步”，进入用户界面功能，如图 11-6 所示。

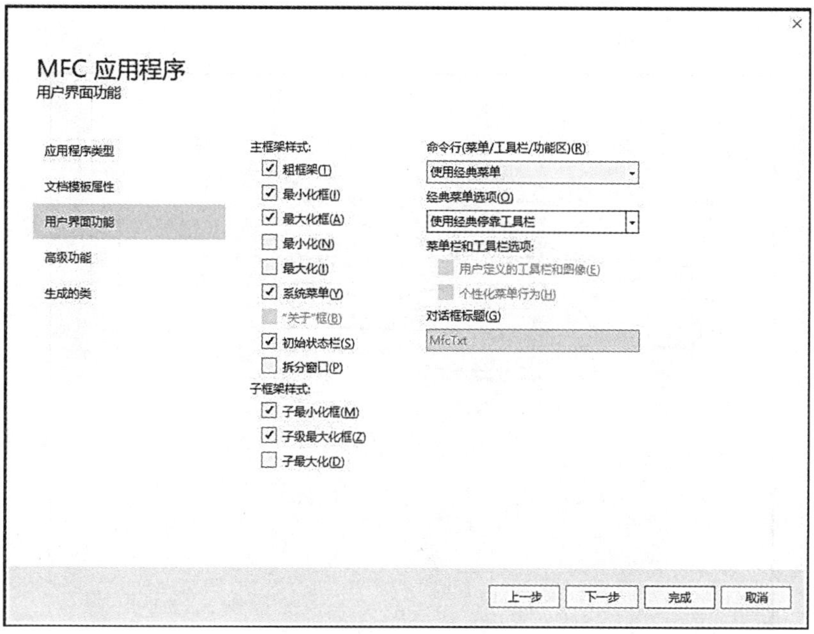

图 11-6　用户界面功能设置

在这个界面里可以选择主框架样式、子框架样式、菜单样式、工具条样式等。本例全部使用默认设置，直接点击“下一步”，进入高级功能设置，如图 11-7 所示。

图 11-7　高级功能设置

在这个界面里可以选择应用程序的一些高级功能，例如是否支持打印、是否支持 ActiveX 控件、是否使用网络(Windows 套接字)等。本例全部使用默认设置，直接点击“下一步”，进入生成的类，如图 11-8 所示。

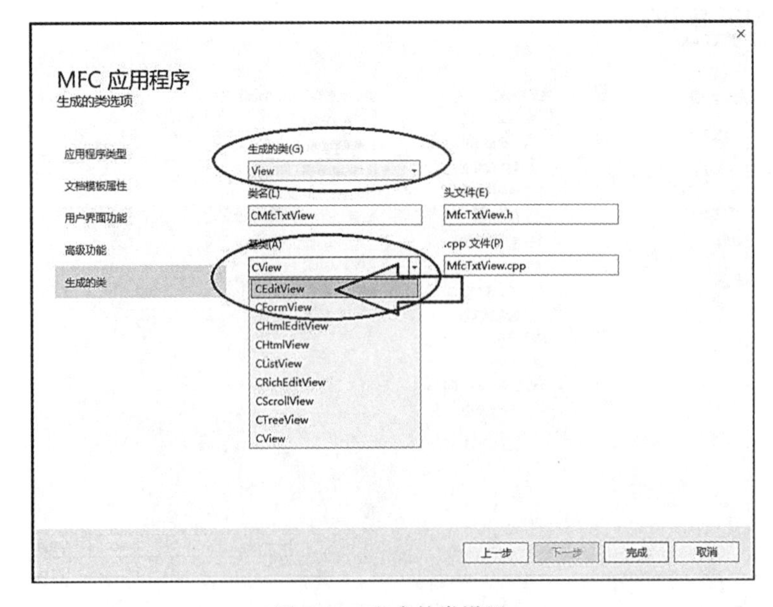

图 11-8　生成的类设置

在这个界面里可以给应用程序生成的类指定基类，应用程序生成的类通常包含“App”“MainFrame”“ChildFrame”“View”和“Doc”五个。每个类都可以指定其基类，可用基类只能在 MFC 提供的基类中选择，有关 MFC 的类在第 9 章中有介绍，也可以查阅 VS 帮助信息了解。本例要实现文本编辑功能，需要让 View 类从 CEditView 基类中继承，因此需要先在生成类中选择“View”，然后在基类中选择“CEditView”。一切选择完成后就可以点击“完成”按钮，生成具有文本编辑功能的一般应用程序，如图 11-9 所示。

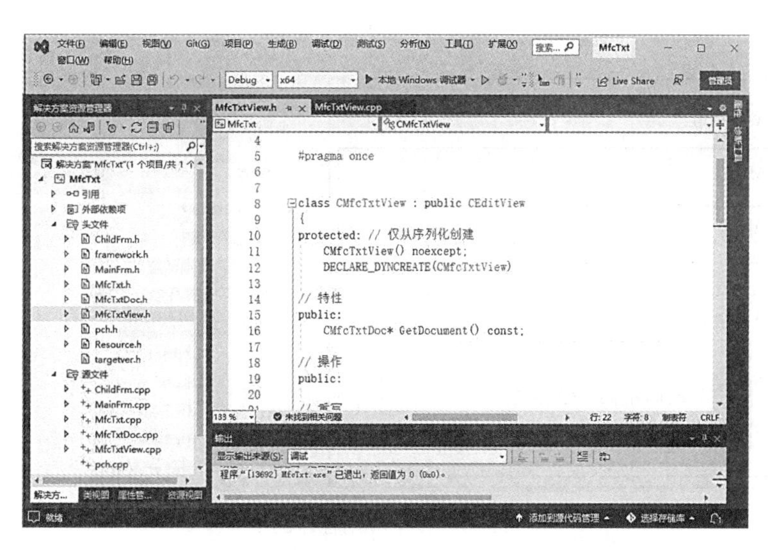

图 11-9　应用程序向导生成的应用程序框架

本例中，应用程序向导帮我们生成了所有代码，不需要做任何改动和编辑，这个应用程序已经具有与 Windows 记事本一样的文本编辑功能。直接选择调试运行，VS 将会编译生成可独立使用的可执行文件。运行后，可以看到如图 11-10 所示界面(里面的文字是作者输入的测试文字)。

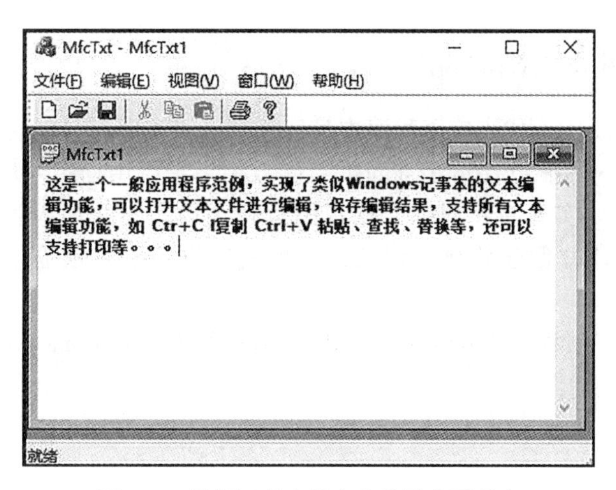

图 11-10 类似记事本的文本编辑应用程序

11.2　应用程序框架的结构

应用程序在 MFC 封装下只有一个应用程序 CWinApp 对象，其中包含一个主框架 CMainFrame 对象与多个文档 Document 或视图 View 捆绑的子框架 CChildFrame，子框架通常以主框架为父窗口，主框架带有菜单、工具条、状态条等主要用户界面，其逻辑组成如图 11-11 所示。

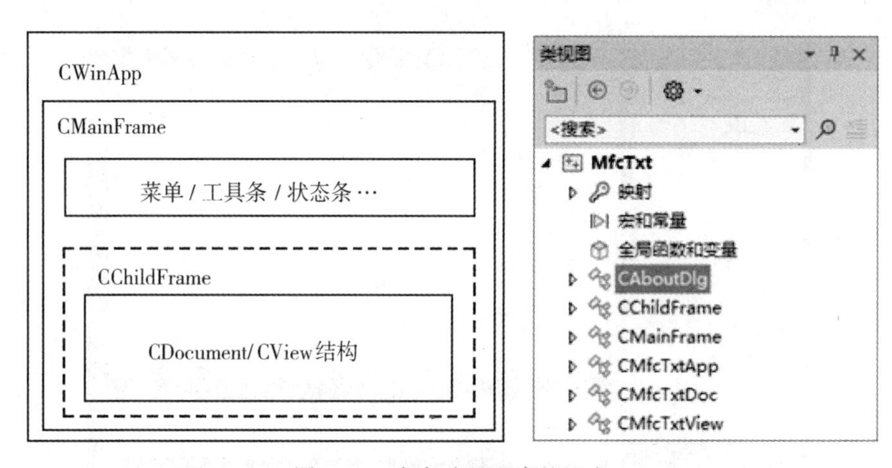

图 11-11　框架应用程序的组成

图 11-11 右侧是应用程序框架生成的“文本编辑应用程序”示例包含类情况，可以看到生成的类名分别为 CAboutDlg、CChildFrame、CMainFrame、CMfcTxtApp、CMfcTxtDoc、CMfcTxtView。其中，CAboutDlg 是关于对话框，不是基本框架的核心组成，其他几个类都是核心组成，CMfcTxtApp 是应用程序 CWinApp 的派生类，CMainFrame、CChildFrame 分别是主框架和子框架类，CMfcTxtDoc 是文档类 CDocument 的派生类，CMfcTxtView 是视图 CView 的派生类。

11.2.1　应用程序类 CWinApp

应用程序类 CWinApp 代表应用程序本身，每个应用程序有且仅有一个 CWinApp 派生类的对象。CWinApp 的虚函数 InitInstance( ) 函数相当于应用程序入口，在派生类重载函数 InitInstance( ) 中要实现新建捆绑文档视图运行类模板，并加入管理器；新建主框架 CMainFrame 窗口对象并创建和显示窗口，如果应用程序具有预输入命令，则自动执行命令。

在“文本编辑应用程序”示范中，CMfcTxtApp 类的 InitInstance( ) 函数最核心的语句为：

```
BOOL CMfcTxtApp::InitInstance( ){
    …
```

```
    //(1) 注册应用程序的文档模板。
    CMultiDocTemplate * pDocTemplate;
    pDocTemplate = new CMultiDocTemplate(IDR_MfcTxtTYPE,
        RUNTIME_CLASS(CMfcTxtDoc),
        RUNTIME_CLASS(CChildFrame), //自定义 MDI 子框架
        RUNTIME_CLASS(CMfcTxtView));
    if (! pDocTemplate) return FALSE;
    AddDocTemplate(pDocTemplate);

    //(2) 创建主 MDI 框架窗口
    CMainFrame * pMainFrame = new CMainFrame;
    if (! pMainFrame || ! pMainFrame->LoadFrame(IDR_MAINFRAME)) {
        delete pMainFrame; return FALSE;
    }
    m_pMainWnd = pMainFrame;
    …
}
```

核心语句第一段，实现添加文档视图运行类模板，核心语句第二段，用 new 实现创建主窗口类对象 CMainFrame，用 LoadFrame( )实现创建窗口。

11.2.2 主框架类 CMainFrame

应用程序主框架类 CMainFrame 用于描述程序主窗口的风格，主窗口通常包括菜单、工具条和状态条。应用程序在 InitInstance( )函数中，使用 LoadFrame( )函数创建主窗口，函数传入参数是主窗口资源 ID，包括菜单、图标和快捷键，资源 ID 宏定义为 IDR_MAINFRAME。

CMainFrame 创建主框架窗口时将通过消息调用 OnCreate( )函数，在 OnCreate( )函数中可以进行主窗口相关项目的创建，例如工具条、状态条的创建等。"文本编辑应用程序"示例应用程序的 CMainFrame 的成员变量工具条、状态条对象以及成员函数 OnCreate( )的定义为：

```
class CMainFrame{
…
protected:  //控件条嵌入成员
    CToolBar        m_wndToolBar; //工具条对象
    CStatusBar      m_wndStatusBar; //状态条对象
protected: //生成的消息映射函数
    afx_msg int OnCreate(LPCREATESTRUCT lpCreateStruct);
};
```

主框架 CMainFrame 的 OnCreate( )函数核心语句为：

```
int CMainFrame::OnCreate(LPCREATESTRUCT lpCreateStruct)
{
…
    //(1)创建工具条
    if (! m_wndToolBar.CreateEx(this, TBSTYLE_FLAT, WS_CHILD |WS_
VISIBLE |CBRS_TOP |CBRS_GRIPPER |CBRS_TOOLTIPS |CBRS_FLYBY |CBRS_
SIZE_DYNAMIC) ||
! m_wndToolBar.LoadToolBar(IDR_MAINFRAME)) {
    TRACE0("未能创建工具栏\n");  return -1; } //未能创建

    //(2) 创建状态条
    if (! m_wndStatusBar.Create(this)) {
        TRACE0("未能创建状态栏\n"); return -1; } //未能创建
    m_wndStatusBar.SetIndicators(indicators, sizeof(indicators)/
sizeof(UINT));
    …
}
```

核心语句第一段，实现创建工具条；核心语句第二段，实现创建状态条。如果需要再添加其他项目，如进度条等，可以在 OnCreate( )函数中补充。

11.2.3　子框架类 CChildFrame

子框架类 CChildFrame 不是一般应用程序的必有内容，只有多个文档才会有子框架，主要用于为每个 Doc/View 捆绑的视图窗口提供摆放的父窗口。单文档应用程序中只有一个 Doc/View 捆绑的视图，直接放主窗口，无需子框架。子框架 CChildFrame 一般没有独立的菜单、工具条等界面项目，相对简单，一般也不做修改，直接使用应用程序产生的类代码即可。

11.2.4　文档类 CDocument

文档类 CDocument 是文档/视图捆绑结构的一部分。文档/视图结构是按数据与用户界面分离思想设计的两个类，在 MFC 中通常被捆绑在一起使用，文档负责对数据进行管理和维护，数据保存在文档类的成员变量中，视图负责与用户界面相关的工作，包括数据表现、用户操作响应等。

文档类将数据存储到永久存储介质（如磁盘、数据库等）的过程称为串行化(Serialize)。Serialize( )函数传入 CArchive 的对象引用，CArchive 内部采用 CFile 对象对文件进行读写，并重载了运算符“>>”和“<<”将数据传给 CFile 读写函数，读写数据模式采用二进制，因此可以读写各种类型的数据。尽管微软极力推荐使用 CArchive 传送数据，但是使用的人并不多，而更多人使用 CDocument 的另外两个接口 OnOpenDocument( )和 OnSaveDocument( )，这两个接口分别代表打开文档和保存文档，两个函数都传入读写文

件的全路径。

文档/视图结构将文档 CDocument 和视图 CView 捆绑在一起，但是双方之间只有视图 CView 可以直接用 GetDocument( )获得文档 CDocument 的指针，文档 CDocument 无法获取视图 CView 的指针。根本原因是在数据与界面分离思想中，数据永远是被动对象，界面可以主动读写数据，但数据不能操作界面。那文档如何与视图通信呢？按数据与界面分离思想，数据虽然不能操作界面，但可以通知界面，因此文档 CDocument 提供了 UpdateAllView( )函数将消息通知给 View，其原型为：

```
void CDocument::UpdateAllViews(CView * pSender, LPARAM lHint = 0L,
        CObject * pHint = NULL);
```

函数的第一个参数 CView * pSender 引发消息的视图指针，引发消息的视图不接收消息，参数可以为 NULL，第二、第三两个参数将按原值转发到视图 View 中，视图 View 响应 UpdateAllViews 消息的函数为 UpdateAllViews( )，其原型为：

```
void CView:: OnUpdate ( CView * pSender, LPARAM lHint, CObject *
pHint)
```

OnUpdate 函数的参数与 UpdateAllViews 函数的参数完全对应，这样就可以建立起文档 CDocument 和视图 CView 的联系，让双方完全无阻碍地交换信息。

文档类 CDocument 是由 CCmdTarget 派生的，因此具有接收消息的功能，各种 Windows 消息，包括菜单、工具条、鼠标等消息都可以由文档 CDocument 接收到，如果有需要，可以将相关消息映射到文档 CDocument 中建立消息处理函数。

11.2.5 视图类 CView

视图类 CView 是文档/视图捆绑结构的一部分。前面讲过，文档/视图结构是按数据与用户界面分离思想设计的两个类，视图负责与用户界面相关的工作，包括数据表现、用户操作响应等。视图类 CView 通过 GetDocument( )函数获取文档 CDocument 的对象指针，提供 OnUpdate( )函数响应 CDocument 的 UpdateAllViews 消息，与 Document 形成强相关。

视图类 CView 从 CWnd 派生而来，具有 Windows 窗口的所有属性，如窗口大小、默认背景色、客户区、设备上下文 DC 等，可接收 Windows 的所有消息。

视图类 CView 在创建后初次显示前调用函数 OnInitialUpdate( )，此函数也称视图 CView 的初始化函数，在函数中可以对 CView 进行必要的准备，如可以设定显示范围、窗口中鼠标光标形状、让窗口具有接收文件拖放属性等。

视图类 CView 在需要重新绘制客户区时，使用 OnDraw( )函数响应重新绘制消息。对用于图形显示的视图类 CView，OnDraw( )函数相当关键，只有将绘制客户区的代码放在 OnDraw( )函数内，CView 窗口才具有完整的显示功能，而且只要窗口出现，窗口内的显示内容就会一起出现。关于绘制函数 OnDraw( )将在后面图形绘制中进行详细介绍。

可以使用 Invalidate( )函数给窗口发布强制刷新窗口的消息，注意不是发送，是发布(用的是 PostMessage 函数)，因此处理过程会略有滞后，使用发布信息的好处是 Invalidate 函数立刻返回，不会引起停留。

11.3　菜单栏与工具栏

菜单栏和工具栏 Windows 应用程序经常使用，在图形化界面中，它们给用户带来了极大方便。使用鼠标左键点击菜单项或工具按钮，应用程序立刻进入某个功能，执行某种操作，这也是事件驱动程序的常用驱动手段。

菜单可以分为下拉式菜单和弹出式菜单，下拉式菜单通常在 Windows 窗口标题栏下方显示，弹出式菜单可以通过单击鼠标右键显示。菜单按级分类管理，一个主菜单包含多个子菜单，子菜单中含有具体菜单项，每个菜单项由代表功能的文字组成。工具按钮与菜单项对应，多个工具按钮形成工具栏，通常放在下拉式菜单下方。每个工具按钮是一个带图片的按钮，鼠标在某个按钮上停留一会儿后会显示提示信息。每个工具按钮对应一个菜单项，可以将工具按钮理解为菜单项的图形化显示。工具按钮与菜单项对应的方式是资源 ID 相同，只要资源 ID 相同，就算为同一个资源，具有完全相同的功能，仅表现形式存在文字与图形的差异。

使用 MFC 应用程序向导建立的应用程序框架已经拥有下拉式菜单和工具栏，它们都属于主框架 CMainFrame，在主框架创建时一起创建，并显示在主框架窗口上面。虽然下拉式菜单和工具栏属于主框架对象，显示在主框架窗口，但是它们产生的消息是公共的，菜单项的具体处理功能可以映射到任何可接收消息的类对象中。因此，在给菜单添加处理函数时，必须认真确认添加到哪个类里。

菜单和工具按钮的使用与在对话框上使用按钮类似，首先在资源编辑器中将菜单项目添加到菜单上，然后用类向导给菜单项添加事件处理函数，特别注意要选择正确的类。如果想给菜单项添加工具按钮，只需在工具条上设计好按钮图片并将按钮 ID 设置为菜单项 ID 即可。下面我们举例在文本编辑应用程序“MfcTxt”中添加一个菜单项，其功能是统计当前编辑器中的字符数。

首先在工程栏中选择资源视图标签，若看不到资源视图，可以在 VS 主菜单的视图菜单中找资源视图，点击后工程栏中就会看到资源视图标签。然后展开本工程的所有资源，如图 11-12 所示。

一般应用程序的资源通常包括快捷键“Accelerator”、对话框“Dialog”、图标“Icon”、菜单“Menu”、字符串表“String Table”、工具条“Toolbar”、版本信息“Version”等内容。快捷键“Accelerator”资源主要给各个菜单项添加快捷键，添加方法是加入一项快捷键，选择键组合，指定对话框菜单项 ID 即可，无须其他操作，程序运行中按下快捷键组合相当于选择了菜单。对话框“Dialog”资源用于给程序添加对话框，前面已经讲过。图标“Icon”资源用于给应用程序设置一个图标，也就是小图片，在 Windows 系统中显示于程序文件前面，当在桌面添加程序快捷方式时，桌面上显示的程序图标，例如 QQ 的图标是个小企鹅。字符串表“String Table”主要用于存放程序中的静态字符串，这种统一管理便于适应不同的语言，例如想让软件支持中文、英文两个版本，只需要将所有字符串分别写为中文、英文两份，并标识为中文资源、英文资源，然后在程序中指定用中文或英文，最终就可以实现一个程序支持两种语言。工具条“Toolbar”用于给菜单项添加快捷按钮。版本信息

图 11-12 展开工程资源

"Version"用于给软件指定版本号，便于自己维护软件。

展开资源后，在菜单"Menu"子项中可以看到"IDR_MAINFRAME"和"IDR_MfcTxtType"两个菜单资源。"IDR_MAINFRAME"是指应用程序未打开任何文件时用的菜单，这个菜单属于CMainFrame，不做修改。"IDR_MfcTxtType"菜单是给打开的文档用的，也就是针对文档/视图结构专用菜单。本例计划给文档/视图添加统计字符个数功能，显然应该修改这个菜单。用鼠标左键双击"IDR_MfcTxtType"，VS主界面将显示程序现有菜单项，如图11-13所示。

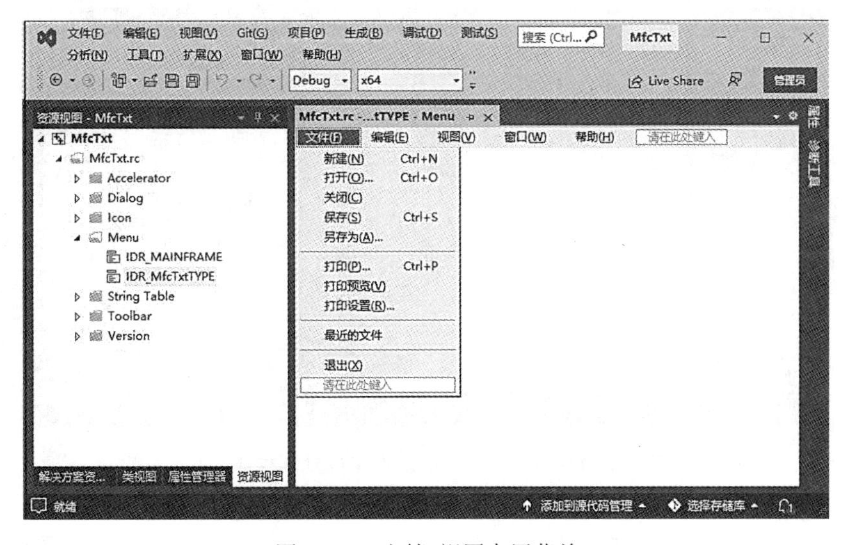

图 11-13 文档/视图专用菜单

在菜单上用鼠标点击修改的位置，即可实现修改菜单，每个子菜单的最后一项都是空白的，并提示“请在此处键入”，可以在这些位置添加菜单项，也可以自己独立添加一个子菜单项，然后再添加菜单项。本例拟在主菜单最后添加一项子菜单“Test”，然后在子菜单项中添加菜单项目“统计字符数”，如图 11-14 所示。

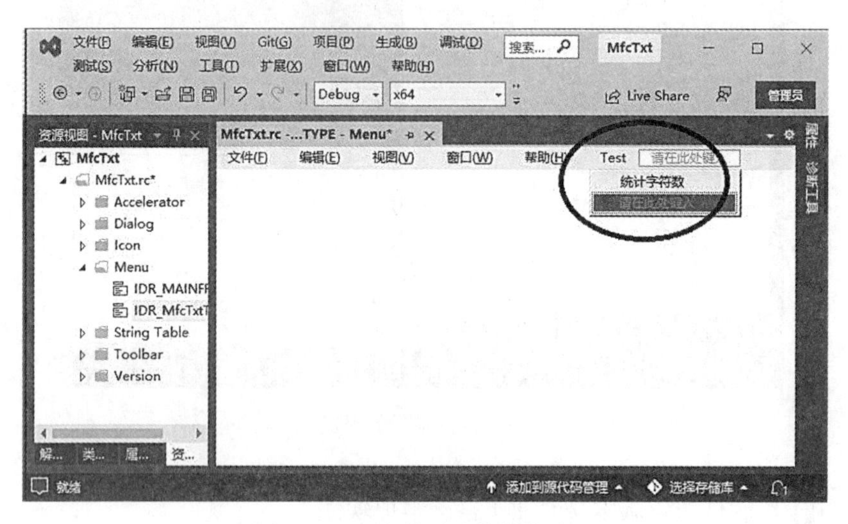

图 11-14　添加统计字符数菜单项

添加完菜单项后就可以给菜单项添加事件处理程序，在菜单项上点击鼠标右键，在菜单中选择“添加事件处理程序”，如图 11-15 所示。

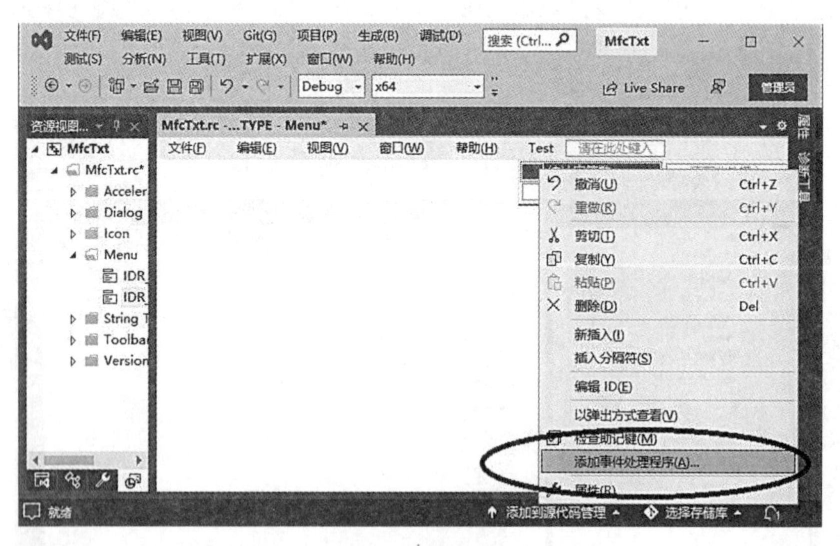

图 11-15　给菜单项添加事件处理程序

在弹出的事件处理程序对话框中的类列表中选择“CMfcTxtView”，由于默认函数名称不好记，这里将函数名改为“OnCalaCharNum”，如图 11-16 所示。

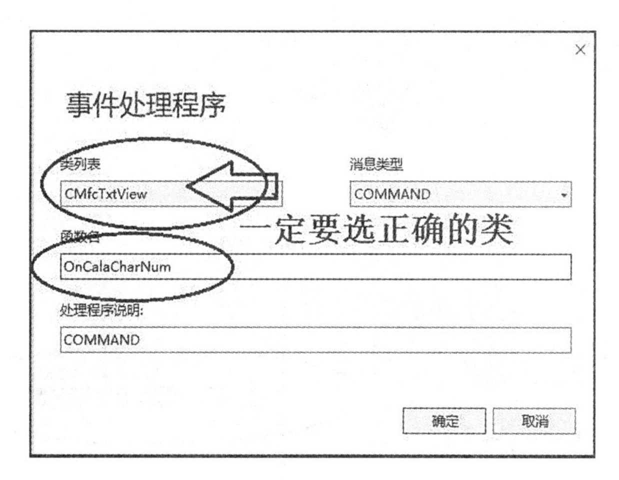

图 11-16　给菜单项指定处理函数

设定好后选择“确定”，VS 会给视图类 CMfcTxtView 添加函数，并定位到函数体，等待编写具体代码。视图类 CMfcTxtView 的基类 CEditView 具有获取字符数的功能，代码如图 11-17 所示。想了解更多关于 CEditView 的知识可查阅 VS 帮助文档。

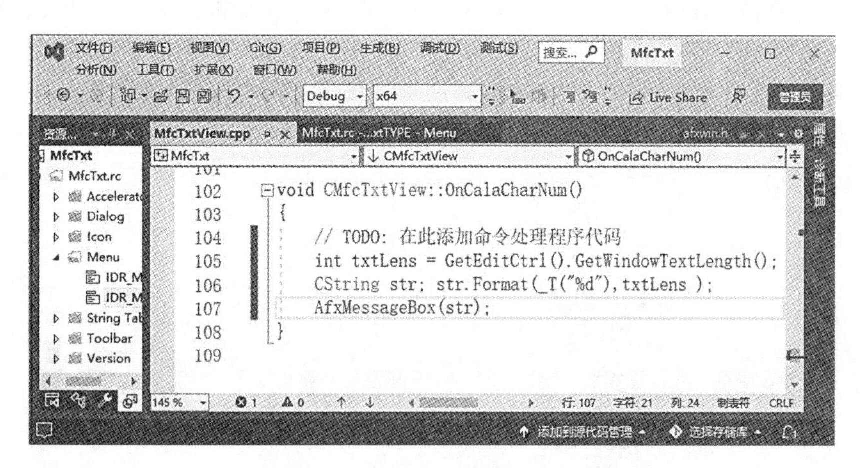

图 11-17　统计字符数函数代码

至此就完成了在应用程序中添加菜单项的工作，使用以上步骤可以给需要的类添加菜单。特别提醒两点：第一，一定要找对菜单，否则运行过程中将看不到菜单；第二，给菜单项添加处理函数时一定要确认类，VS 默认的类是“CAboutDlg”，这个类通常不需要添加任何函数。

工具栏的使用比菜单简单，仅仅需要将菜单项的 ID 设置给工具按钮即可。针对本例，先查看菜单项的 ID，查看方法是右键点击菜单项，选择“属性”，在属性界面中找到 ID 那一栏，如图 11-18 所示。

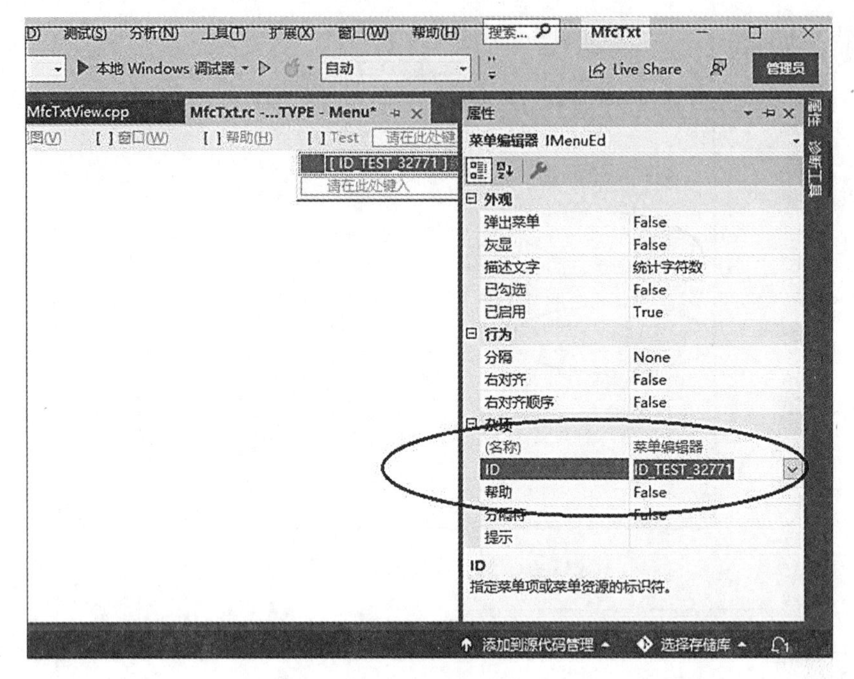

图 11-18　菜单属性中的 ID

记下菜单 ID 值“ID_TEST_32771”。然后在资源视图中展开“Toolbar”，如图 11-19 所示，双击里面的“IDR_MAINFRAM”，VS 主界面打开工具条编辑界面，里面显示现有工具按钮，可以用鼠标进行编辑。删除按钮的方法是将按钮拖离工具条；添加按钮的方法是在最后一个按钮上绘制图片内容，并通过属性栏将其 ID 设置为与某个菜单项 ID 一致。在本练习中将它设置为“ID_TEST_32771”，在 ID 下面可以为按钮设置提示信息“统计字符数”。

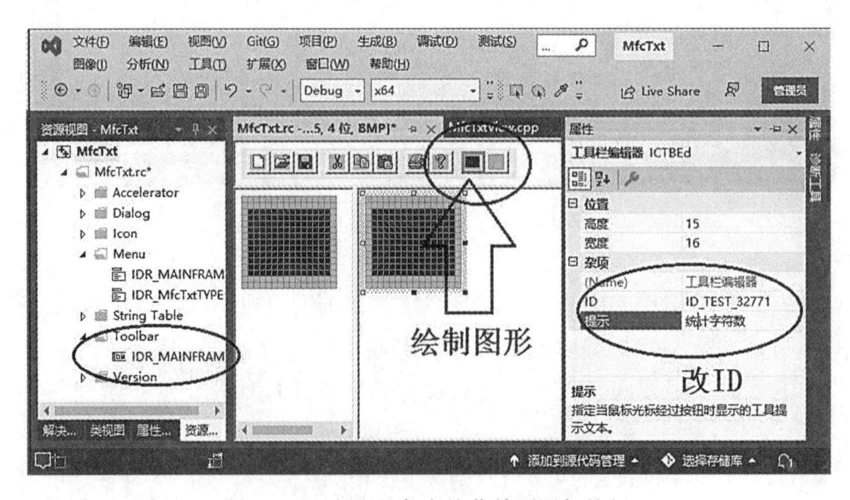

图 11-19　在工具条中给菜单项添加按钮

设置完成即可调试运行，在文本编辑中输入一些字符后，点击工具条按钮，或选择菜单，都可以统计出有多少个字符。

11.4 图形绘制

Windows 应用程序相对控制台程序最大的优势就是具有图形化界面，具体表现是应用程序提供图形化操作，更重要的是能提供图形化输出。这里的图形化输出包括位图和矢量图形，可以很方便地在窗口中绘制。

在现实生活中，我们常常用笔在纸上绘制草图，绘图需要两个基本工具，分别是纸和笔。纸的本质是提供了一定范围可用的画板，笔的本质是提供了一定粗细和颜色的绘图工具。Windows 系统对绘图的定义与现实生活中的绘图类似，提供了逻辑上可用的"画板"和"画笔"。Windows 的"画板"定义为 DC(Device Context，设备上下文)，对应的类封装是 CDC 类，每个窗口对象都有自己的 DC，为了确定绘图位置，DC 具有坐标系。Windows 也定义了画笔、画刷等多个绘图工具，它们对绘制的颜色和范围做了定义。坐标系和颜色组成绘图的基本要素。

坐标系用于定义绘制图的位置，Windows 的绘图坐标系与窗口强相关。每个窗口可绘制的区域称客户区，是指除标题栏、菜单栏、工具条等控件外的中间白色区域。绘图坐标系以客户区左上角点为坐标原点(0，0)，X 轴从左往右，Y 轴从上往下，如图 11-20 所示。

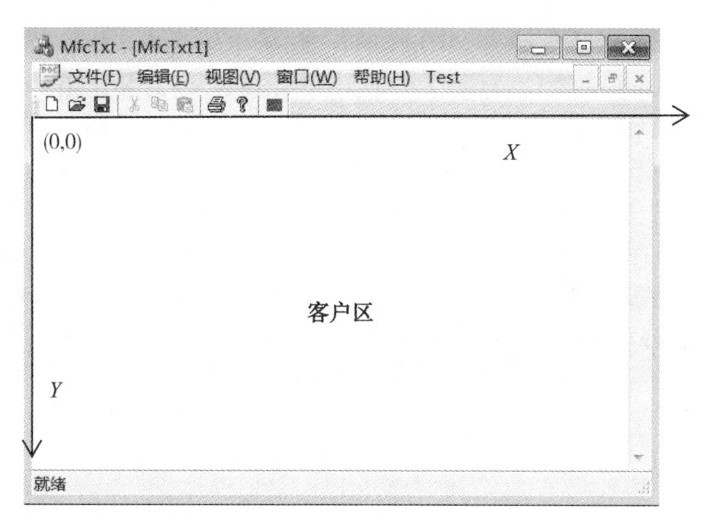

图 11-20 绘图坐标系

Windows 绘图坐标系的单位是像素，这个定义与计算机屏幕分辨率相关，如计算机屏幕为 1920×1080，则整个屏幕水平方向分为 1920 个像素，竖直方向分为 1080 个像素，所有绘图都用像素作为单位。窗口的客户区大小也用像素进行度量。绘图过程中如果坐标超过客户区，绘制结果不可见，相当于白绘制了。

颜色是绘制结果的表现方法，Windows 的颜色定义采用基本色配比定义。在电子显示领域，通常使用红、绿、蓝三种颜色作为基本色。将三种基本色按不同配比混合可组合出各种颜色，人们将这个颜色模型称为 RGB 模型。为了便于计算机处理，将每个基本色颜色用一个字节表示，量化为 256 个等级，用 0 代表最小，255 代表最大。因此计算机可以表示的颜色一共有 256×256×256 这么多种。虽然不能完全表示现实世界中的所有颜色，但相对人眼的分辨能力还是足够的。

三种基本色，每种一个字节，共三个字节就可以表示所有颜色，但三个字节不好处理，为了方便计算机采用一个无符号的整型(unsigned int)来描述颜色，预定义了一个类型 **COLORREF**。COLORREF 中只有三个字节是有用的，浪费了一个字节。Windows 通过一个宏将三个字节放入 COLORREF 中，宏定义为 **RGB(r，g，b)**，其中 r，g，b 分别是三种基本颜色的分量值。例如想表示纯红色，则须让 r=255，g=0，b=0，最终红色的颜色值就是 RGB(255，0，0)。与之相对应提取各分量的宏是 **GetRValue(color)**，**GetGValue(color)**，**GetRValue(color)**，其中 color 是用 COLORREF 定义的颜色。当 r，g，b 三个分量相等时，表现出的颜色只有灰度，此时只用一个字节就可以描述，因此灰度影像所占内存是像素数相同的彩色影像的三分之一。当三个分量为 0 时，表示没有任何颜色，表现出来是黑色。而当三个分量为最大值 255 时，表现出最亮，此时是白色。

11.4.1　图形设备接口

Windows 将所有与图形绘制相关的数据类型和函数称为图形设备接口(Graphics Device Interface，GDI)，里面包括“画板”DC 和多个绘图工具，如笔、刷、位图、字体、调色板、区域等。所有 GDI 都被封装到类 CGDIObject，并派生了画板 CDC、画笔 CPen、画刷 CBrush、位图 CBitmap、字体 CFont 等。为了实现绘图的 C++封装，MFC 将所有绘图动作都封装到 CDC 类中，而绘图工具通过 CDC 函数 SelectObject 进行设置。

任何窗口在绘制图形时，必须先获取窗口的 CDC 对象，有多种方式获取窗口的 CDC 对象，最基本的方法是使用窗口的 GetDC( )函数获取 CDC 对象指针。不过特别指出用 GetDC( )函数获取的窗口 CDC 指针，在绘制结束后必须使用 ReleaseDC( )函数进行释放，如果未释放则将引起资源泄露，最终导致系统资源耗尽而崩溃。另一个比较安全的获取 CDC 的方法是使用 CClientDC 类，其构造函数只需要传入当前窗口指针，就可以构造一个 CDC 类对象用于各种图形绘制。由于是定义的对象，对象析构时会释放资源，因此不会产生资源泄露。

获取了窗口 CDC 对象后可以使用 CDC 提供的绘制函数进行图形绘制。绘制动作与绘制图形有关，最基本的绘制是直线段，一切其他图形都可以用直线段进行绘制。直线段由两点定义，因此绘制过程包含两个动作，从两个端点中选择一个点，并将其设定为绘制开始位置，然后绘制到另一个点。

设定起点的函数为 MoveTo( )，函数原型为：

```
CPoint CDC::MoveTo(int x,int y);
CPoint CDC::MoveTo(POINT point);
```

函数参数为开始绘制的目标位置，默认采用客户区坐标系，像素为单位。函数返回值是上次绘制结束的位置。

绘制到另一点的函数为 LineTo( )，函数原型为：

```
CPoint CDC::LineTo(int x,int y);
CPoint CDC::LineTo(POINT point);
```

如果绘制连续线段，则可以直接继续使用 LineTo 绘制到下一点，直到结束。

CDC 也可以直接在客户区输出文字，但不是用 cout 或者 printf 函数，而是使用 TextOut 和 DrawText 函数，TextOut 的函数原型为：

```
BOOL CDC::TextOut(int x,int y,LPCTSTR lpszString,int nCount);
BOOL CDC::TextOut(int x,int y,const CString& str);
```

函数参数 x 和 y 为开始输出文字的左上角点位置，默认采用客户区坐标系，像素为单位。函数参数 lpszString 和 str 是输出文字内容，必须是字符类型，如果是其他类型，必须先转换为字符类型后才可以输出。可以使用 CStirng:: Format 函数先将其他类型转换到 CString 字符串中再输出。CStirng:: Format 函数的定义与 printf 一样。

TextOut 函数只能输出单行字符串，如果要输出多行，需要使用 DrawText 函数，其函数原型为：

```
intCDC::DrawText(LPCTSTR lpszString, int nCount,
LPRECT lpRect, UINT nFormat);
intCDC::DrawText(const CString& str, LPRECT lpRect,UINT nFormat );
```

函数参数 lpszString 和 str 是输出文字内容，lpRect 是文本输出的矩形目标范围，通过 nFormat 选项可以将文本强制放在矩形空间内，nFormat 由多个预定义的宏进行组合设定，例如 DT_CALCRECT、DT_NOCLIP、TA_UPDATECP 等，详细定义请查阅 MFC 帮助文档。

除线段和文字外，CDC 提供的绘制图形函数非常多，可以绘制出大多数常见图形，例如可以用 Polyline 绘制连续线段、用 Rectangle 绘制矩形、用 Ellipse 绘制椭圆和圆、用 Arc 绘制圆弧等。更多有关 CDC 绘制图形函数可以查阅 MFC 帮助文档。

11.4.2 画笔与画刷

与现实生活中的“画笔”类似，Windows 的画笔用于绘制各种图形，它可分为画笔和画刷两种。画笔用于绘制线状图形，具有宽度、风格和颜色 3 种属性。画笔的宽度用于确定所画的线条宽度，通常以像素为单位。画笔颜色定义所画出线条的颜色。画笔风格用于定义线型，通常有实线 PS_SOLID、虚线 PS_DASH、点线 PS_DOT、点划线 PS_DASHDOT、双点划线 PS_DASHDOTDOT、不可见线 PS_NULL 和内框线 PS_INSIDEFRAME 共七种风格。

画笔在 C++中定义为 CPen 类，有多个构造函数，支持无参数构造，最常用的构造函数是直接将宽度、风格和颜色三个属性传入，构造函数原型为：

```
CPen:: CPen (int nPenStyle,int nWidth,COLORREF crColor);
```

第一个参数 nPenStyle 代表画笔风格，可以取实线 PS_SOLID、虚线 PS_DASH 等 7 种风格之一。第二个参数 nWidth 是指画出线条的宽度，以像素为单位，必须为大于 0 的值，通常为 1。第三个参数 crColor 是指画出线条的颜色，用 RGB 宏赋值，例如红色就是 RGB

(255, 0, 0)；如果在定义画笔对象时使用无参数构造，则在使用画笔对象前必须显式地给其宽度、风格和颜色 3 种属性赋值。赋值过程形象地用函数 CreatePen 定义，其原型为：

```
BOOL CPen::CreatePen(int nPenStyle,int nWidth,COLORREF crColor);
```

属性赋值的参数含义与构造函数参数完全一样，也是宽度、风格和颜色 3 种属性。

如果想用自己定义的画笔绘制图形，必须在绘制前将画笔用函数设置给 CDC 类，而且绘制完成后必须还原 CDC 的画笔，否则将形成资源泄露，导致系统无法正常工作。给 CDC 设置画笔的函数是 SelectObject( )，其原型为：

```
CGDIObject * CDC::SelectObject(CGDIObject * pObj);
```

SelectObject( )函数传入参数是画笔基类对象指针，CPen 由 CGGIObject 类派生，其地址自然可以是 CGGIObject 指针。函数返回的是 CDC 原有画笔对象指针，一定要将返回值保存下来，在绘制结束后，将其设置回 CDC。这个过程与现实世界中我们的绘图类似，例如我们正用黑色笔绘图，但忽然需要绘制一个红色线条，我们肯定是将黑色笔放回笔盒，取红色笔绘制线条，用完后将红色笔放回，并重新取回黑色笔继续绘制。CDC 绘图中完全遵守这个规则，可以给 CDC 指定使用任何绘图工具，但绘制结束后一定要恢复原来的绘图工具。使用画笔的示例为：

```
CXXView::OnDraw(CDC *pDC){
    CPen pen(PS_SOILD,1,RGB(255,0,0); //定义宽度为 1 的红色实线笔
    CPen* pOldPen = pDC->SelectObject( &pen ); //设置画笔,保存原有
画笔
    pDC->MoveTo( 0,0 );   //指定开始位置
    pDC->LineTo( 100,100 ); //绘制到结束位置
    pDC->SelectObject( pOldPen ); //将原先的画笔设置回 DC
    …
}
```

与画笔类似的绘图工具是画刷，但与画笔有很大区别，画刷不能直接用于绘制线条，而是指在绘制封闭图形(如圆、矩形等区域图形)时，图形内部用画刷指定的颜色和图案进行填充。画刷的 C++类定义为 CBrush 类，有多个构造函数，支持无参数构造。最常用的构造函数是直接设置填充颜色，该构造函数原型为：

```
CBrush::CBrush(COLORREF crColor);
```

参数 crColor 代表填充所用颜色，用 RGB 宏指定颜色。如果在定义画刷对象时使用无参数构造，则在使用画刷对象前必须给其属性赋值。赋值的过程形象地用函数 CreateSolidBrush 和 CreateHatchBrush 定义，其原型为：

```
BOOL CBrush::CreateSolidBrush(COLORREF crColor);
BOOL CBrush::CreateHatchBrush(int nlndex,COLORREF crColor
```

参数 crColor 代表填充所用颜色，与构造函数一样。CreateSolidBrush 函数指定仅用颜色填充，而 CreateHatchBrush 函数还指定填充样式。填充样式通常有横线 HS_HORIZONTAL、竖线 HS_VERTICAL、左上斜 HS_FDIAGONAL、右上斜 HS_BDIAGONAL、十字 HS_CROSS、交叉 HS_DIAGCROSS 等。

特别注意，画刷只有在绘制封闭图形时有效，常见的绘制函数有 Chord( )、Ellipse( )、FillRect( )、FrameRect( )、InvertRect( )、Pie( )、Polygon( )、PolyPolygon( )、Rectangle( )、RoundRect( )等。使用画刷的示例为：

```
CXXView::OnDraw(CDC *pDC){
    CBrush brush(RGB(255,0,0); //定义红色画刷
    CBrush * pOldB = pDC->SelectObject( & brush); //设置画刷,保存原
有画刷
    pDC->Rectangle( 0,0,100,100 ); //绘制矩形,并填充
    pDC->SelectObject( pOldB); //将原先的画笔设置回 DC
    ...
}
```

11.4.3 影像绘制

现实中图形与影像没有很大差异，但在计算机中它们完全不是一个概念。图形通常指由线条或形状描述的矢量图，可以任意放大和缩小，在不同比例中，其逻辑是一样的。影像与图形不同，影像是用一定的分辨率对某个面状事物的描述，按最小单元逐个记录目标颜色，形成按位置摆放的二维数组，每个元素就是这个点的颜色值。影像放大和缩小后信息有丢失，与原图不一致。在绘图方面，Windows 提供了处理图形和影像的不同函数。

Windows 采用位图来描述影像。位图(Bitmap)亦称为点阵影像或栅格影像，由像素点阵组成。每个点由不同 RGB 颜色值构成图样，当放大位图时，可以看见构成影像的无数个方块。扩大位图尺寸的效果是增大单个像素，使线条和形状显得参差不齐。用数码相机拍摄的照片、用扫描仪扫描的图片以及计算机截屏图等都属于位图。位图可以表现色彩的变化和颜色的细微过渡，产生逼真的效果，缺点是在保存时需要记录每一个像素的位置和颜色，占用较大的存储空间。

MFC 封装了位图 CBitmap 类操纵位图，将绘制影像形象地称为贴图，相当于将图片贴在窗口的某个位置。在贴图前首先要构建 CBitmap 类对象，并调用初始化函数设置位图的内容，常用初始化函数有：

```
BOOL LoadBitmap(LPCTSTR lpszResourceName);
BOOL LoadBitmap(UINT nIDResource);
BOOL LoadOEMBitmap(UINT nIDBitmap);
```

函数功能：从资源中加载位图初始化位图对象，包括分配内存，读入数据。

```
BOOL CreateBitmap(int nWidth, int nHeight, UINT nPlanes,
UINT nBitcount,const void* lpBits);
BOOL CreateBitmapIndirect(LPBITMAP lpBitmap);
BOOL CreateCompatibleBitmap(CDC* pDC, int nWidth, int nHeight);
```

函数功能：按指定参数创建位图，分配好内存。

常用操作位图的函数有：

```
CSize SetBitmapDimension(int nWidth, int nHeight);
```

```
CSize GetBitmapDimension( ) const;
```
函数功能：设置和获取位图的宽度和高度，像素为单位。
```
DWORD SetBitmapBits(DWORD dwCount, const void* lpBits);
DWORD GetBitmapBits(DWORD dwCount, LPVOID lpBits) const;
```
函数功能：设置和获取位图的颜色值内容，即颜色值的二维数组。

构建好位图 CBitmap 类对象后就可以贴图了，Windows 的贴图操作需要用两个 CDC 类，自己不能给自己贴图。因此只能先定义一个临时 CDC 对象，然后用 SelectObject 将 CBitmap 类对象设置进临时 CDC 中，最后执行贴图操作，将位图贴到窗口 CDC 中完成绘制影像，示范代码为：

```
CXXView::OnDraw(CDC *pDC){
    CBitmap bmp; //定义位图对象
    bmp.LoadBitmap( ID_BMP_TEST ); //从资源读入位图初始化
    CSize sz = bmp.GetBitmapDimension( ); //获取位图大小

    CDC memDC; //临时 CDC,用于存放原位图
    memDC.CreateCompatibleDC(NULL) ; //初始化临时 CDC
    CBitmap *pOldBm = memDC.SelectObject( &bmp ); //设置位图
    memDC.BitBlt( 0,0,sz.cx,sz.cy,pDC,0,0,SRCCOPY ); //贴图到当前
窗口
    memDC.SelectObject( pOldBm) ; //将原先的位图设置回 CDC
    …
}
```

使用位图时一定要注意，Windows 定义的位图每行所用内存必须是四字节整数倍，否则贴出的图是错误的。最简单的处理方式是创建列数为偶数的位图。

对于影像绘制，Windows 还提供了一个 API 函数实现将影像数据贴到窗口中，函数原型为：

```
int StretchDIBits( HDC hdc,
        int XDest , int YDest , int nDestWidth, int nDestHeight,
        int XSrc, int YSrc, int nSrcWidth, int nSrcHeight,
        CONST VOID *lpBits, CONST BITMAPINFO * lpBitsInfo,
        UINT iUsage, DWORD dwRop );
```

函数参数含义如下：

hdc：窗口 DC 的句柄，可以用 CDC 类的成员变量 CDC:: m_hDC。

XDest：目标 DC 左上角位置的 *X* 坐标，按逻辑单位表示坐标。

YDest：目标 DC 左上角位置的 *Y* 坐标，按逻辑单位表示坐标。

nDestWidth：目标 DC 矩形区域的宽度。

nDestHeight：目标 DC 矩形区域的高度。

XSrc：贴图起点在原位图中的 *X* 坐标，以像素为单位。

YSrc：贴图起点在原位图中的 Y 坐标，以像素为单位。

nSrcWidth：本次贴图矩形的宽度，以像素为单位。

nSrcHeight：本次贴图矩形的高度，以像素为单位。

lpBits：原位图数据内存指针，按行顺序存放颜色值，每行必须 4 字节对齐。

lpBitsInfo：指向 BITMAPINFO 结构，描述位图数据的详细信息。

iUsage：是否使用 BITMAPINFO 结构中的成员 bmiColors，如果是，那么该 bmiColors 是否包含了明确的 RGB 值或索引，iUsage 只能取下列值：

DIB_PAL_COLORS：表示该数组包含对源设备环境的逻辑调色板进行索引的 16 位索引值。

DIB_RGB_COLORS：表示该颜色表包含原义的 RGB 值。

dwRop：指定如何组合形成结果，例如直接复制、异或、同或等，常用取值：

SRCCOPY：将源矩形区域直接拷贝到目标矩形区域。

SRCAND：使用 AND(与)操作符将源和目标矩形区域内的颜色合并。

NOTSRCCOPY：将源矩形区域颜色取反后拷贝到目标矩形区域。

SRCERASE：使用 AND(与)操作符将目标矩形区域颜色取反后与源矩形区域的颜色值合并。

SRCINVERT：使用布尔型的 XOR(异或)操作符将源和目标矩形区域的颜色合并。

SRCPAINT：使用布尔型的 OR(或)操作符将源和目标矩形区域的颜色合并。

根据 StretchDIBits 的函数参数可知，StretchDIBits 可以将原位图的某一块矩形区域贴到目标窗口中。当原区域和目标区域不一致时，StretchDIBits( )函数会自动缩放原始数据。由于这个函数不需要临时 CDC 类，也不需要构建位图对象，因此更加受程序设计者的欢迎，在商业软件中发挥了更大的作用。

11.5　鼠标与键盘消息处理

鼠标作为一种定位输入设备在 Windows 中得到了广泛的应用，通过鼠标的按下、弹起、双击和拖动功能，可以很方便地操作图形界面应用程序。操作系统通过设备驱动程序接收鼠标输入，驱动程序接收到任何鼠标事件后，会将消息放入系统消息队列，系统转发给需要的窗口，窗口就会接收到一个鼠标事件。系统通常将鼠标消息发送给活动窗口或者是具有输入焦点的窗口。一个标准鼠标消息通常包含鼠标事件和窗口坐标系下鼠标所在的位置。根据鼠标结构的不同功能，鼠标有许多种事件，常用鼠标事件如表 11-1 所示。

表 11-1　常用鼠标事件

消息名称	消息含义
WM_LBUTTONDOWN	鼠标左键按下
WM_LBUTTONUP	鼠标左键弹起

续表

消息名称	消息含义
WM_LBUTTONDBLCLK	双击鼠标左键
WM_MBUTTONDOWN	鼠标中键按下
WM_MBUTTONUP	鼠标中键弹起
WM_MBUTTONDBLCLK	双击鼠标中键
WM_RBUTTONDOWN	鼠标右键按下
WM_RBUTTONUP	鼠标右键弹起
WM_RBUTTONDBLCLK	双击鼠标右键
WM_MOUSEMOVE	移动鼠标
WM_MOUSEWHEEL	滚动鼠标滚轮

相对鼠标而言，键盘消息要简单很多，只有按下和弹起两个消息，消息名称分别为 WM_KEYDOWN 和 WM_KEYUP，键盘消息中包含按键的 ASCII 码。此外，有些功能键（如 Shift、Ctrl 键等）不仅产生消息，而且还标记状态（即标记此键是否被按下），因此，功能键可以与其他事件一起组合使用。

11.5.1　添加消息处理

与菜单、按钮类似，鼠标与键盘事件可以给任何需要的窗口添加处理函数，具体添加方法：先选择接收事件的窗口类，例如“文本编辑应用程序”的 CMfcTxtView 类，然后点击鼠标右键，在弹出的菜单中选择“类向导”，也可以直接在 VS 主菜单的项目子菜单中选择“类向导”，然后在“类向导”界面中，确认类名为需要的类，本例为“CMfcTxtView”，选择“消息”标签，所有鼠标、键盘以及 Windows 系统的消息都会在里面列出，在列表中找到要添加的消息，如图 11-21 所示。

选择好消息后可以双击，也可以点击添加处理函数，为鼠标或键盘消息添加处理函数，对加错的函数也可以删除。在现有处理函数列表内选中函数，点击右侧“编辑代码”按钮，可以直接定位到函数代码。

11.5.2　消息函数编写

鼠标与键盘消息是 Windows 标准消息，消息内包含了附加信息，主要为鼠标所在位置、键盘按键 ASCII 码以及组合键状态。以鼠标左键按下和鼠标移动为例，其消息的处理函数原型如下：

```
void CXXView::OnLButtonDown(UINT nFlags, CPoint point)
void CXXView::OnLButtonUp(UINT nFlags, CPoint point)
void CXXView::OnMouseMove(UINT nFlags, CPoint point)
```

所有鼠标消息处理函数参数都非常类似，第一个参数 nFlags，用于标识组合键是否被

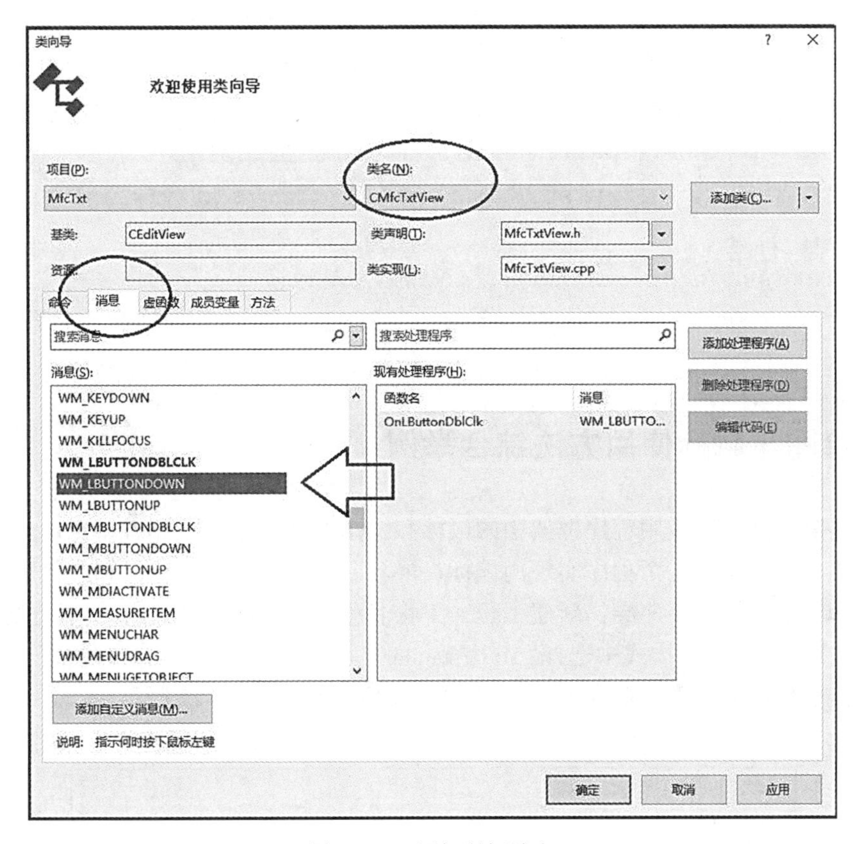

图 11-21　添加鼠标消息

按下，可以是表 11-2 中值的组合：

表 11-2　鼠标消息 nFlags 参数取值表

nFlags 值	含　　义
MK_CONTROL	键盘 Ctrl 键按下时设置这个标志
MK_SHIFT	键盘 Shift 键按下时设置这个标志
MK_LBUTTON	鼠标左键按下时设置这个标志，用于鼠标移动
MK_MBUTTON	鼠标中键按下时设置这个标志，用于鼠标移动
MK_RBUTTON	鼠标右键按下时设置这个标志，用于鼠标移动

第二个参数 point，传入鼠标光标所在位置在本窗口坐标系中的 x 和 y 坐标值，像素为单位。

需要注意的是，鼠标移动非常迅速，每移动一下就会有消息，因此鼠标移动消息非常密集。在处理鼠标移动消息时，不能在里面进行复杂耗时的运算，否则会出现鼠标停顿现象，影响应用程序和整个系统。

此外，对初学者而言，一定要注意到每次消息函数的调用是独立的，不能想当然地认为局部变量的值可以继续使用。两次消息如果需要有共用数据，一定要将共用数据声明为窗口类的成员变量。按下鼠标左键放松后，系统弹出对话框显示当前位置的示范代码为：

```
CXXView:: OnLButtonUp (UINT nFlags, CPoint point){
     CString strMsg; strMsg.Format ( " x =% d y =% d", point.x,
point.y );
     AfxMessagebox(strMsg); //弹出消息对话框
     CView::OnMButtonUp(nFlags, point); //将消息转发基类处理
}
```

11.6　绘图与鼠标使用方法综合举例

为彻底讲清楚一般应用程序框架中的鼠标和绘图的使用方法，作者特意设计了一个综合示范，其功能是设计一个程序实现用鼠标在屏幕上绘制多个蓝色线段和红色矩形。

首先，启动应用程序向导，新建工程，工程名称取为“Draw”，应用程序类型选择“多个文档”，在右边的项目样式中选择“MFC standard”，其他都用默认，点击“下一步”，连续点三次，在生成的类中，选择 View 的基类为 CView，如图 11-22 所示。

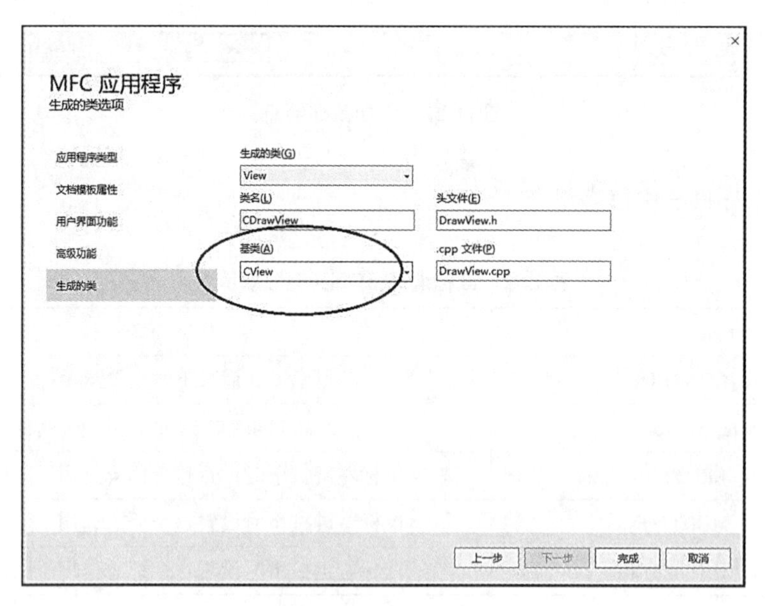

图 11-22　指定绘图综合示范基类 CView

点击“完成”建好工程后，通过资源视图，找到菜单资源“IDR_ DrawTYPE”，添加子菜单“Draw”以及其菜单项“Line”“Rect”，之后打开工具条资源“IDR_ MAINFRAME”，添加两个按钮，并将其 ID 分别与菜单项目“Line”和“Rect”一一对应，如图 11-23 所示。

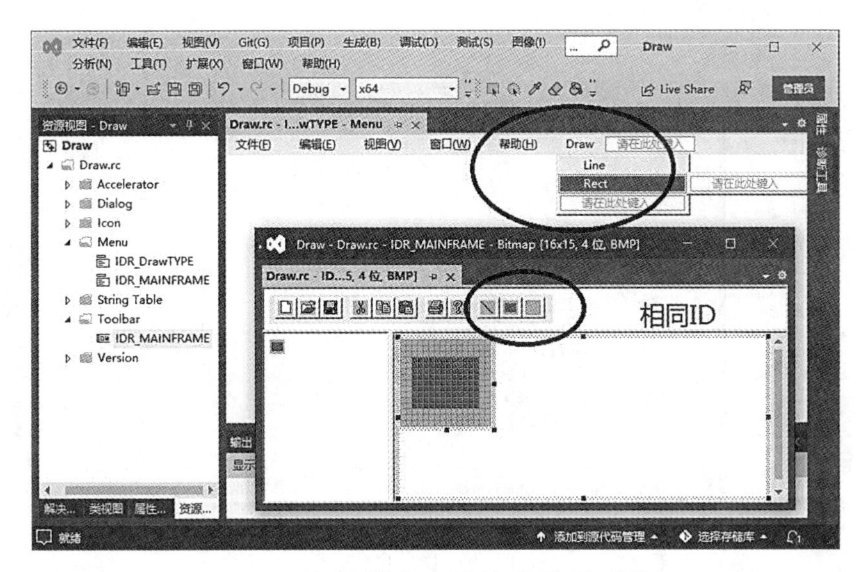

图 11-23 给绘图综合示范添加菜单和工具按钮

给两个菜单项分别添加事件处理程序，函数名称命名为 OnDrawLine 和 OnDrawRect，为了让菜单显示选中状态，在添加事件处理程序时，同时添加消息类型为“UPDATE_COMMAND_UI”的处理函数，如图 11-24 所示。

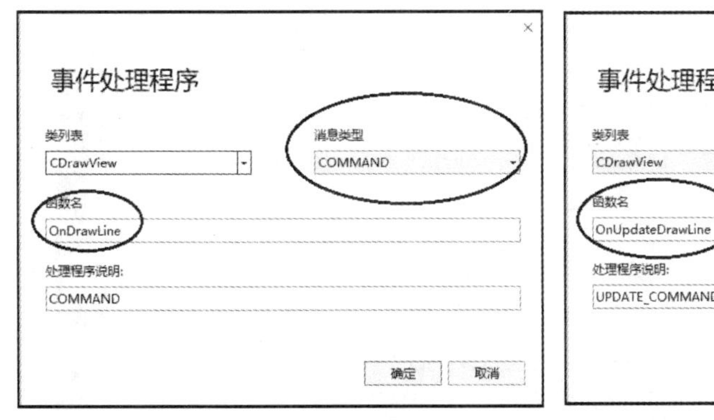

图 11-24 给绘图综合示范添加处理函数

在类视图中找到视图 CDrawView 类，双击类名，定位到类定义的位置，编写线段 CLn 类的代码，CLn 类具有两个成员变量、一个带参数的构造函数和一个析构函数，同时包含动态数组容器头文件<vector>和命名语句，如图 11-25 所示。

继续向视图 CDrawView 类中添加区别线和矩形的变量 m_drawType；保存鼠标光标位置的两个变量 m_lbPt、m_mPt；保存矩形的数组 m_rcs；保存线段的数组 m_lns。数组类型用容器 vector。代码如图 11-26 所示。

通过类视图找到视图 CDrawView 类的绘制窗口函数 OnDraw( )，将参数 pDC 的注释

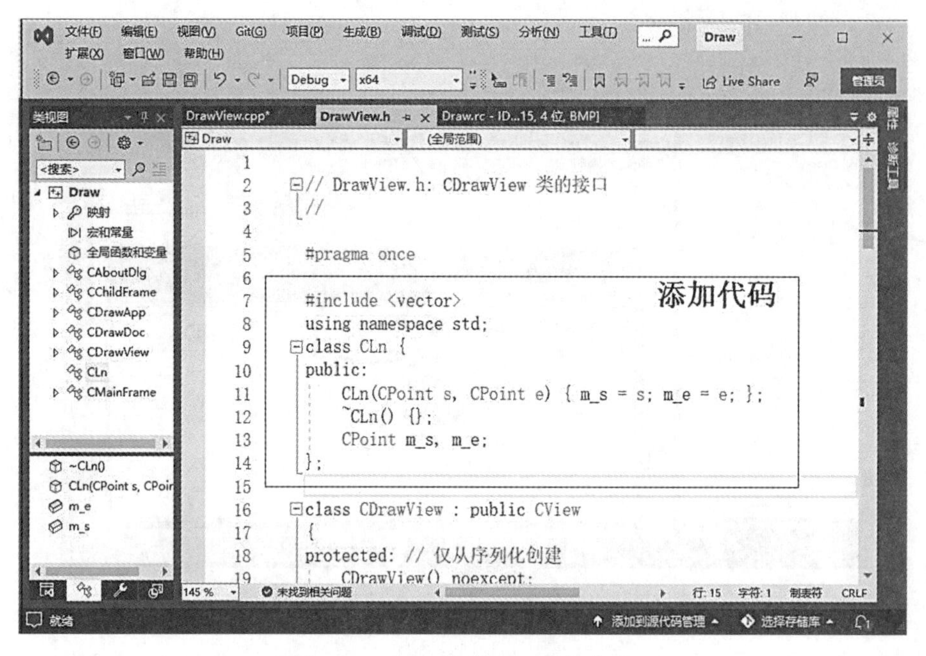

图 11-25　添加线段 CLn 类的代码

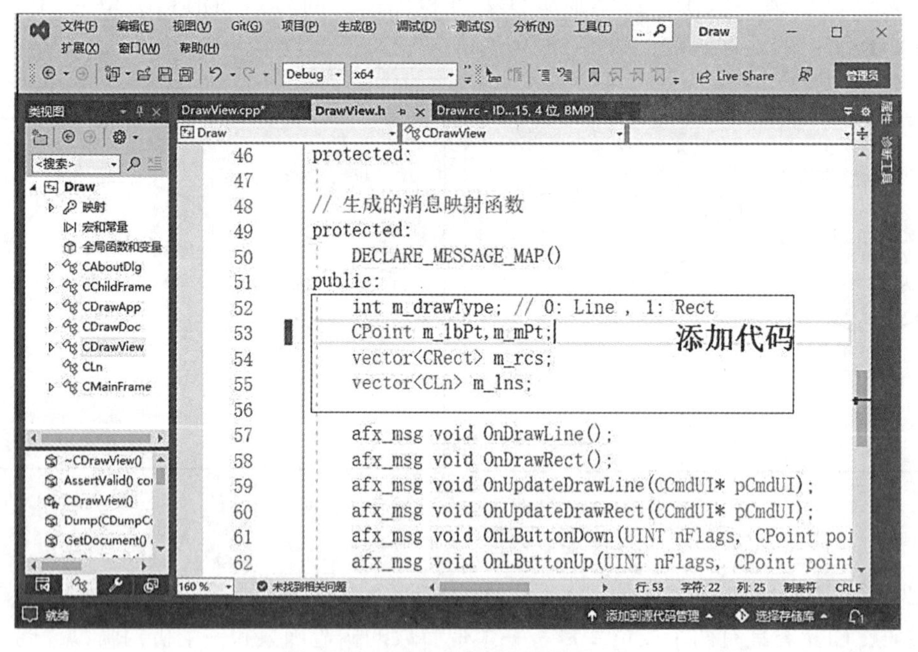

图 11-26　添加绘制所用数据代码

符号删除，恢复参数变量，然后在函数内添加绘制线段和矩形的代码。为绘制线段定义蓝色画笔，并用 SelectObject 设置给 pDC，绘制线段结束后恢复；再为绘制矩形定义红色画刷，并用 SelectObject 设置给 pDC，绘制矩形结束后恢复。所有代码如图 11-27 所示。

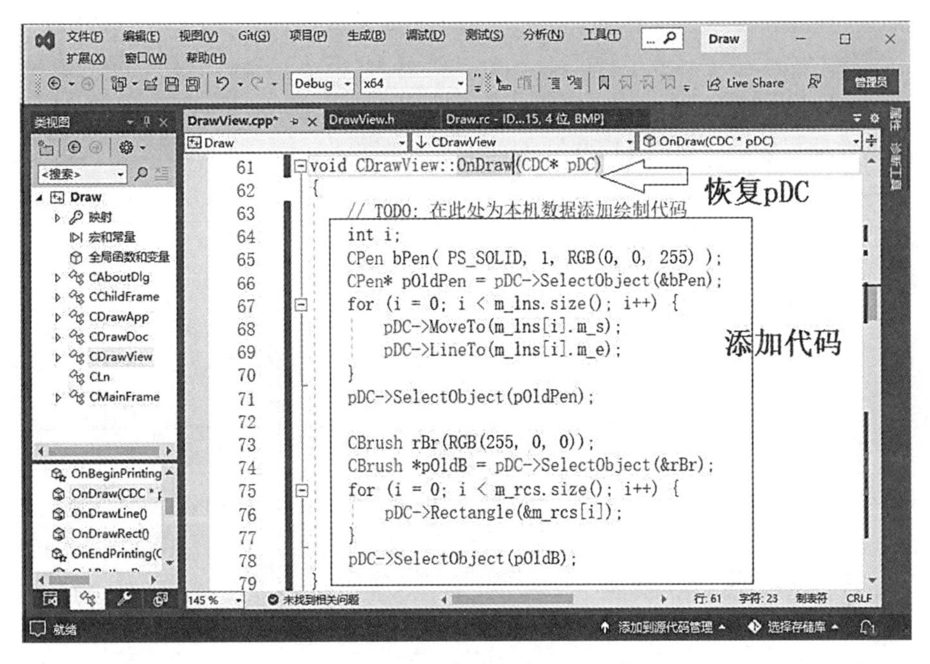

图 11-27　添加绘制线段与矩形的代码

在视图 CDrawView 类最后，找到刚添加的菜单项消息处理代码，在绘制线段函数中将变量 m_drawType 赋值为 0，在绘制矩形函数中将其赋值为 1，同时在菜单状态函数中，用 pCmdUI->SetCheck( ) 函数设置状态。此函数的功能是传入参数为真时，菜单项前面有“√”标记，且对应工具按钮显示为按下形状，所有设置如图 11-28 所示。

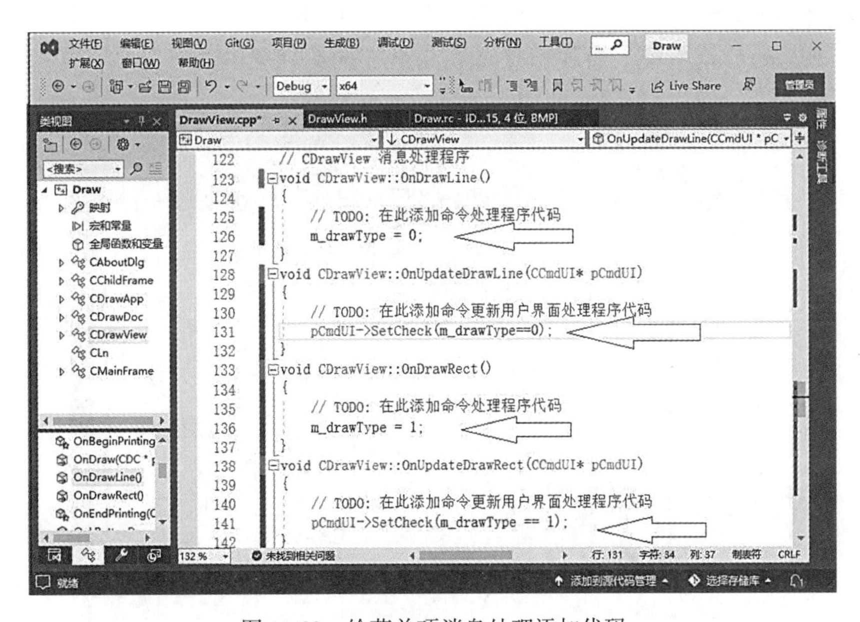

图 11-28　给菜单项消息处理添加代码

给视图 CDrawView 类添加鼠标消息，在类视图中，用鼠标右键点击 CDrawView 类，在菜单中选择“类向导”进入类向导界面，确认类名为“CDrawView”，点击消息标签，在消息中找到“WM_LBUTTONDOWN”“WM_ LBUTTONUP”和“WM_ MOUSEMOVE”三个消息，逐个添加到处理程序中，如图 11-29 所示。

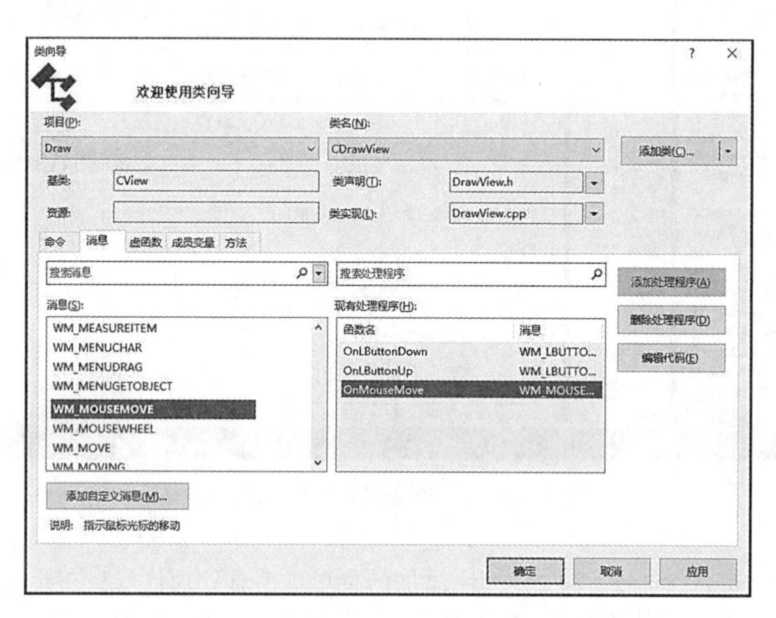

图 11-29　给视图类 CDrawView 添加鼠标消息

点击“编辑代码”，定位到添加消息函数。在左键按下函数 OnLButtonDown 中将鼠标位置保存在 m_lbPt 和 m_mPt 中，在左键松开函数 OnLButtonUp 中，根据当前绘制类型为线段还是矩形，将线段或矩形添加到对应数组中，如图 11-30 所示。

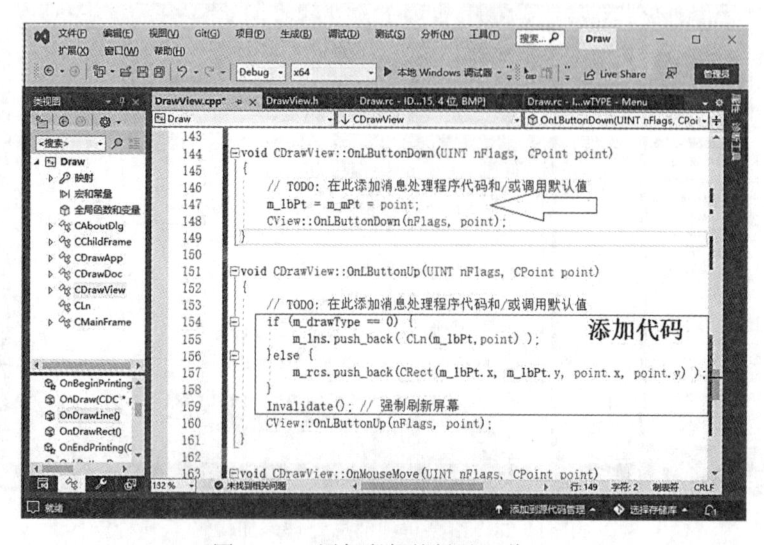

图 11-30　添加鼠标按键处理代码

在 OnMouseMove 函数中，需要实现动态绘制直线和矩形的功能，可以给 CDC 类设置为“取反”绘制模式，即根据窗口显示的内容在线段和矩形经过的位置对颜色值按位取反，如 0 取反是 0XFFFFFF。“取反”的好处是，再次取反刚好恢复原先的颜色，因此可完成绘制图形和消除图形，实现动态绘制。函数中用 CClientDC 获取当前窗口的 DC 对象，用 SetROP(R2_NOT)设置“取反”绘制模式，相关代码如图 11-31 所示。

```
void CDrawView::OnMouseMove(UINT nFlags, CPoint point)
{
    // TODO: 在此添加消息处理程序代码和/或调用默认值
    if (nFlags == VK_LBUTTON) {
        CClientDC dc(this);
        dc.SetROP2(R2_NOT);

        if (m_drawType == 0) {
            dc.MoveTo(m_lbPt); dc.LineTo(m_mPt);  // 清除前次画的
            dc.MoveTo(m_lbPt); dc.LineTo(point);  // 画本次的
            m_mPt = point;
        }else {
            CRect rc0(m_lbPt.x, m_lbPt.y, m_mPt.x, m_mPt.y);
            dc.DrawFocusRect(&rc0);  // 清除前次画的
            CRect rc(m_lbPt.x, m_lbPt.y, point.x, point.y);
            dc.DrawFocusRect( &rc ); // 画本次的
        }
        m_mPt = point;
    }
    CView::OnMouseMove(nFlags, point);
}
```

图 11-31　在鼠标移动函数中添加动态绘制代码

输入完代码后，就可以调试运行示例。运行后可在如图 11-32 所示界面选择 Draw 菜单的 Line 或者 Rect 或者工具条的对应按钮，然后在窗口客户区按下鼠标左键，移动鼠标，再放松左键，即可绘制出蓝色线段或红色矩形。在按下左键并移动的过程中，窗口内还将动态显示线段和矩形。

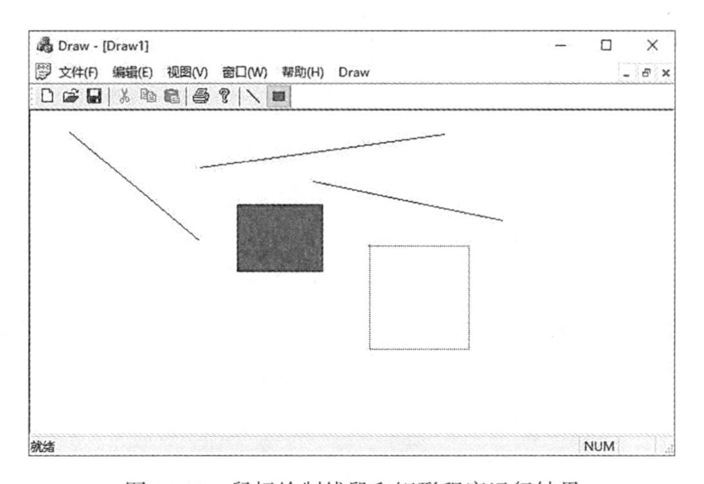

图 11-32　鼠标绘制线段和矩形程序运行结果

11.7　习题

(1)什么是应用程序框架？由 MFC 向导建立的框架有哪些类别？简述它们之间的相互关系。

(2)文档类和视图类各有何作用？简述二者之间的相互关系。

(3)文档、视图和应用程序如何相互作用？它们是通过哪几个函数实现相互作用的？

(4)简述 MFC 程序菜单与工具条的使用方法。

(5)Windows 的坐标系如何定义？

(6)Windows 如何定义颜色？红、绿、蓝、纯黑、纯白分别怎么表示？

(7)简述 CDC、CClientDC 类的功能及区别。

(8)使用 GDI 对象的基本规则是什么？什么是绘图资源泄露？

(9)画笔主要完成什么绘图功能？简述画笔的使用步骤及画笔与画刷的区别。

(10)鼠标键盘消息有哪些？如何在类中添加鼠标键盘消息？

(11)鼠标消息的参数有哪些？含义分别是什么？

(12)新建一个文档/视图的应用程序。在 XXDoc 类中定义由点 CPoint 组成的折线(可以用 vector 或者数组)，再在 XXDoc 类中添加两个函数(加入点和删除点函数)，然后添加菜单“加入点”“删除点”。选择“加入点”菜单后在弹出的对话框中输入点坐标，在按了“OK”键后将对话框输入的点坐标加到折线上，结果通过在 View 中画出来，选择“删除点”就直接删除折线的最后一个点，并显示结果。提示：画图方法为“pDC->MoveTo(x0, y0);”“pDC->LineTo(x1, y1);”。

第 12 章　遥感影像显示与处理

在遥感信息中，最基本的信息就是遥感影像。研究遥感影像，显示与处理是绕不过去的话题，也是遥感信息最感性的研究方法。目前已经有很多成熟的分析处理工具，在编程方面也有一些封装好的库，例如计算机视觉领域的 OpenCV 库，提供了大量影像处理算法，当然也包括显示。然而作为遥感专业的学习者和研究者，掌握通用影像处理库是远远不够的，应该从底层出发，从根本上掌握影像显示与处理技术。毕竟，遥感影像有非常突出的特色，影像的信息不仅仅是 RGB 色彩，而且是按光谱描述的各种信息，甚至是幅度、频率等信息，数据类型也不是简单的 BYTE 类型，更多的是 float、double 或者分数(用分子、分母表示的有理数)、复数等这些数据类型。这些类型的数据通用影像处理库完全无法应对，只能根据数据特点，再结合影像显示的基本原理与方法，设计专用的显示策略，将遥感信息展示出来。

在上一章的绘图应用程序中，我们知道 Windows 具有显示图形和影像的能力，这些都是展示遥感信息的基础，本章将详细讨论如何将一个影像文件显示在窗口中。

12.1　影像数据

影像数据(Image Data)是指用数值表示各像素(pixel)灰度值的集合。现实世界的影像一般由影像上每一点光的强弱和频谱(颜色)来表示，把影像信息转换成数据信息时，须将影像分解为很多小区域，这些小区域称为像素，可以用一个数值来表示它的强度。如果根据不同谱段用谱段分量表示，则形成多光谱影像。特别地，如果仅取其中的红、绿、蓝三个谱段，则刚好是可见光彩色影像。影像信息可以用离散的阵列(即二维数组)进行存储，这样的数据也称为栅格数据。

12.1.1　影像数据格式

按栅格形式组织的影像数据，存储格式非常多，但其模式都一样，都由一个文件描述的头信息和栅格影像信息组成。为了节省空间，有些格式对栅格影像信息部分进行了数据压缩处理，例如 JPG 格式、PNG 格式等都对栅格影像进行了数据压缩。

影像数据格式非常多，在读取每种格式时需要阅读影像格式说明，按说明要求编写读取代码即可，这里以 BMP 格式为例说明影像格式的读写过程。

BMP 格式是 Windows 采用的影像格式，默认的文件扩展名是 BMP，是一种典型的影像格式，由影像头和影像数据两部分组成。影像头包含两个结构体，分别是 BITMAPFILEHEADER 和 BITMAPINFO，它们的定义为：

```
typedef struct tagBITMAPFILEHEADER {
    UINT bfType;
    DWORD bfSize;
    UINT bfReserved1;
    UINT bfReserved2;
    DWORD bfOffBits;
}BITMAPFILEHEADER;
typedef struct tagBITMAPINFO {
    BITMAPINFOHEADER bmiHeader;
    RGBQUAD bmiColors[1];
}BITMAPINFO;
其中 BITMAPINFOHEADER 的定义为:
typedef struct tagBITMAPINFOHEADER {
    DWORD biSize;
    LONG biWidth;
    LONG biHeight;
    WORD biPlanes;
    WORD biBitCount;
    DWORD biCompression;
    DWORD biSizeImage;
    LONG biXPelsPerMeter;
    LONG biYPelsPerMeter;
    DWORD biClrUsed;
    DWORD biClrImportant;
}BITMAPINFOHEADER;
```

BITMAPFILEHEADER::bfType 是文件标识，必须是 0x4D42，也就是字符 'BM'，如果不是 0x4D42 则无须继续读写，这个不是 BMP 文件。

BITMAPFILEHEADER::bfSize 表明整个文件大小，单位为字节。

BITMAPFILEHEADER::bfReserved1 和 bfReserved1 是保留字，未使用。

BITMAPFILEHEADER::bfOffBits 指明从文件头开始到实际的影像数据之间的偏移量。这个参数是非常有用的，因为位图信息头和调色板的长度会根据不同情况而变化，必须用这个偏移值迅速地从文件中读取到影像数据。

影像相关的内容在结构体 BITMAPINFOHEADER 里面，主要包括列数、行数、波段数(即灰度还是彩色)、每个像素的类型(1 位、4 位、8 位、16 位、24 位、32 位等)、影像数据压缩方式、分辨率等，各成员的含义如表 12-1 所示。

表 12-1 BITMAPINFOHEADER 成员说明

biSize	指明 BITMAPINFOHEADER 结构所需要的字数
biWidth	指明影像的列数，以像素为单位
biHeight	指明影像的行数，以像素为单位。如果此值为负数，说明影像是倒着存放的，即第 0 行应该是最后一行
biPlanes	指明位面数，其值将总是 1
biBitCount	指明每像素占用位数，其值为 1、4、8、16、24、32
biCompression	指明影像数据压缩的类型。BI_RGB：没有压缩；BI_RLE8：每个像素 8 比特的 RLE 压缩编码；BI_RLE4 每个像素 4 比特的 RLE 压缩编码
biSizeImage	指明影像数据的大小，以字节为单位，当用 BI_RGB 格式时，可设置为 0
biXPelsPerMeter	指明水平分辨率，用像素/米表示
biYPelsPerMeter	指明垂直分辨率，用像素/米表示
biClrUsed	指明彩色表中的颜色索引数(设为 0 的话，则说明使用所有调色板项)
biClrImportant	指明有重要影响的颜色索引数，如果是 0，表示都重要

BITMAPINFO::bmiColors[1]是影像颜色表。特别注意，这个[1]不是指数组长度为 1，而是指这里有个数组，长度不知道。

特别地，为了可以直接显示 BMP 格式，其每行所占字节要构造行对齐，即每行内存必须是 4 的整数倍，在读写时要特别注意。

从 BMP 的定义看，它对影像作了各种复杂的考虑，支持多种情况下的数据组织。然而，我们在实际使用中，主要有两种情况：一种是 256 级灰度影像；一种是 RGB 彩色影像。灰度影像具有颜色表，描述 256 级灰度对应的颜色；RGB 不需要颜色表。读写 BMP 格式数据时，先读写影像头，然后根据影像描述读写影像数据即可。

12.1.2 设计影像类

为了方便遥感影像处理，根据本课程学习的面向对象设计方法，可设计影像类，方便以后研究与开发。这里给出影像类的范例，读者可以根据自己的实际需要进行改写。

```
class CMyImage{
public:
    CMyImage(int cols=0,int rows=0,int bands=0); //构造函数
    CMyImage(CMyImage &img); //拷贝构造函数
    CMyImage& operator =(CMyImage &img); //重载=赋值函数
    virtual ~CMyImage( ); //析构函数
     //设置影像信息,分配好内存
    bool SetImgInf( int cols,int rows,int bands=1 );
    int  GetCols( ){ return m_cols; } //获取列数
```

```
        int  GetRows( ){ return m_rows; } //获取行数
        int  GetBands( ){ return m_bands; } //获取波段数
        BYTE *GetImgDat( ){ return m_pImg; }; //获取影像内存
        BYTE *GetPixel(int c,int r){ //获取影像像素函数
            if ( c<0 || c>= m_cols || r<0 || r>= m_rows ) return NULL;
            return m_pImg? (m_pImg+r* m_cols* m_bands):NULL;
        }
        bool SetPixel(int c,int r,BYTE *pC){ //设置影像像素函数
            if ( c<0 || c>= m_cols || r<0 || r>= m_rows  || ! m_pImg ) return
false;
            memcpy(m_pImg+r* m_cols* m_bands,pC, m_bands );
            return true;
        }

        virtual bool LoadImage(const char *strPN); //从文件读入影像函数
        virtual bool SaveImage(const char *strPN); //写影像到文件函数
        virtual void Show( CDC *pDC,int x=0,int y=0 ); //将影像显示到窗
口函数

    protected:
        int m_cols;
        int m_rows;
        int m_bands;
        BYTE *m_pImg;
    };
```

影像类的函数实现代码如下:

```
    //构造函数
    CMyImage::CMyImage(int cols,int rows,int bands){
        m_cols = cols;
        m_rows = rows;
        m_bands = bands;
        m_pImg = NULL;
        if ( m_cols* m_rows* m_bands>0 ){
            m_pImg = new BYTE[m_cols* m_rows* m_bands +32];
            memset(m_pImg,0, m_cols* m_rows* m_bands);
        }
    }
    //拷贝构造函数
```

```
CMyImage::CMyImage(CMyImage &img){
    m_cols = img.m_cols;
    m_rows = img.m_rows;
    m_bands = img.m_bands;
    m_pImg = NULL;
    if ( m_cols * m_rows * m_bands>0 ){
        m_pImg = new BYTE[m_cols * m_rows * m_bands +32];
        memcpy(m_pImg, img.m_pImg, m_cols * m_rows * m_bands);
    }
}
//重载=赋值函数
CMyImage& CMyImage::operator =(CMyImage &img){
    m_cols = img.m_cols;
    m_rows = img.m_rows;
    m_bands = img.m_bands;
    if (m_pImg) delete []m_pImg;
    m_pImg = NULL;
    if ( m_cols * m_rows * m_bands>0 ){
        m_pImg = new BYTE[m_cols * m_rows * m_bands +32];
        memcpy(m_pImg, img.m_pImg, m_cols * m_rows * m_bands);
    }
    return *this;
}
//析构函数
CMyImage::~CMyImage( ){
    if (m_pImg) delete []m_pImg; //释放内存
    m_pImg = NULL;
}
//设置影像信息,分配好内存
bool CMyImage::SetImgInf( int cols,int rows,int bands ){
    m_cols = cols;
    m_rows = rows;
    m_bands = bands;
    if (m_pImg) delete []m_pImg;
    m_pImg = NULL;
    if ( m_cols * m_rows * m_bands>0 ){
        m_pImg = new BYTE[m_cols * m_rows * m_bands +32];
        memset(m_pImg,0, m_cols * m_rows * m_bands);
```

```
        }
        return true;
    }
    //从文件读入影像
    virtual bool CMyImage::LoadImage(const char * strPN){
        CFile bmpFile;
        if ( ! bmpFile.Open(strPN,CFile::modeRead) ) return false;
        BITMAPFILEHEADER bfHdr; //BMP 文件头
        BITMAPINFObmInfo; //影像信息
        BITMAPINFOHEADER& bmInf = bmInfo.bmiHeader;
        bmpFile.Read( &bfHdr,sizeof(bfHdr) );
        if (bfHdr.bfType! = 0x4D42 ) return false; //不是 BMP 文件
        bmpFile.Read(&bmInf,sizeof(bmInf));
         //这里只处理灰度和 RGB 影像,其他数据不处理
         if (bmInf.biBitCount! = 8&&bmInf.biBitCount! = 24 ) return
false;
         //这里只处理非压缩影像,其他数据不处理
        if (bmInf. biCompression! = BI_RGB ) return false;
        SetImgInf( bmInf. biWidth, bmInf. biHeight,bmInf.biBitCount/
8 );
         //注意,由于 BMP 格式要求行对齐,需要计算行长度,然后按行读取
        int rowBytes = (bfHdr.bfSize- bfHdr.bfOffBits)/bmInf.biHeight;
        for( int r=0;r<m_rows;r++ ){
            bmpFile.Seek(bfHdr.bfOffBits+r * rowBytes,CFile::begin);
            bmpFile.Read(m_pImg+r * m_cols * m_bands,m_cols * m_bands);
         }
        bmpFile.Close( );
        return true;
    }
    //写影像到文件
    virtual bool CMyImage::SaveImage(const char * strPN){
        CFile bmpFile;
        if ( ! bmpFile.Open(strPN,CFile::modeWrite | CFile::modeCreate)
return false;
        BITMAPFILEHEADER bfHdr; //BMP 文件头
        BITMAPINFO bmInfo; //影像信息
        BITMAPINFOHEADER& bmInf = bmInfo.bmiHeader;
        memset( &bfHdr,0,sizeof(bfHdr) );
```

```
        memset( &bmInf,0,sizeof(bmInf) );
        bfHdr.bfType = = 0x4D42;
        bfHdr.bfOffBits=sizeof(BITMAPFILEHEADER)+
            sizeof(BITMAPINFOHEADER)+sizeof(RGBQUAD) * 256;
        int rowBytes = (m_cols * m_bands + 3) /4; rowBytes = rowBytes
* 4;
        bfHdr.bfSize = rowBytes * m_rows + bfHdr.bfOffBits;
        bfHdr.bfSize= bfHdr.bfOffBits + rowBytes * m_rows;
        bmInf.biSize     = sizeof(bmInfoHdr);
        bmInf.biBitCount = m_bands * 8;
        bmInf.biWidth    = m_cols;
        bmInf.biHeight   = m_rows;
        bmInf.biPlanes   = 1;
        bmInf. biCompression = BI_RGB;
        bmpFile.Write(&bfHdr,sizeof(bfHdr));
        bmpFile.Write(&bmInf,sizeof(bmInf));
        //写灰度颜色表
        RGBQUAD  pColorTab[256];
        for(int i=0;i<256;i++ ) {
           pColorTab[i].rgbRed=pColorTab[i].rgbGreen= pColorTab[i].
rgbBlue=i;
        }
        bmpFile.Write(pColorTab,256 * sizeof(RGBQUAD));
        //注意,由于 BMP 格式要求行对齐,需要计算行长度,然后按行写
        for( int r=0;r<m_rows;r++ ){
            bmpFile.Seek(bfHdr.bfOffBits+r * rowBytes,CFile::begin);
             bmpFile.Write(m_pImg+r * m_cols * m_bands,m_cols *  m_
bands);
        }
        bmpFile.SetLength(bfHdr.bfSize);
        bmpFile.Close( );
        return true;
    }
    //将影像显示到窗口函数
    virtual void CMyImage::Show( CDC  * pDC,int x,int y ){
        BYTE bmInf[1024];
        BITMAPINFOHEADER * pBmInf  = (BITMAPINFOHEADER * )bmInf;
        //由于显示过程需要内存对齐,只能临时分配用于显示的内存
```

```
    //这个作为例子可以,如果用于商业软件,需要改进为预先分配好
    intr,c,rowBytes = int(m_cols*3+3)/4; rowBytes *= 4;
    BYTE *pBuf = new BYTE[m_rows*rowByts+32];
    memset( pBmInf,0,sizeof(BITMAPINFOHEADER) );
    pBmInf->biSize     = sizeof(BITMAPINFOHEADER);
    pBmInf->biBitCount =24; //为了方便,直接扩展为 RGB 显示
    pBmInf->biWidth= rowBytes/3;
    pBmInf->biHeight  = m_rows;
    pBmInf->biPlanes  = 1;
    pBmInf->biCompression = BI_RGB;
    for( r=0;r<m_rows;r++ ){
        BYTE *pS= m_pImg+r*m_cols*m_bands;
        BYTE *pD= pBuf+r* rowBytes;
        if (m_bands==3){
            memcpy( pD,pS,m_cols*m_bands );
        }else{
            for( c=0;c<m_cols;c++,pD+=3,pS++ ){
                *pD=pD[1]=pD[2]=*pS; //灰度扩展 RGB
            }
        }
    }
    //调用 StretchDIBits API 进行显示
    StretchDIBits(pDC->m_hDC,x,y,m_cols,m_rows,
        0,0,m_cols,m_rows, pBuf, (BITMAPINFO*)bmInf,
        DIB_RGB_COLORS, SRCCOPY );
    }
    delete []pBuf;
}
```

显示函数中使用 StretchDIBits 直接将数据贴到屏幕，但是这个函数要求影像行内存对齐，因此只能临时分配用于显示的内存。另外为了显示灰度影像，本例直接将灰度影像扩展为 RGB 显示。灰度影像可以不扩展，直接设置灰度颜色表进行显示，本例这样处理是为了简便。

大家可能会有疑问：BMP 文件本身就行对齐了，为什么在读写数据、显示数据时不直接使用对齐数据，而要保存本身的行列数。这里需要解释的是，行对齐仅仅是 Windows 对显示和保存的一种限制。在遥感影像处理中，包括计算机影像处理中，都是针对实际影像，不可能考虑行对齐。所以，设计的类里面的数据就是按行列进行保存的二维数据，只有在与 Windows 兼容时才进行行对齐。

12.2 系统设计

为了展示遥感影像显示与处理的基本原理和过程，本节设计了一个遥感影像处理示例程序，其功能是实现读取 BMP 文件，进行灰度变化处理、卷积处理和线特征提取。

12.2.1 界面设计

首先，启动应用程序向导，新建工程，工程名称取为“RSIPro”，应用程序类型选择“多个文档”，在右边的项目样式中选择“MFC standard”，其他都为默认，点击“下一步”，连续点三次，在生成的类中，选择 View 的基类为带滚动条的 CScrollView，如图 12-1 所示。

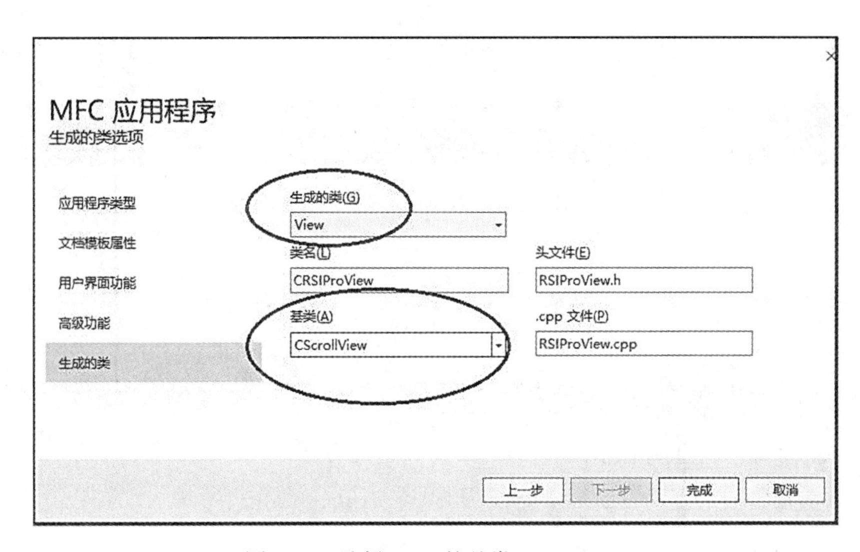

图 12-1　选择 View 的基类 CScrollView

点击“完成”建好工程后，通过资源视图，找到菜单资源“IDR_RSIProTYPE”，添加子菜单“RsProcess”以及其菜单项“ColorAdj”“BoxFlt”“Edge”后打开工具条资源“IDR_MAINFRAME”，添加三个按钮，并将其 ID 分别与菜单项目“ColorAdj”“BoxFlt”“Edge”一一对应，如图 12-2 所示。

给三个菜单项分别添加事件处理程序，函数分别命名为 OnRsprocessColoradj、OnRsprocessBoxflt 和 OnRsprocessEdge，如图 12-3 所示。

12.2.2 添加读写和显示代码

在工程目录中新建两个文件，分别是“MyImage.h”“MyImage.cpp”，并将前面设计的“影像类”代码输入文件。类定义放在“MyImage.h”中，函数实现放在“MyImage.cpp”中。并通过解决方案管理器，将两个文件添加到工程中。之后，通过类视图找到文档 CRSIProDoc 类定义，加入包含头文件，并定义类对象 m_image 为文档类成员，如图 12-4

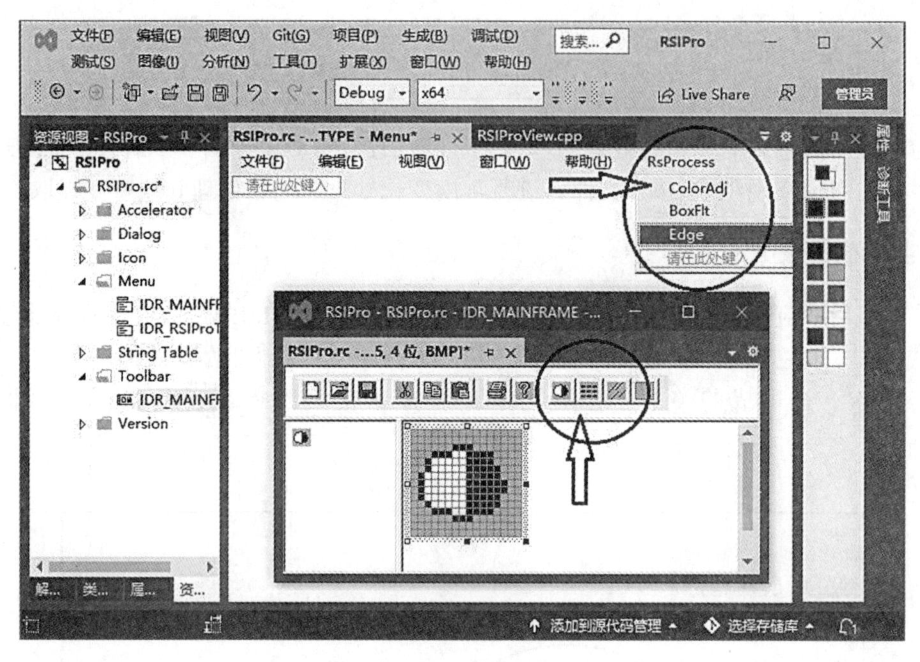

图 12-2　给遥感影像处理添加菜单和工具按钮

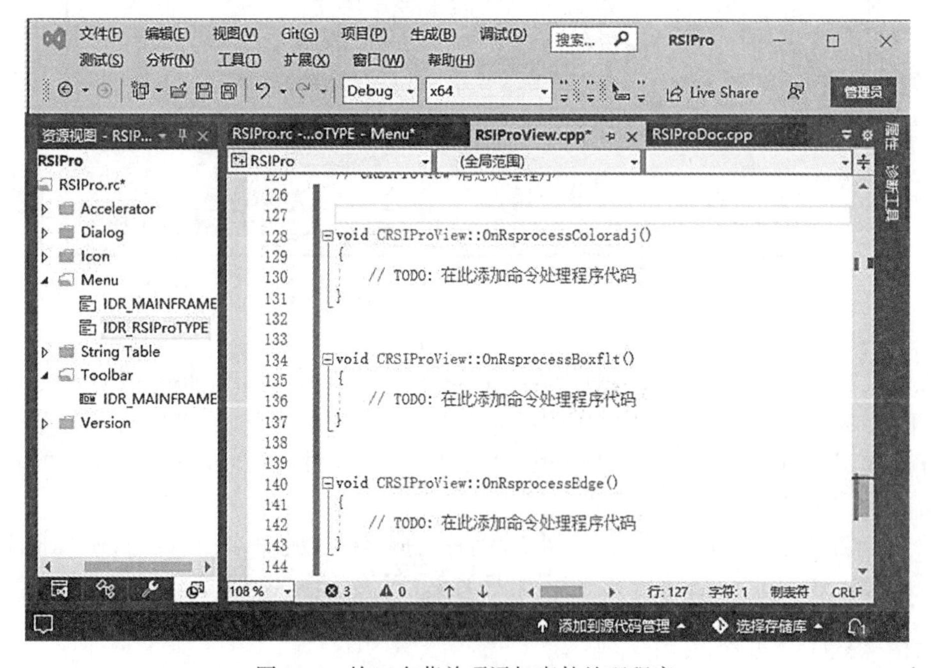

图 12-3　给三个菜单项添加事件处理程序

所示。

通过类向导给文档 CRSIProDoc 类添加打开文件虚函数 OnOpenDocument 和保存文件虚

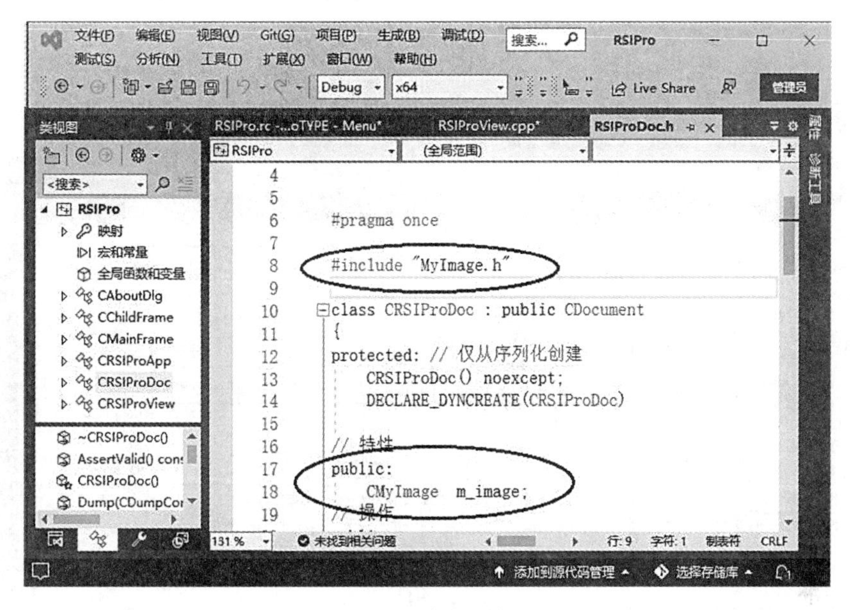

图 12-4　添加影像类对象 m_image

函数 OnSaveDocument，如图 12-5 所示。

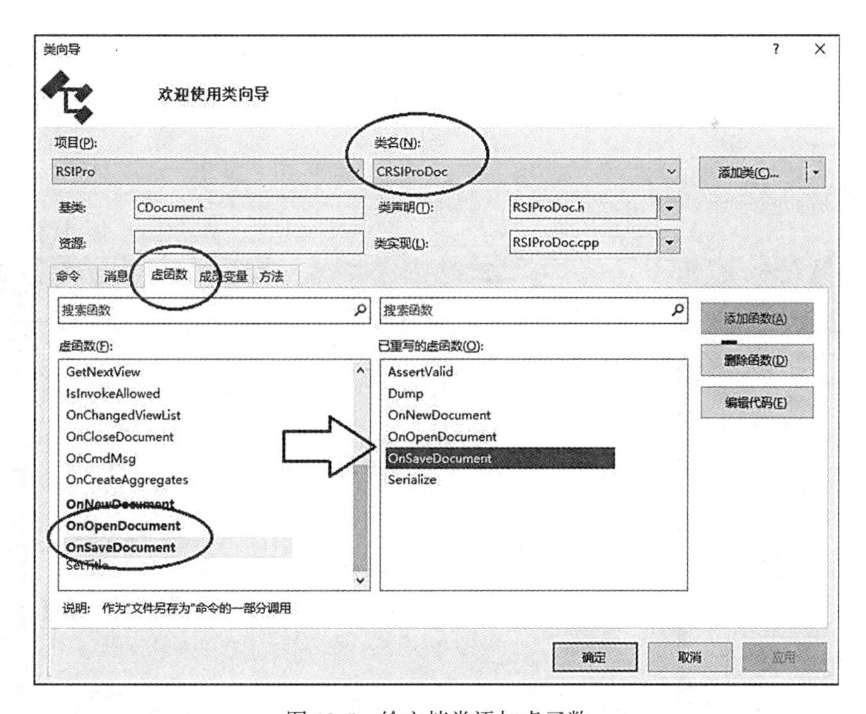

图 12-5　给文档类添加虚函数

在 OnOpenDocument 和 OnSaveDocument 函数体内，添加调用类的读文件函数和保存文件函数，如图 12-6 所示。

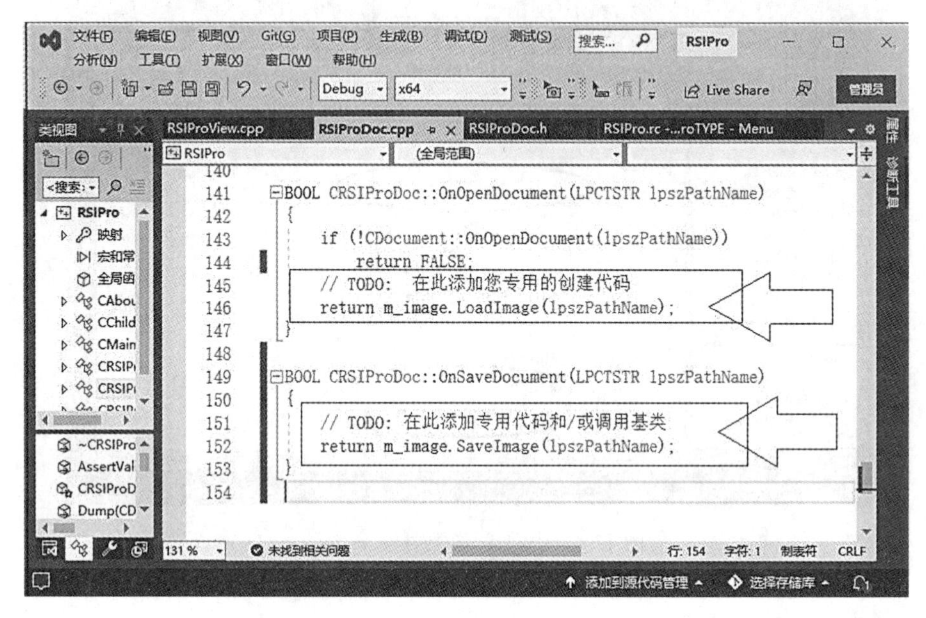

图 12-6　添加读/写文件代码

通过类视图找到视图 CRSIProView 类的初始化 OnInitialUpdate( ) 函数，并添加设置视图滚动条范围代码。滚动条的 cx 为影像列数，cy 为影像行数，代码如图 12-7 所示。

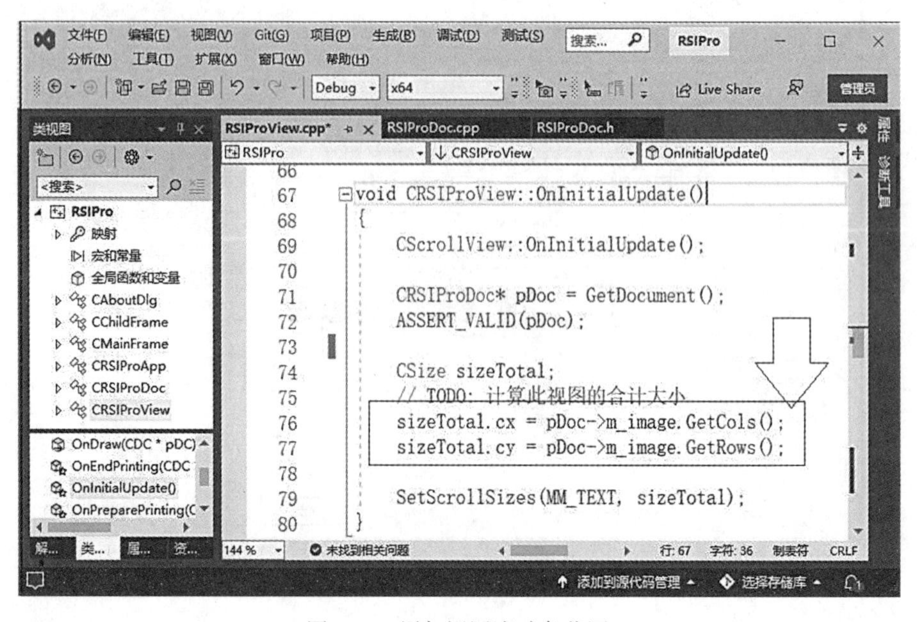

图 12-7　添加视图滚动条范围

通过类视图找到视图 CRSIProView 类的绘制屏幕 OnDraw 函数，先将函数参数 pDC 的注释解开，恢复参数声明。然后在函数内直接调用影像类绘制函数，如图 12-8 所示。

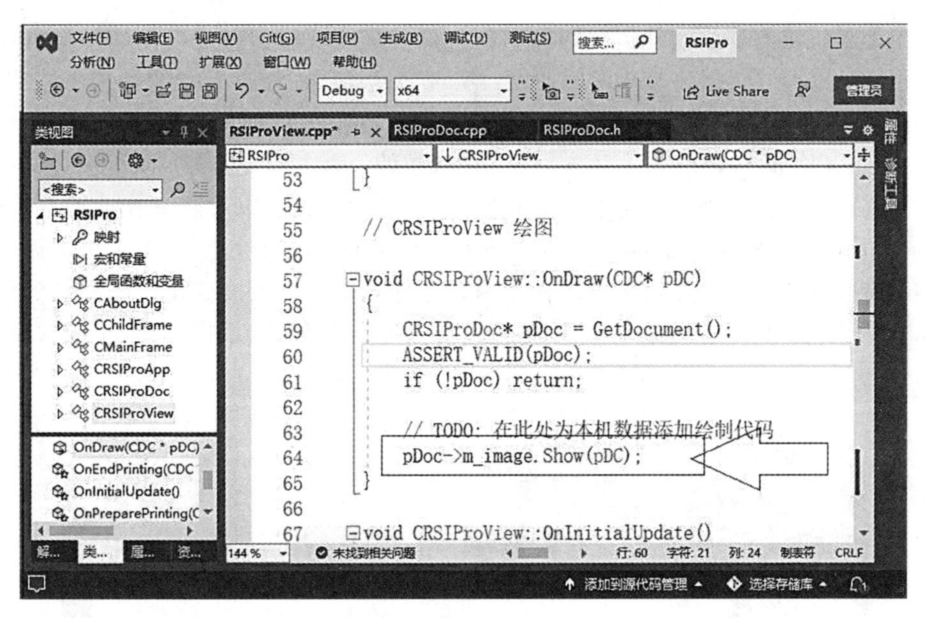

图 12-8 添加绘制影像到窗口的代码

这样就完成了遥感影像处理的基本框架，编译运行后，程序已经具备打开 BMP 文件并显示影像内容到窗口内的功能，同时也支持将影像另存到另外一个 BMP 文件中，保存的文件可以用 Windows 打开查看。

程序菜单和工具条上也已经添加了影像处理操作界面和对应处理函数，函数的具体实现将在下一节介绍。

12.3 遥感影像处理

遥感影像处理(processing of remote sensing image data)是对遥感影像进行辐射校正和几何纠正、影像整饰、投影变换、镶嵌、特征提取、分类以及各种专题处理等的一系列操作，以求达到预期目的的技术。通常我们将遥感影像处理分为两类，其一是几何处理，其二是辐射处理。

几何处理简单来讲就是移动像素位置，而不改变像素值。如将第(i, j)个像素移动到(m, n)位置。具体移动规则需要一些数学函数进行定义，如成像几何模型等。辐射处理刚好相反，不移动像素位置，而改变其像素值。例如将第(i, j)个像素原先的数值 21 改为 35 等。像素值的变化也需要数学函数进行定义，例如模糊处理模型等。

本节将以灰度变化、平滑与锐化、特征提取为例来讲解影像处理的基本规则和过程。此外，遥感影像通常包含多个波段，每个波段是一幅独立影像，处理多波段影像只需要按顺序对每个波段进行处理即可，本书的影像处理都以一个波段为例，读者如果需要处理多波段，自行扩展代码即可。

12.3.1　灰度变化

简单地说，灰度变化就是指对影像上各个像素灰度值进行改变。例如影像整体非常暗，为了方便观察，可以将其灰度值加大，实现亮度增强。灰度变化的处理方法非常多，其核心是找一个一维变化函数 $y=f(x)$，将每个像素的值进行处理，常用函数包括线性变化 $y=x+a$、$y=x*a$、$y=\mathrm{sqrt}(x)$、$y=x*x$、曲线拉伸、直方图拉伸等。灰度变化是影像处理中最基本的算法，处理较为简单，每个像素独立运算。这里以对影像增加亮度为例，使用 $y=x+a$ 简单地将亮度增加 64 个灰阶，即每个像素值直接加 64。读者也可以做个对话框，输入调整的值，或者在对话框上做个滑动条输入值。将灰度变化代码添加到菜单项 ColorAdj 处理函数中，选择菜单或工具按钮就可以看到处理结果，添加代码如图 12-9 所示。

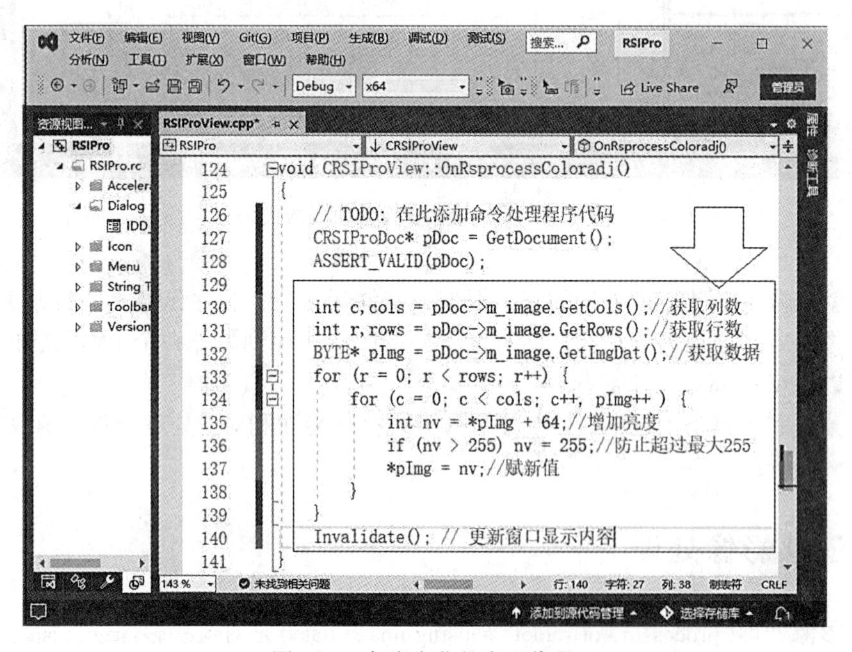

图 12-9　灰度变化的实现代码

12.3.2　平滑与锐化

影像平滑与锐化是为了突出遥感影像中的某些信息。通常平滑可以消除噪声，但影像会模糊一些；而锐化可以增强影像中的边缘，使影像细节变清晰。平滑与锐化的本质是对影像进行滤波处理。从信号角度看，影像就是一个二维数字信号，信号一定是与频率相关的。影像的噪声在信号中通常表现为高频信号，我们看到的影像内容也是比较高频的部分。因此，只要设计不同的滤波器就可以实现影像的平滑与锐化处理。平滑处理就是让低频信号通过，而让高频信号不通过，因此通常又称为低通滤波。锐化刚好相反，让高频信号通过，低频信号不通过，因此又称为高通滤波。当然频率高低是相对的，对一张影像处理良好的高通滤波参数，对另外一张不一定有效。

影像滤波处理通常采用卷积处理。卷积是一种积分变换的数学方法，在影像处理中通常使用离散处理方法。简单理解就是使用一个卷积核对影像中的每个像素进行一系列操作。卷积核(算子)是一个 $m*m$ 的矩阵，矩阵中的每个元素就是权重值。卷积运算就是将卷积核的中心放置在要计算的像素上，然后计算核中每个元素和其覆盖像素值的乘积并求和，结果就是该位置的新像素值。

为了方便卷积处理，根据前面所学的 C++模板函数，可以将卷积处理编写为模板函数，函数输入参数包括：原始影像、结果影像、影像列数、影像行数、模板数据、模板列数、模板行数、最小有限值、最大有限值等。这里给出设计的模板函数示例。为了函数使用方便，需要将函数直接写在"**MyImage.h**"中。

```
template<class T,class T2> //卷积处理函数模板
inline void Box_Fliter(T * pSrcData, T * pDstData,int cols,int rows,constT2 * fltT,int TSz,int minT=0,int maxT=255 ){
    int r,c,tr,tc,val,s,rr,cc, tSz_2 = TSz/2;
    const T2 *pTr,*pTc;
    T *pI,*pD,*pD0 = pDstData,*pImg = pSrcData;
    memcpy(pD0,pImg,cols*rows*sizeof(T));
    for( pD=pD0,r=0;r<rows;r++ ){
        for( c=0;c<cols;c++,pD++ ){
            for( val=0,s=0,pTr=fltT,tr=-tSz_2;tr<=tSz_2;tr++,pTr+=TSz ){
                rr = r+tr; if ( rr<0 || rr>=rows ) continue;
                    pI=pImg+rr*cols; pTc=pTr;
                for(tc=-tSz_2;tc<=tSz_2;tc++,pTc++ ){
                    cc = c+tc; if ( cc<0 || cc>=cols ) continue;
                    val += *pTc *pI[cc];
                    s += *pTc;
                }
            }
            if ( s ){
                val = val/s;
                if ( val<minT ) val=minT;
                if ( val>maxT ) val=maxT;
                *pD = val;
            }
        }
    }
```

```
}
```

对影像进行平滑或锐化处理的卷积核非常多，读者可根据实际需要设计卷积核，这里给出几个常用卷积核。

```
//3 * 3 平滑卷积核
const int BOX_FLT_3_3[]      ={
    1,1,1,
    1,1,1,
    1,1,1 };
//5 * 5 平滑卷积核
const int BOX_FLT_5_5[]      ={
    1,1,1,1,1,
    1,1,1,1,1,
    1,1,1,1,1,
    1,1,1,1,1,
    1,1,1,1,1 };
//3 * 3 近似高斯滤波卷积核,平滑
const int LowPass_FLT_3_3[] ={
    1,2,1,
    2,4,2,
    1,2,1 };
//高通滤波卷积核,锐化
const int HighPass_FLT_3_3[]  ={
    -1,-2,-1,
    -2,19,-2,
    -1,-2,-1 };
//3 * 3 标准拉普拉斯锐化卷积核,锐化
const int LAPLAC9_FLT_3_3[]  ={
    -1,-1,-1,
    -1, 9,-1,
    -1,-1,-1 };
```

基于前面定义的卷积处理模板函数和各个具体的卷积核，读者很容易就可以实现影像的平滑或锐化处理。读者可以根据需要设计对话框输入卷积核，或者在对话框中选择不同的卷积核，这里就针对前面添加的 BoxFlt 菜单和对应处理函数，选用一个卷积核进行处理，给函数添加的代码如图 12-10 所示。

平滑与锐化与灰度变化不同，处理过程中相邻像素都参加运算，因此必须开辟两份影像数据内存(处理前与处理后数据单独存放)。本例定义了临时影像，并将原影像赋值进去，处理结果直接更新到影像内存，并显示到窗口中。

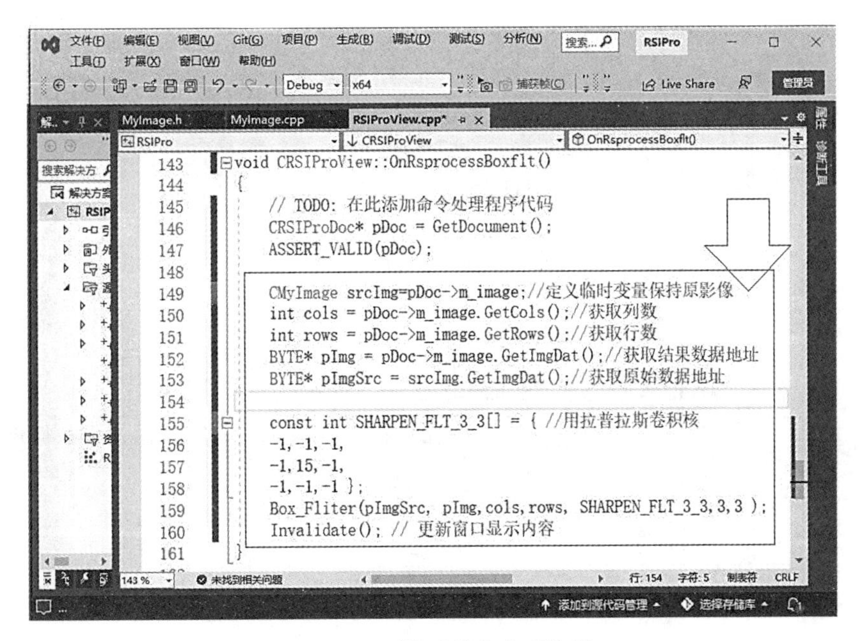

图 12-10　平滑或锐化实现代码

12.3.3　特征提取

特征提取指对一数据进行某种变换，以突出该数据具有代表性特征的一种方法。针对影像，则指对影像进行分析和变换，提取特征信息的方法及过程。常见的影像特征有：

(1)边缘特征。边缘是组成两个影像区域之间边界(或边缘)的像素。一般一个边缘的形状可以是任意的，还可能包括交叉点。在实践中边缘一般被定义为影像中拥有大的梯度的点组成的子集。一些常用的算法还会把梯度高的点联系起来，构成一个更完善的边缘的描述。这些算法也可能对边缘提出一些限制。

(2)角特征。角是影像中的点式特征，在局部它有两维结构。早期的算法首先进行边缘检测，然后分析边缘的走向来寻找边缘的突然转向(角)。后来发展的算法不再需要边缘检测这个步骤，而是可以直接在影像梯度中寻找高度曲率，但是这样在影像中本来没有角的地方发现具有同角一样的特征的区域。

(3)区域特征。与角特征不同的是区域特征描写影像中的一个区域性的结构，也可能仅由一个像素组成。因此许多区域特征检测方法也可以用来检测角特征。

(4)脊特征。长条形的物体被称为脊。在实践中脊可以被看作是代表对称轴的一维曲线，每个脊像素有一个脊宽度。从灰梯度影像中提取脊要比提取边缘、角和区域困难。在摄影测量中往往使用脊检测来分辨道路，在医学影像中它被用来分辨血管。

特征提取算法非常多，这里以普利维特算子(Prewitt operator)为例进行示范，普利维特算子在行列两个方向，使用[-1 0 1]对影像进行检测，算法的详细原理读者可以参考有关“普利维特算子”的资料。这里直接给出普利维特缘特征提取的实现过程，如图 12-11 所示。

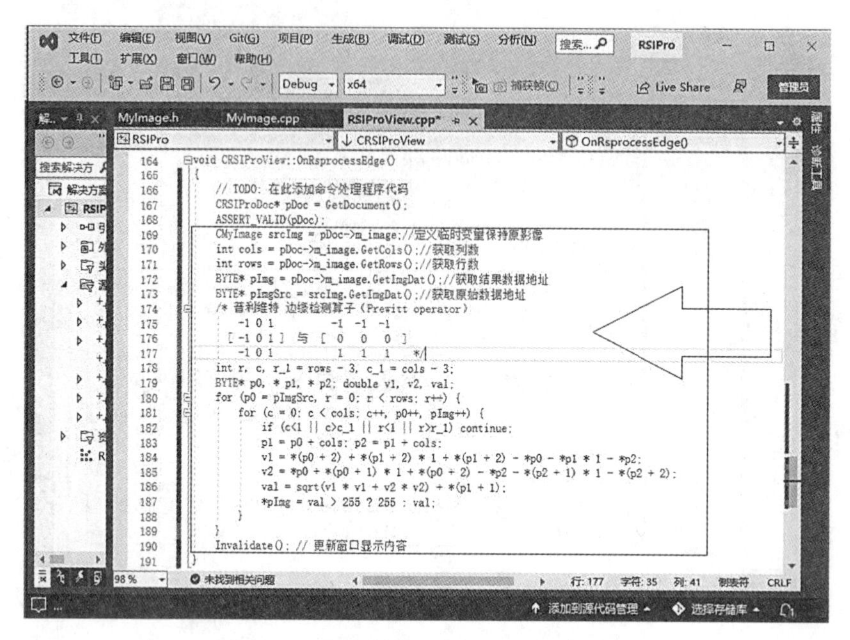

图 12-11　普利维特缘特征提取实现代码

至此，遥感影像处理的基本过程全部实现了。编译并运行软件，选择一张灰度遥感影像，就可以进行灰度变化、平滑或锐化和特征的提取处理，原数据与处理结果如图 12-12 所示。

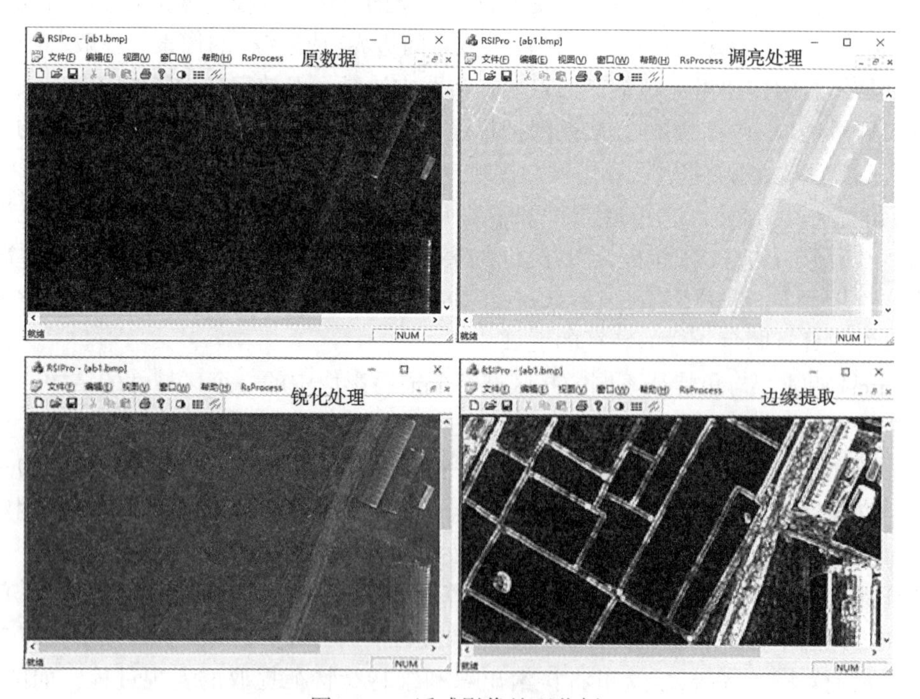

图 12-12　遥感影像处理范例

12.4 习题

(1)什么是位图？在内存中如何存放？

(2)多光谱遥感影像有什么特点，计算机一次最多可以显示多少个波段？

(3)影像文件的基本组成有哪些？

(4)显示影像的 API 函数是什么？

(5)如何改变影像的亮度。

(6)影像模糊与锐化的原理是什么，有什么差异？

(7)影像特征有哪些？如何提取特征？

(8)尝试设计一个遥感影像处理软件，实现本章的范例。

参 考 文 献

[1]常庆瑞．遥感技术导论[M]．北京：科学出版社，2004.
[2]宁津生．测绘学概论[M]．3版．武汉：武汉大学出版社，2016.
[3]林辉，刘泰龙，李际平．遥感技术基础教程[M]．长沙：中南大学出版社，2002.
[4]段延松．计算机原理与编程基础[M]．武汉：武汉大学出版社，2020.
[5]杜茂康，谢青．面向对象程序设计[M]．3版．北京：电子工业出版社，2017.
[6]C++面向对象编程[M]．3版．北京：清华大学出版社，2013.
[7]PRATA S. C Primer Plus[M]．北京：人民邮电出版社，2012.
[8]MFC桌面应用程序[EB/OL]．[2022-3-1]．https://docs.microsoft.com/zh-cn/cpp/mfc/mfc-desktop-applications? view=msvc-170.
[9]C++教程 菜鸟教程[EB/OL]．[2022-2-20]．https://www.runoob.com/cplusplus/cpp-tutorial.html.
[10]C++入门教程[EB/OL]．[2022-1-9]．http://c.biancheng.net/cplus/.
[11]C++简明教程[EB/OL]．[2022-2-10]．https://www.jianshu.com/p/bd442e75d0b7.